四川省示范性高职院校建设项目成果

数控机床编程与操作

主　编　陈德航

副主编　夏宝林　杨小利

参　编　郑　浩　聂采高

主　审　范　军

西南交通大学出版社

·成　都·

内容简介

本书具有注重基本技能的实际应用，突出实用性、综合性和先进性的特点，内容翔实、体系新颖。全书主要内容包括：数控车床编程与加工（Fanuc 系统）、数控铣床/加工中心编程与操作（Fanuc 系统）、Siemens 802D 系统编程、仿真软件应用 4 个模块。通过对本书的学习，读者能够较全面地掌握数控机床编程知识与操作技能，具备零件产品的数控编程与加工能力。

本书可作为高职高专及大中专院校的数控技术及相关机电类专业学生的教材，也可用作企业数控编程、数控加工技能培训教程，还可供相关专业的工程技术人员参考。

图书在版编目（CIP）数据

数控机床编程与操作/陈德航主编．—成都：西南交通大学出版社，2013.8（2020.3 重印）
四川省示范性高职院校建设项目成果
ISBN 978-7-5643-2499-5

Ⅰ．①数… Ⅱ．①陈… Ⅲ．①数控机床－程序设计－高等职业教育－教材②数控机床－操作－高等职业教育－教材 Ⅳ．①TG659

中国版本图书馆 CIP 数据核字（2013）第 173466 号

四川省示范性高职院校建设项目成果

数控机床编程与操作

主编　陈德航

*

责任编辑　孟苏成
助理编辑　罗在伟
封面设计　墨创文化
西南交通大学出版社出版发行
四川省成都市二环路北一段 111 号西南交通大学创新大厦 21 楼
邮政编码：610031　发行部电话：028-87600564
http://www.xnjdcbs.com
成都中永印务有限责任公司印刷

*

成品尺寸：185 mm × 260 mm　　印张：17
字数：423 千字
2013 年 8 月第 1 版　　2020 年 3 月第 3 次印刷
ISBN 978-7-5643-2499-5
定价：38.00 元

序

在大力发展职业教育、创新人才培养模式的新形势下，加强高职院校教材建设，是深化教育教学改革、推进教学质量工程、全面培养高素质技能型专门人才的前提和基础。

近年来，四川职业技术学院在省级示范性高等职业院校建设过程中，立足于“以人为本，创新发展”的教育思想，组织编写了涉及汽车制造与装配技术、物流管理、应用电子技术、数控技术等四个省级示范性专业，以及体制机制改革、学生综合素质训育体系、质量监测体系、社会服务能力建设等四个综合项目相关内容的系列教材。在编撰过程中，编著者立足于“理实一体”、“校企结合”的现实要求，秉承实用性和操作性原则，注重编写模式创新、格式体例创新、手段方式创新，在重视传授知识、增长技艺的同时，更多地关注对学习者专业素质、职业操守的培养。本套教材有别于以往重专业、轻素质，重理论、轻实践，重体例、轻实用的编写方式，更多地关注教学方式、教学手段、教学质量、教学效果，以及学校和用人单位“校企双方”的需求，具有较强的指导作用和较高的现实价值。其特点主要表现在：

一是突出了校企融合性。全套教材的编写素材大多取自行业企业，不仅引进了行业企业的生产加工工序、技术参数，还渗透了企业文化和管理模式，并结合高职院校教育教学实际，有针对性地加以调整优化，使之更适合高职学生的学习与实践，具有较强的融合性和操作性。

二是体现了目标导向性。教材以国家行业标准为指南，融入了“双证书”制和专业技术指标体系，使教学内容要求与职业标准、行业核心标准相一致，学生通过学习和实践，在一定程度上，可以通过考级达到相关行业或专业标准，使学生成为合格人才，具有明确的目标导向性。

三是突显了体例示范性。教材以实用为基准，以能力培养为目标，着力在结构体例、内容形式、质量效果等方面进行了有益的探索，实现了创新突破，形成了系统体系，为同级同类教材的编写，提供了可借鉴的范样和蓝本，具有很强的示范性。

与此同时，这是一套实用性教材，是四川职业技术学院在示范院校建设过程中的理论研究和实践探索的成果。教材编写者既有高职院校长期从事课程建设和实践实训指导的一线教师和教学管理者，也聘请了一批企业界的行家里手、技术骨干和中高层管理人员参与到教材的编写过程中，他们既熟悉形势与政策，又了解社会和行业需求；既懂得教育教学规律，又深谙学生心理。因此，全套系列教材切合实际，对接需要，目标明确，指导性强。

尽管本套教材在探索创新中存在有待进一步锤炼提升之处，但仍不失为一套针对高职学生的好教材，值得推广使用。

此为序。

四川省高职高专院校
人才培养工作委员会主任

二〇一三年一月二十三日

前　言

数控加工技术是先进制造技术的基础与核心，而数控机床又是企业加工制造自动化的基础。然而，随着数控机床在加工生产中的普及，企业急需大量具备综合知识技能（即加工编程与操作技能）、能解决实际工程问题的应用型人才。

本书是为顺应高职教育的发展趋势，充分体现高职教育的职业性、实践性和开放性特点，满足高级技能型数控人才的培养需求而编写。本书注重基本技能的实际应用，突出了实用性、综合性和先进性的特点。

全书内容翔实、体系新颖，具有以下特点：

（1）采用项目教学法，将理论知识与数控编程、机床操作有机地融为一体，数控编程与加工操作能力的培养更符合工作实际的要求；

（2）系统典型，本书以 Fanuc 和 Siemens 两种不同系统的编程与操作为对象进行介绍，力求扩展学习者的知识面和应用能力；

（3）基于数控加工的工作过程，综合案例依次按工艺分析、程序编制、机床操作、零件加工的顺序来选取和组织教材内容；

（4）在编写过程中理论联系实际，内容由浅入深、循序渐进，通俗易懂，具有较强的实践性和可操作性；

（5）全书内容丰富、图文并茂、重点突出、主次分明、易于自学，每个项目后均附有同步训练，以便于巩固所学知识，掌握基本内容与要点。

全书由四川职业技术学院组织编写。由陈德航任主编并统稿，由范军任主审。项目一～四由夏宝林编写，项目五～八由杨小利编写，项目九～十一由郑浩编写，项目十二～十七由陈德航编写，项目十八～二十由聂采高编写。本书在编写过程中还得到了成都天保重型装备有限公司的郭露西、成都鼎泰数控有限公司李映洪的大力支持，在此对以上各位老师的支持表示衷心感谢！

由于数控技术发展迅速及编者水平有限，书中难免有不足之处，敬请读者批评指正。

编　者

2013 年 3 月

前 言

目　录

模块一　数控车床编程与加工

数控车床是目前使用最广泛的数控机床之一，主要用于轴类和盘类回转体零件的内外圆柱面、锥面、圆弧、螺纹面的车削加工，并能进行切槽、钻、扩、铰孔等工作，特别适合于形状复杂的零件加工。随着控制系统性能不断提高，机械结构不断完善，数控车床已成为一种高自动化、高柔性的加工设备。

本篇主要讲解数控车削（Fanuc 系统）编程及加工的相关知识。重点对数控车床的坐标系建立、程序编制、刀具补偿、刀具切削路线及相关参数等方面进行了详细介绍。

【知识目标】

- 理解 Fanuc 0iTC 系统的编程特点。
- 熟悉 Fanuc 0iTC 系统的基本编程指令。
- 熟悉 Fanuc 0iTC 系统车削循环指令。
- 领会 Fanuc 宏程序的编程方法。
- 掌握数控车床坐标系及其建立方法。
- 理解刀具补偿的作用及特点。
- 熟悉 Fanuc 系统的操作特点及方法。
- 认识常用的数控车削刀具。
- 掌握安全、合理的刀具切削路线。
- 掌握数控车削加工切削用量的合理选择。

【能力目标】

- 熟练掌握 Fanuc 0iTC 指令系统。
- 能使用常用指令完成程序编制。
- 掌握循环编程指令编程的难点。
- 掌握安全的进退刀路线。
- 熟练掌握加工坐标系的建立与调整。
- 能正确合理地使用刀具补偿。
- 掌握轴套类零件编程的技巧与难点。
- 能合理选择切削参数。
- 能够进行程序仿真或首件试切，完成程序调整及优化。
- 能熟练操作数控车床，并完成零件的加工。

项目一　数控车床编程基础

【学习目标】

- 了解数控加工工艺特点，以及与普通机械加工的区别。
- 掌握数控机床坐标系建立的原则及方法。
- 理解数控加工的一般过程。
- 掌握数控编程的程序格式。

【工作任务】

- 了解数控加工工艺。
- 认知数控机床坐标系统。
- 初具数控编程基础。

【知识准备】

数控加工是指在数控机床上进行零件加工的一种工艺方法，是根据零件图样及工艺要求编制零件数控加工程序，并输入到数控系统中，以控制数控机床中刀具与工件的相对运动，从而完成零件的加工。

一、数控加工工艺

数控加工工艺是采用数控机床加工零件时所运用的各种方法和技术手段的总和，数控加工工艺是伴随着数控机床的产生、发展而逐步完善起来的一种应用技术，它是人们大量数控加工实践经验的总结。它将传统的加工工艺、计算机数控技术、计算机辅助设计和辅助制造技术有机地结合在一起。

数控加工工艺是数控编程的基础，在数控加工前要对零件进行工艺分析，确定加工方案、夹具的选择、刀具的形状、切削用量等，并且对编程中的工艺问题（如走刀路线、对刀点、换刀点等）也要周全考虑。因此数控加工工艺分析是一项非常重要的工作，它是数控编程的依据，只有将数控加工工艺科学、合理地融入数控编程中，编程人员才能编制出高质量、高水平的数控程序。

（一）数控加工工艺内容

在数控编程前，必须要对零件设计图纸和技术要求进行详细的数控加工工艺分析，以最终确定哪些是零件加工技术的关键，哪些是数控加工的难点，以及数控程序编制的难易程度。

数控加工工艺主要包括以下内容：

（1）对零件进行总体分析（如尺寸标注、图形的完整性与正确性、技术要求及材料等），选择适于在数控机床上加工的内容。

（2）选择数控机床的类型。选择合适的机床既能满足零件加工的轮廓尺寸，又能满足零件的加工精度。

（3）对零件进行数控加工工艺分析（如零件结构及加工方法等），选择零件具体的加工方法和切削方式。

（4）制订数控加工工艺方案。包括加工方案、工序、工步的设计，合理安排零件从粗加工到精加工的数控加工工艺路线，进行加工余量的分配。

（5）夹具、刀具、量具的选择和设计。在满足零件加工精度和技术要求的前提下，工装越简单越好；根据加工零件的特点和精度要求，选择合适的刀具以满足零件加工的要求；正确合理地选用量具以满足测量要求，保证产品零件的质量。

（6）切削参数的选择。包括主轴转速、进给速度和背吃刀量的选择。

（7）加工轨迹的计算与优化。

（8）加工程序的编写、校验与修改。

（9）首件试切、检验及现场问题处理。

（10）数控工艺文件的定型与归档。

总之，数控加工工艺的内容较多，部分内容与普通加工工艺相似。

（二）数控加工工艺特点

数控加工与传统加工相比较，在加工方法与内容上有相似之处，不同点主要表现在控制方式上。在通用机床上加工零件时，操作者要严格按照工艺卡片规定的顺序采用手工操作方式进行加工，走刀路线、位移量及切削参数等都可由操作者自行考虑确定。而在数控机床上加工时，零件的所有工艺信息必须通过程序，以数字信息的形式来控制机床的自动运行，操作者干预较少。数控加工工艺也遵循普通加工工艺的基本原则，但由于数控加工自动化程度高，所以具有以下特点：

1. 数控加工工艺比普通加工工艺复杂

由于数控机床价格昂贵，且比普通机床加工能力强，所以在数控机床上通常安排较复杂的工序，或者在普通机床上难以完成的工序。而相同的数控加工任务，可以有多个数控工艺方案进行选择，既可以按所用刀具来安排工艺，也可以按加工部位来安排工艺，或按粗精加工来安排工艺。在设计数控加工工艺时要考虑加工零件的工艺特点，认真分析加工工艺、加工零件的定位基准和装夹方式，也要选择刀具，制订工艺路线及工艺参数等，而这些在普通加工工艺中有的可以简化处理。因此，数控加工工艺比普通加工工艺要复杂得多，影响因素也多。

2. 数控加工工艺设计要求更严密精确

数控加工的自动化程度较高，需完全按照程序进行自动加工，因此数控加工的自适应能力较差，不能在加工过程中及时处理出现的问题。而普通加工通常是经过多次“试切”过程来满足零件的精度要求，通常是加工→测量→再加工的模式，加工中出现的问题较直观，操作者可根据情况随时处理。数控加工不仅影响因素多，而且工艺复杂，编程人员需要对数控加工的全过程深思熟虑，统筹周全，工艺设计必须具备很好的条理性。因此，数控加工工艺的设计更严密、精确。

3. 数控加工工艺具有一定的继承性

凡经过调试并在数控加工实践中证明是较合理的数控加工工艺，都可以作为好的模板实例用于生产指导，供后续加工类似零件调用或借鉴，这样不仅节约时间，而且可以保证质量。作为模板本身在调用中也需不断修改完善，达到逐步标准化、系列化的效果。因此，数控工艺具有一定的继承性。

4. 制订数控加工工艺时刀具选择非常重要

数控加工是通过计算机控制刀具做精确的切削加工运动。刀具的选择是数控加工工艺中的重要内容之一，不仅影响机床的加工效率，而且直接影响零件的加工精度。随着数控机床性能的不断提高，其加工精度高、效率高、工序集中和零件装夹次数少，因此对所使用的数控刀具提出了更高要求。数控刀具要切削性能好，精度高，可靠性和耐用度高，断屑及排屑性能好。采用数控刀具加工大大加强了数控机床的综合加工能力，因此在制订数控工艺时刀具的选择非常重要。

5. 数控加工工艺的特殊要求

由于数控机床的结构具有高刚度和高抗振性，所配数控刀具优质高效，因而在同等情况下，加工时所采用的切削用量通常比普通机床大，加工效率也较高。编写数控加工工艺选择切削用量时要充分考虑这些特点。

由于数控机床加工的零件比较复杂，因此在确定装夹方式、进行夹具设计及编写程序时，要特别注意考虑刀具与夹具、工件的干涉问题。

对于复杂表面轮廓的数控编程要借助 CAD/CAM 软件。根据工艺参数的确定，不同系统的后置设置，自动生成刀具轨迹及加工程序。这既是编程问题也是数控加工工艺问题。因此数控加工程序的编写、校验与修改是数控加工工艺的一项特殊内容，也是数控加工工艺与普通加工工艺最大的不同之处。

（三）数控车床加工特点

数控车床是目前使用最广泛的数控机床之一，主要用于轴类和盘类回转体零件的内外圆柱面、锥面、圆弧、螺纹面的车削加工，并能进行切槽、钻、扩、铰孔等工作，特别适合于形状复杂的零件加工。随着控制系统性能不断提高，机械结构不断完善，数控车床已成为一种高自动化、高柔性的加工设备，具有以下特点：

1. 加工精度高、质量稳定

数控车床的机械传动系统和结构都具有较高的精度、刚度和热稳定性。数控车床的加工精度基本不受零件复杂程度的影响，零件加工精度和质量由机床保证，消除了操作者的人为误差。所以数控车床加工精度高，而且同一批零件加工尺寸一致性好，加工质量稳定。

2. 加工效率高

数控车床结构刚性好，功率大，能自动进行切削加工，所以能采用较大的、合理的切削用量，可以在一次装夹中完成全部或大部分工序，随着新刀具材料的应用和机床机构不断完善，其加工效率也不断提高，是普通车床的 2 ~ 5 倍，且加工零件形状越复杂，越能体现数控车床高效率的特点。

3. 适应范围广，灵活性好

数控车床能自动完成轴类及盘类零件内外圆柱面、圆锥面、圆弧面、螺纹以及各种回转曲面切削加工，并能进行切槽、钻孔、扩孔和铰孔等工作。

如对由非圆曲线或列表曲线（如流线型曲线）构成其旋转面的零件，各种非标螺距的螺纹或变螺距螺纹等多种特殊旋转类零件，以及表面质量要求高的变径表面类零件，都可以通过数控系统所具有的同步运行和恒线速度等功能保证其精度要求。加工程序可以根据加工零件的要求而变化，所以它的适应性和灵活性强，可以加工普通车床无法加工的形状复杂的零件。

（四）数控车床加工对象

数控车削是数控加工中最常见的加工方法之一。由于数控车床具有加工精度高、在加工中能实现坐标轴的联动插补，使形成的直线和圆弧等零件的轮廓准确，还有部分车床数控装置具有某些非圆曲线插补功能，同时能实现主轴旋转和进给运动的自动变速，因此数控车床比普通车床加工范围宽得多。针对数控车床的特点，以下几种零件最适合数控车削加工。

1. 表面形状复杂的回转体零件

数控车床具有直线和圆弧插补功能，可以车削由任意直线和曲线组成的形状复杂的回转体零件。如图 1.1 所示的零件，特别是内腔复杂的零件，在普通车床上很难加工，但在数控车床上则很容易加工出来。只要组成零件轮廓的曲线能用数学表达式表述，或列表表达，就可以加工。对于非圆曲线组成的轮廓，应先用直线或圆弧去逼近，然后再用直线或圆弧插补功能进行插补切削。

2. 精度要求高的回转体零件

由于数控车床刚性好、加工精度高、对刀准确，还可以精确实现人工补偿和自动补偿，所以数控车床能加工尺寸精度要求高的零件。使用切削性能好的刀具，在有些场合可以进行以车代磨的加工，如轴承内环的加工、回转类模具内外表面的加工等。此外，数控车床加工零件，一般情况是一次装夹就可以完成零件的全部加工，所以很容易保证零件的形状和位置精度，加工精度高。

图 1.1　数控车床加工零件示例

3. 表面粗糙度要求高的回转体零件

数控车床具有恒线速切削功能。在材质、加工余量和刀具已确定的条件下，表面粗糙度取决于进给量和切削速度。在加工零件的锥面和端面时，数控车床切削后表面粗糙度小且一致，这在普通车床上是办不到的。通过改变进给量，可以在数控车床上加工表面粗糙度要求不同的零件，即粗糙度值要求大的部位选用大的进给量，粗糙度要求小的部位选用较小的进给量。

4. 带特殊螺纹的回转体零件

在普通车床上车削的螺纹很有限，只能车削等导程的圆柱面和圆锥面上的公制、英制内外表面螺纹，而且螺纹的导程种类有限。在数控车床上可以加工各种类型的螺纹，且加工精度高，表面粗糙度值小。

5. 超精密、超低表面粗糙度值的零件

磁盘、录像机磁头、激光打印机的多面反射体、复印机的回转鼓、照相机等光学设备的透镜等零件，要求超高的轮廓精度和超低的表面粗糙度值，它们适合在高精度、高性能的数控车床上加工。数控车床超精加工的轮廓精度可达到 0.1 μm，表面粗糙度 Ra 可达 0.02 μm，超精加工所用数控系统的最小分辨率应达到 0.01 μm。

二、数控机床坐标系统

数控机床依靠刀具与工件的相对运动完成加工过程。刀具与工件的相对位置必须在相应的坐标系下才能确定。数控机床的坐标系统包括坐标系、坐标原点和运动方向。为了便于描述机床运动，简化程序编制及保证程序的通用性，国际上已经形成了两种标准，即国际标准化组织（ISO）标准和美国电子工业协会（EIA）标准。我国根据 ISO 标准制定了 JB3051—1999《数控机床坐标系和运动方向的命名》标准。

（一）数控机床的坐标系

数控机床坐标系是为了确定工件在机床中的位置，机床运动部件位置及运动范围，即描述机床运动，产生数据信息而建立的几何坐标系。通过机床坐标系的建立，可确定工件与机床的位置关系，获得所需的相关数据。

1. 标准坐标系

标准坐标系采用右手直角笛卡儿坐标系，也称右手直角坐标系，如图 1.2 所示。基本坐标轴 *X*、*Y*、*Z* 的关系及其正方向用右手直角定则判定。大拇指为 *X* 轴，食指为 *Y* 轴，中指为 *Z* 轴，指尖方向为正方向。围绕 *X*、*Y*、*Z* 轴的回转运动分别用 *A*、*B*、*C* 表示，其正方向 + *A*、+ *B*、+ *C* 分别用右手螺旋定则判定。大拇指为 *X*、*Y*、*Z* 的正向，右手抓握 *X*、*Y*、*Z* 轴，四指弯曲的方向为对应的 *A*、*B*、*C* 的正向。与 + *X*、+ *Y*、+ *Z*、+ *A*、+ *B*、+ *C* 相反的方向用带“′”的 + *X*′、+ *Y*′、+ *Z*′、+ *A*′、+ *B*′、+ *C*′表示。

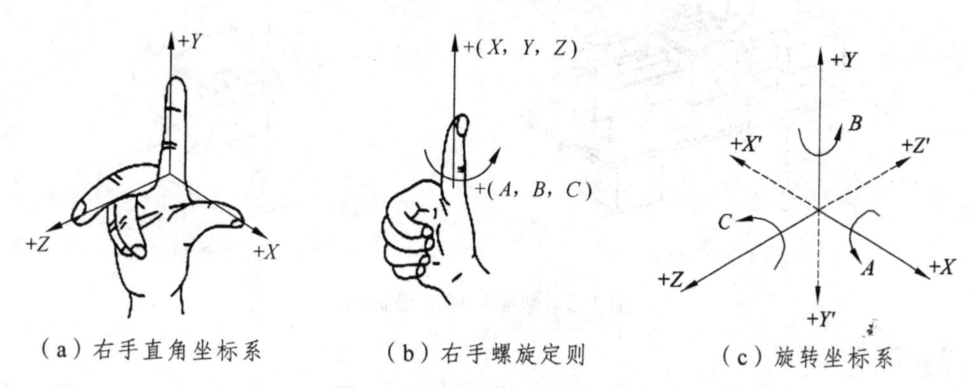

（a）右手直角坐标系　（b）右手螺旋定则　（c）旋转坐标系

图 1.2　数控机床标准坐标系

2. 遵循的原则

1）刀具相对静止工件运动的原则

由于数控机床各坐标轴既可以是刀具相对工件运动，也可以是工件相对刀具运动，所以 ISO 标准和我国 JB 3052—1982 标准都规定：不论机床的结构是工件静止、刀具运动，或是工件运动、刀具静止，在确定坐标系时，一律看成是刀具相对静止的工件运动。这样编程人员在编程时不必考虑机床具体运动情况，直接依据零件图样，确定机床加工过程及编程。

2）直线坐标轴正方向的规定

规定增大刀具与工件距离的方向为坐标轴正方向。

3）旋转正向的规定

旋转正向按右手螺旋定则进行判定，大拇指指向直线坐标轴正向，四指包绕方向为旋转正向。

另外，坐标轴（*X*、*Y*、*Z*、*A*、*B*、*C*）不带“′”的表示刀具运动；带“′”的表示工件运动。

3. 坐标轴的判定方法和步骤

1）Z轴

Z 轴的运动由传递切削力的主轴决定，它是与主轴轴线平行的坐标轴。其正方向为刀具远离工件的方向。对于有多个主轴的机床，选一个垂直于工件装夹平面的主轴为 Z 轴，如龙门轮廓铣床；当机床没有主轴时（如刨床），规定与工件装夹平面垂直的方向为 Z 轴；对于能摆动的主轴，若在摆动范围内仅有一个坐标轴平行于主轴轴线，则该轴即为 Z 轴；若在摆动范围内有多个坐标轴平行于主轴轴线，则规定其中一个垂直于工件装夹面的坐标轴为 Z 轴。机床 Z 坐标轴如图 1.3、1.4 所示。

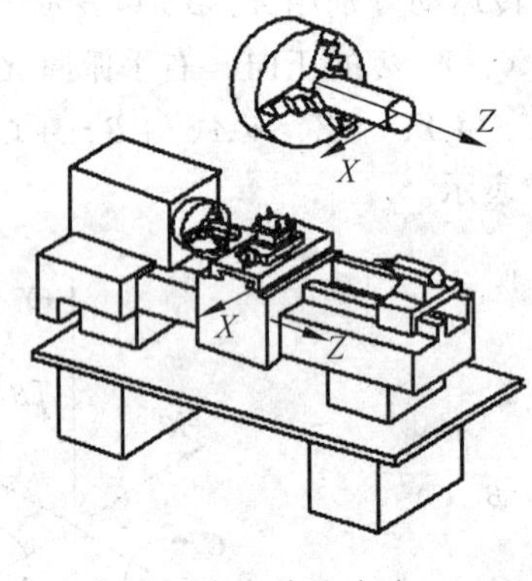

（a）卧式数控车床

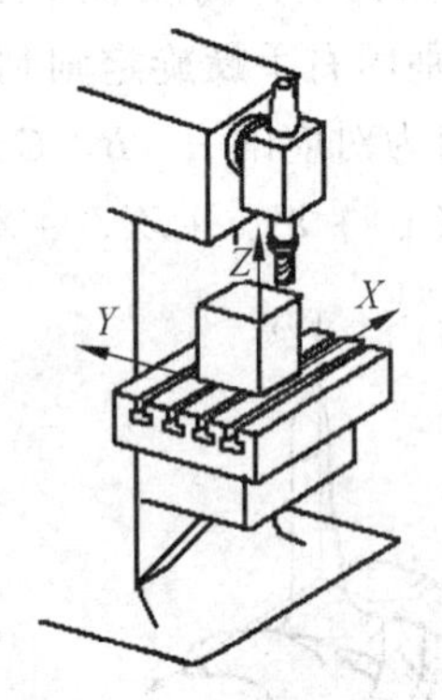

（b）立式数控铣床

图 1.3 数控机床的坐标系

2）X轴

X 轴一般位于平行工件装夹面的水平面内。对于工件旋转的机床（如车床、磨床），X 轴的方向是在工件的径向，且平行于横向滑座，刀具离开工件旋转中心的方向为 X 轴正方向；对于刀具旋转的机床（如铣床、镗床），当 Z 轴竖直（立式）时，规定水平方向为 X 轴方向，且当从刀具主轴向立柱看时，向右为 X 轴正方向；当`Z 轴水平（卧式）时，规定水平方向仍为 X 轴方向，且从刀具（主轴）尾端向工件看时，向右为 X 轴正方向。机床 X 坐标轴如图 1.3、1.4 所示。

3）Y轴

Y 轴垂直于 X、Z 轴。Y 轴正方向根据 X 和 Z 轴的正方向按照右手笛卡儿定则来判断。

4）A、B、C旋转轴

A、B、C 轴为回转进给运动坐标。根据已确定的 X、Y、Z 轴正方向，可用右手螺旋定则相应确定 A、B、C 轴的正方向。

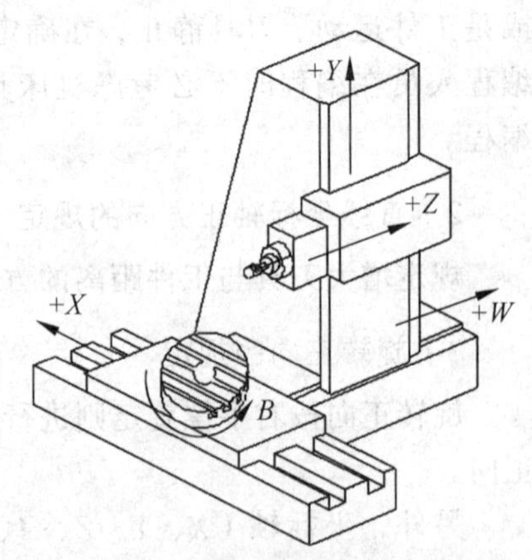

图 1.4 卧式数控铣床的坐标系

5）附加坐标系

一般称 X、Y、Z 为第一坐标系，如果在 X、Y、Z 坐标以外，还有平行于它们的坐标，可分别指定为 *U*、*V*、*W*，若还有第三组运动坐标，则分别指定为 *P*、*Q*、*R*。

6）主轴正转方向与 *C* 轴旋转方向

主轴正转方向是从主轴尾端向前端（装刀具或工件端）看，顺时针旋转方向为主轴正转方向。对于普通卧式数控车床，主轴的正旋转方向与 *C* 轴正方向相同。对于钻、镗、铣加工中心机床，主轴的正旋转方向为右旋螺纹进入工件的方向，与 *C* 轴正方向相反。

（二）机床坐标系与工件坐标系

数控机床常用坐标系包括：机床坐标系和工件坐标系。

1. 机床坐标系、机床原点与参考点

1）机床坐标系

机床坐标系又称为机械坐标系，是机床上固有的坐标系。它是确定工件坐标系的基准，是确定刀具（刀架）或工件（工作台）位置的参考系，并建立在机床原点上。

机床坐标系通过开机后执行各坐标轴返回参考点的操作来建立。

2）机床原点

机床原点又称为机械原点或机床零点，是机床坐标系的原点。它是数控机床进行加工运动的基准参考点。该点是生产厂家在机床装配、调试时设置在机床上的一个固定点。一般情况下，不允许用户随意变动。机床正常运行时，屏幕显示的“机械坐标”就是刀具在这个坐标系中的坐标值。

数控车床的机床原点一般位于卡盘前端面或后端面与主轴中心的交点处，如图 1.5 所示。数控铣床的机床原点，各生产厂家设置不一致，有的设在机床工作台的中心，有的设在 *X*、*Y*、*Z* 轴的正方向极限位置上，如图 1.6 所示。

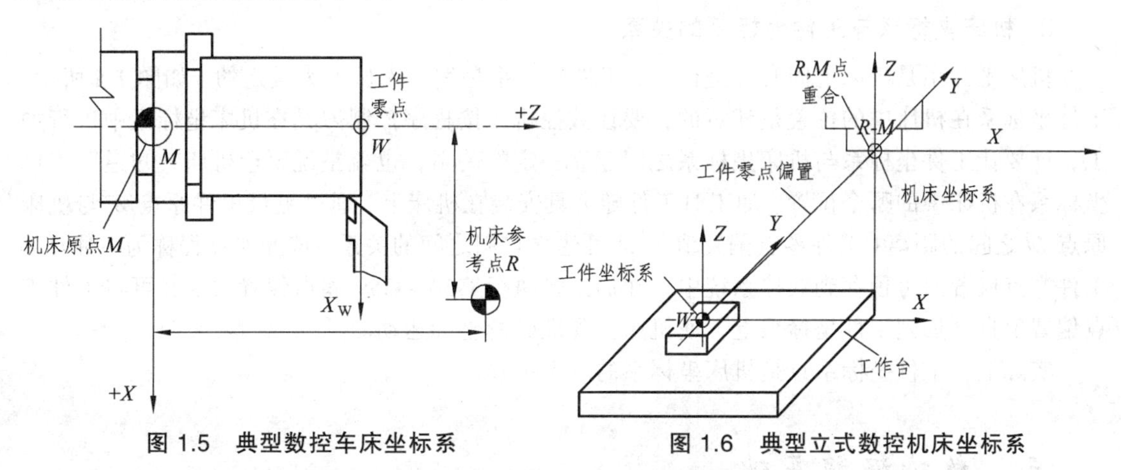

图 1.5　典型数控车床坐标系　　　　图 1.6　典型立式数控机床坐标系

3）参考点

参考点是机床坐标系中一个固定不变的位置点，通常设置在机床各轴靠近正向极限的位置，通过减速行程开关粗定位再由零位点脉冲精确定位。在机床开机后，通常都要进行“回

参”操作，使刀具或工作台回到机床参考点位置。机床各轴返回参考点后，显示器即显示出机床参考点在机床坐标系中的坐标值，表明机床坐标系已自动建立。可以说“回参”操作是对基准的重新核定，可消除由于种种原因产生的基准偏差。如图 1.5 所示，数控车床的机床参考点设置在机床 *X*、*Z* 轴靠近正向极限的位置。如图 1.6 所示，立式数控机床参考点设在 *X*、*Y*、*Z* 轴的正向行程极限点并与机床原点重合。

2. 工件坐标系与工件原点

1）工件坐标系

工件坐标系是编程人员在编程时设定的坐标系，也称为编程坐标系。编程人员以零件上某一基准点为原点建立工件坐标系，使零件上的所有几何元素都有确定的位置，同时也决定了数控加工时零件在机床上的安放方向。工件坐标系坐标轴的方向与机床坐标系坐标轴的方向一致。编程尺寸均按工件坐标系中的尺寸给定。

2）工件原点（*W*点）

工件坐标系的原点称为工件原点、工件零点或编程原点、编程零点，一般用 G50 或 G54 ~ G59 指令指定。

工件原点在工件上的位置可以任意选择，但为了利于编程，一般遵循以下原则：

（1）尽量选择在工件的设计尺寸基准上。

（2）尽量选择在尺寸精度高、粗糙度值低的工件表面上。

（3）对称零件应选择在工件对称中心处。

（4）非对称零件应选在轮廓的基准角上。

（5）*Z* 方向的零点一般设在工件表面。

在数控车床上加工工件时，工件原点一般设在主轴中心线与工件右端面或左端面的交点处，如图 1.5 所示。在数控铣床上加工工件时，工件原点一般设在工件的某个角上或对称中心上，如图 1.6 所示。

3. 机床坐标系与工件坐标系的关系

机床坐标系是机床上固有的坐标系，工件坐标系是编程人员人为设定的。如图 1.5 所示，工件坐标系在机床中的位置是任意的，要让数控机床按程序控制刀具在机床坐标系中进行加工，就要让工件坐标系与机床坐标系之间建立一定的关系，也就是说要让机床“知道”工件坐标系在机床中的哪个位置。加工时工件随夹具安装在机床上，通过测量工件原点 *W* 与机床原点 *M* 之间的距离（工件零点偏置值），即可建立它们之间的关系，该操作过程称为“对刀”。工件零点偏置值可预存到数控系统中，在加工时执行 G54 ~ G59 零点偏置指令，可将工件零点偏置值自动加到工件坐标系上，使机床实现准确的坐标运动。

实际上，工件坐标系只是机床坐标系的一个平移。

三、数控编程基础

数控编程是以机械加工中的工艺和编程理论为基础，针对数控机床的特点，综合运用相关知识来解决从零件图纸到数控加工程序的工艺问题和编程问题。数控编程人员必须掌握与数控加工相关的知识，包括数控加工原理、数控机床结构、坐标系、数控程序结构和常用数控指令等。

（一）数控编程方法

数控编程就是把加工零件所需的全部数据信息和控制信息，按数控系统规定的格式和代码形式，编制加工程序的过程。数控机床是按编好的程序对零件进行自动加工。加工程序中包含零件的工艺信息以及辅助功能（换刀、主轴正反转、冷却液开关等）。目前，数控加工程序的编制方法有手工编程和自动编程两种。

1. 手工编程

手工编程是从分析零件图样、确定加工工艺过程、数值计算、编写加工程序单直至程序校验均由人工来完成。它要求编程人员要具备相关工艺知识和数值计算能力，熟悉数控指令及编程规则。对几何形状较为简单的工件，所需程序不多，坐标计算也较简单，程序又不太长，使用手工编程既经济又省时。因此，手工编程在点位直线加工及直线圆弧组成的轮廓加工中仍广泛应用。

2. 自动编程

自动编程又称计算机辅助编程，就是利用计算机专用软件来编制数控加工程序。编程人员只需根据零件图样的要求绘制图形，选择加工方法，进行后置处理，由计算机自动生成零件加工程序。对于形状复杂的零件，特别是具有非圆曲线、列表曲线及曲面组成的零件，需要采用直线段或圆弧段来逼近，这时用手工计算节点就有一定困难，出错的几率增大，甚至无法编出程序。对于此类计算繁琐、手工编程困难或无法编出的程序，应用自动编程软件即可轻松完成程序编制。

自动编程现在广泛采用 CAD/CAM 图形交互式自动编程。CAD/CAM 图形交互自动编程就是利用 CAD 软件的图形编辑功能将零件的几何模型绘制到计算机上，然后调用 CAM 数控加工模板，采用人机交互的方式定义毛坯、创建加工坐标系、定义刀具，确定刀具相对于零件表面的运动方式，输入相应的加工参数，指定被加工部位，生成刀具轨迹，经过后置处理自动生成数控加工程序。整个过程基本是在图形交互环境下完成的，具有形象、直观和高效的优点。常用的 CAD/CAM 软件有 CAXA 制造工程师、MasterCAM、Pro/E、UG 等。

（二）数控编程的内容及步骤

一般来讲，数控编程内容主要包括：分析零件图，工艺处理，数值计算，编写程序，程序校验及首件试切，如图 1.7 所示。

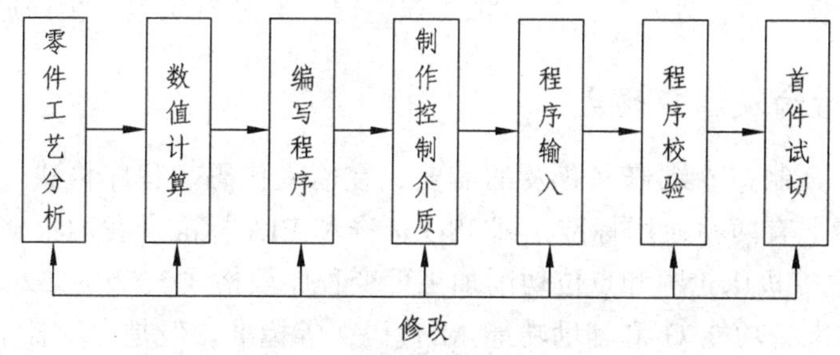

图 1.7　数控编程内容及步骤

1. 分析零件图样，确定工艺方案

实际加工中的某些零件并不一定所有工序都能在一台数控机床上全部完成。因此采用数控机床加工的零件，首先要根据零件图样的几何信息和工艺信息确定数控加工的内容，选择适合的数控机床，从而进行数控工艺分析。合理地选择加工方法，确定工艺基准、加工顺序、装夹方案和夹具、刀具、进给路线，以及根据刀具和机床切削特点选择切削用量，还要正确选择对刀点、换刀点等。

2. 数值计算

数控机床是按照数控加工程序的要求实现刀具与工件的相对运动,自动完成零件的加工。数值计算就是要根据刀具的运动轨迹确定数控加工程序中的坐标点数据。对于形状比较简单的零件轮廓，需要计算轮廓上相邻几何元素的交点或切点的坐标值，即各几何元素的起点、终点、圆弧的圆心坐标值等。对于形状比较复杂的零件，需要用直线段或圆弧段逼近，可以根据加工精度要求采用 CAD/CAM 软件辅助计算。

3. 编写加工程序单

编程人员根据零件加工工艺方案、数值计算结果以及数控系统规定的指令代码和程序格式来编写数控加工程序。

程序单编完后，编程者或机床操作者可以通过数控机床的操作面板，在“EDIT”方式下直接将程序信息键入数控系统的程序存储器中。也可以根据数控系统输入（输出）装置的不同，先将程序单程序制作成或转移至某种控制介质上。控制介质可以是磁带、磁盘、存储卡等信息载体，利用磁带机、磁盘驱动器、存储卡接口等输入（输出）装置，可将控制介质上的程序信息输入到数控系统程序存储器中。还可以采用计算机与机床的通信方式进行程序传输。

4. 程序校验及首件试切

输入到数控系统中的数控程序必须经过校验和首件试切才能正式使用。程序校验可以采用对刀后将工件坐标系（G54 ~ G59）中的 *Z* 轴坐标值偏移抬高一段安全距离，在“机床空运转”状态下执行程序，通过观察机床实际运动轨迹及 CRT 图形显示屏的刀具运动轨迹进行校验。或在“机床锁住”状态下执行程序，观察 CRT 图形显示屏的刀具运动轨迹是否符合工艺路线来进行校验。由于这些方法只能检验出刀具轨迹是否正确，不能查出被加工零件的加工精度，因此还要进行首件试切。通过首件试切可以知道工艺路线的确定，工艺装备、切削用量、加工余量的选择是否合理。当发现有加工误差时，应分析误差产生的原因并加以修正。

（三）程序结构及编程格式

为了满足设计、制造、维修和普及的需要，在输入代码、程序格式、加工指令及辅助功能等方面，国际上有两种通用标准，即 ISO 标准和 EIA 标准。我国根据 ISO 标准制定了 JB 3832—1985《数控机床轮廓和点位切削加工可变程序段格式》、JB/T 3208—1999《数控机床程序段格式中的准备功能 G 和辅助功能 M 代码》等标准。但是由于各个数控机床生产厂

家所用的标准尚未完全统一，其所用的代码、指令及其含义也不完全相同，因此在编程时就必须按所用数控机床编程手册中的规定进行。

1. 程序结构

一个完整的程序由程序名、程序内容和程序结束三部分组成。程序结构示例见表 1.1。

表 1.1 程序格式

%	开始符
O0001；	程序名
N01 G17 G40 G49 G80； N03 G54 G90 G00 X0 Y0 S1000 M03； N05 G43 H01 Z50. M08； N07… ⋮	程序内容
N45 M30；	程序结束
%	结束符

1）程序名

程序名是一个程序的标识符，出现在程序的开始处。每个程序必须有程序名，以便于在数控装置存储器中区分、存储、查找、调用。程序名由地址符带若干数字组成，一般为 4 ~ 8 位数字。不同的数控系统使用的地址符不同，如日本 Fanuc 数控系统采用英文字母“O”作为程序名地址符；德国 Siemens 数控系统和国内华中数控系统采用“%”作为程序名地址符。

2）程序内容

程序内容是整个程序的核心，由若干行程序段组成。每个程序段由一个或多个指令字构成。每个指令字由表示地址的字母、数字和符号组成，代表机床的一个位置或一个动作。

3）程序结束

以程序结束指令 M02 或 M30 作为整个程序结束的符号。

4）程序开始符、结束符

Fanuc 数控系统的结束符为“%”，Siemens 数控系统的结束符为“RET”。

2. 程序段格式

程序段格式是指一个程序段中的字母、字符和数字的书写规则，通常有字地址可变程序段格式、使用分隔符的程序段格式和固定程序段格式。目前，常用的是字地址可变程序段格式。每个指令字的字首是一个英文字母，称为字地址符。常用地址符的含义见表 1.2。

表 1.2　常用字地址符及含义

字　符	意　　义	字　符	意　　义
A	关于 *X* 轴的角度尺寸	M	辅助功能
B	关于 *Y* 轴的角度尺寸	N	程序段顺序号
C	关于 *Z* 轴的角度尺寸	O	程序号、子程序号的指定
D	刀具半径偏置号	P	暂停时间或程序中某功能开始使用的顺序号
E	第二进给功能	Q	固定循环终止段号或固定循环中的距离
F	第一进给功能	R	圆弧半径的指定或固定循环中的距离
G	准备功能	S	主轴转速功能
H	刀具长度偏置号	T	刀具功能
I	圆弧圆心 *X* 向坐标	U	与 *X* 轴平行的附加坐标轴或增量坐标值
J	圆弧圆心 *Y* 向坐标	V	与 *Y* 轴平行的附加坐标轴或增量坐标值
K	圆弧圆心 *Z* 向坐标	W	与 *Z* 轴平行的附加坐标轴或增量坐标值
L	固定循环及子程序重复次数	X、Y、Z	基本尺寸坐标值

字地址可变程序段格式的特点是：程序段中各指令字的先后排列顺序并不严格；不需要的指令字以及与上一程序段相同的指令字可以省略不写；每一个程序段中可以有多个G指令；指令字可多可少，程序简短直观，不易出错，因而得到广泛使用。

程序段是由顺序段号，若干个指令字（功能字）和程序段结束符组成。其格式如图 1.8 所示。

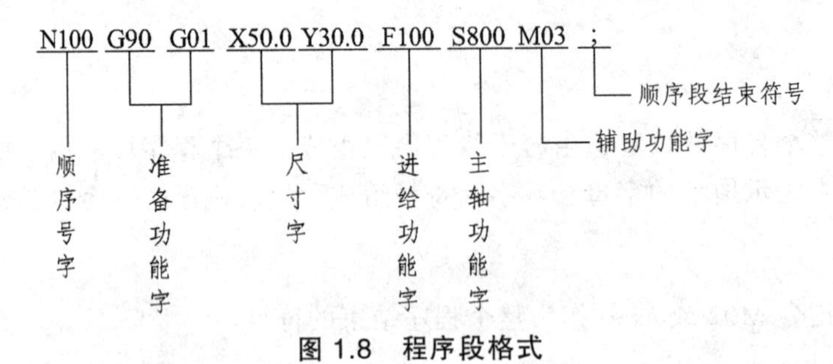

图 1.8　程序段格式

1）顺序号字

顺序号字又称程序段号，写在程序段开头，由地址符“N”加 4 ~ 8 位数字组成。

2）准备功能字

准备功能也称 G 功能。其作用是使数控机床建立起某种加工方式。由地址符“G”和其后的两位数字组成，从 G00 ~ G99 共 100 种。G 功能代码已标准化，常用 G 功能字见表 1.3（以 Fanuc 车削系统为例）。

表 1.3　G 功能字及含义表

代　码	组　号	功　能	代　码	组　号	功　能
G00*	01	快速点定位	G65	00	宏指令调用
G01		直线插补	G70	00	精车复合循环
G02		顺圆弧插补	G71		外圆粗车复合循环
G03		逆圆弧插补	G72		端面粗车复合循环
G04	00	暂停延时	G73		闭环粗车复合循环
G32	00	螺纹切削	G74		端面钻孔循环
G20	06	英制单位	G75		内、外径切槽循环
G21*		公制单位	G76		螺纹切削复合循环
G27	00	检查参考点返回	G90	01	外圆单一循环
G28		返回机床参考点	G92		螺纹单一循环
G29		由参考点返回	G94		端面单一循环
G40*	07	刀具半径补偿取消	G96	02	主轴恒线速度控制
G41		刀具半径左补偿	G97*		取消恒线速度控制
G42		刀具半径右补偿	G98	05	每分钟进给方式
G50	00	坐标系设置或最大主轴速度设定	G99*		每转进给方式

注：① 标有*的 G 代码为数控系统通电启动后的默认状态。
② 不同组的几个 G 代码可以在同一程序段中指定且与顺序无关；同一组的 G 代码在同一程序段中指定，则最后一个 G 代码有效。不同系统的 G 代码并不一致，即使同型号的数控系统，G 代码也未必完全相同，编程时一定以系统的说明书所规定的代码进行编程。
③ G 代码有模态和非模态之分。其中 00 组是非模态代码，只在所规定的程序段中有效，也称一次性代码；其余组均为模态代码，一旦出现便持续有效，直到被同一组的其他代码取代或取消为止。

3）辅助功能字

辅助功能也称 M 功能。其作用是控制数控机床“开”、“关”功能，主要用于完成加工操作时的辅助动作。由地址符“M”和其后的两位数字组成，从 M00～M99 共 100 种。不同数控系统及机床 M 功能含义有所不同，常用 M 功能字见表 1.4。

表 1.4　M 功能字含义表

M 功能字	含　义
M00	程序暂停
M01	计划暂停
M02	程序结束
M03	主轴顺时针旋转
M04	主轴逆时针旋转
M05	主轴旋转停止
M06	换刀

续表 1.4

M 功能字	含　义
M07	2 号冷却液开
M08	1 号冷却液开
M09	冷却液关
M30	程序停止并返回开始处
M98	调用子程序
M99	子程序结束

4）尺寸字

尺寸字用来设定机床各坐标的位移量。由坐标地址符及数字组成，一般以 *X*、*Y*、*Z*、*U*、*V*、*W* 等字母开头，后面紧跟“+”或“-”及一串数字，“+”可省略。该数字以脉冲当量为单位时，不使用小数点；如果使用小数表示该数，则基本单位为 mm，如 *X*50.*Y*30.。

5）进给功能字

进给功能用来指定刀具相对工件的运动速度。F 功能用于控制切削进给量。在程序中，有以下 2 种使用方法：

- G98 F____；每分钟进给量（单位为 mm/min）。
- G99 F____；每转进给量（单位为 mm/r）。

6）主轴功能字

S 功能用于控制主轴转速。在程序中，有以下 3 种使用方法：

- G50 S____；最高转速限制，S 后面的数字表示最高转速，单位为 r/min。如 G50 S2500 表示最高转速限制为 2 500 r/min。
- G96 S____；恒线速度控制，S 后面的数字表示恒定的线速度，单位为 m/min。如 G96 S150 表示切削点线速度恒定控制在 150 m/min。
- G97 S____；直接转速控制，S 后面的数字表示恒定的旋转速度，单位为 r/min。如 G97 S1500 表示主轴旋转速度为 1 500 r/min。

7）刀具功能字

T 功能指令用于选择加工所用刀具。在程序中，有以下 2 种使用方法：

- T××；T 后面的 2 位数表示所选的刀具号。
- T××××；T 后面有 4 位数字，前两位是刀具号，后两位是刀具补偿号（00 号默认为取消补偿值）。

例如：T0303 表示选用 3 号刀及 3 号刀的位置补偿值和刀尖圆弧半径补偿值。T0300 表示取消 3 号刀的刀具补偿值。

8）程序段结束符

程序段结束符位于程序段最后一个有用的字符之后，表示程序段的结束。常用的有“;”“*”“NL”“CR”“LF”等。因控制系统不同，结束符应根据编程手册规定而定。

3. 数控车床编程特点

数控车床编程具有以下特点：

① 在一个程序段中，根据零件图样尺寸，可以采用（X、Z）绝对值编程、（U、W）增量值编程或（X、W）（U、Z）二者混合编程方式。

② 由于采用直径编程，所有径向尺寸均以直径值表示，因此绝对值编程时 X 是直径值，增量值编程时 U 是直径增量值。

③ 为提高径向尺寸精度，X 轴的脉冲当量通常是 Z 轴的一半。例如，经济型数控车床中，Z 轴脉冲当量为 0.01 mm/P，X 轴的脉冲当量为 0.005 mm/P。

最后，需要强调的是，数控机床的指令在国际上有很多格式标准。随着数控机床的发展，其系统功能更加强大，使用更加方便。在不同数控系统之间，程序格式上会存在一定的差异，因此在具体使用某一数控机床时要仔细了解其数控系统的编程格式。

【项目实施】

- 演示数控机床坐标系运动规律。
- 演示数控车床加工零件的一般过程。
- 演示讲解 Fanuc 系统面板操作方法。

【知识拓展】

每一个用户在熟练操作一台数控机床前，都需要熟悉相关系统的操作。这里，以 Fanuc 0i 系统为例进行说明。

一、MDI 键盘

图 1.9 所示为 Fanuc 0i 系统的 MDI 键盘（右半部分）和 CRT 界面（左半部分）。MDI 键盘用于程序编辑、参数输入等功能。MDI 键盘上各个键的功能见表 1.5。

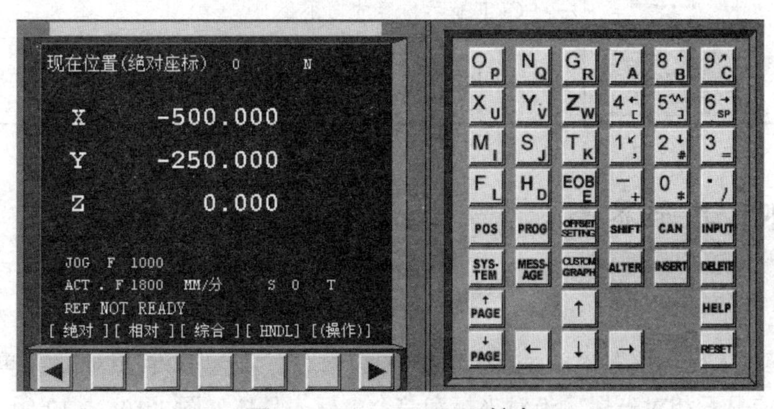

图 1.9　Fanuc 0i MDI 键盘

表 1.5 MDI 键盘上各个键的功能

功能区	MDI 软键	说　明
字符键盘区	O P N Q G R X U Y V Z W M I S J T K F L H D EOB E	实现字符的输入，点击SHIFT键后再点击字符键，将输入右下角的字符。例如：点击O P键将在 CRT 的光标所处位置输入“O”字符，点击SHIFT键后再点击O P键将在光标所处位置处输入“P”字符；点击“EOB”键将输入“;”号，表示换行结束
	7 A 8 B 9 C 4 [5] 6 SP 1 , 2 # 3 = - + 0 * . /	实现字符的输入，例如：点击5键将在光标所在位置输入“5”字符，点击SHIFT键后再点击5键将在光标所在位置处输入“]”
显示界面切换区	POS	在 CRT 中显示坐标值
	PROG	CRT 将进入程序编辑和显示界面
	OFFSET SETTING	CRT 将进入参数补偿显示界面
	SYS-TEM	系统参数管理（本软件未用）
	MESS-AGE	信息参数管理（本软件未用）
	CUSTOM GRAPH	在自动运行状态下将数控显示切换至轨迹模式
常用编辑键	SHIFT	输入字符切换键
	CAN	删除单个字符
	INPUT	将数据域中的数据输入到指定的区域
	ALTER	字符替换
	INSERT	将输入域中的内容输入到指定区域
	DELETE	删除一段字符
	HELP	帮助（本软件未用）
	RESET	机床复位
	↑PAGE ↓PAGE	点击↑PAGE键实现左侧 CRT 中显示内容的向上翻页；点击↓PAGE键实现左侧 CRT 显示内容的向下翻页
	↑ ← ↓ →	移动 CRT 中的光标位置

二、CRT 显示界面

（一）坐标位置界面

点击POS键进入坐标位置界面。点击菜单软键[绝对]、菜单软键[相对]、菜单软键[综合]，CRT 界面将对应显示相对坐标、绝对坐标和综合坐标，具体如图 1.10 ~ 1.12 所示。

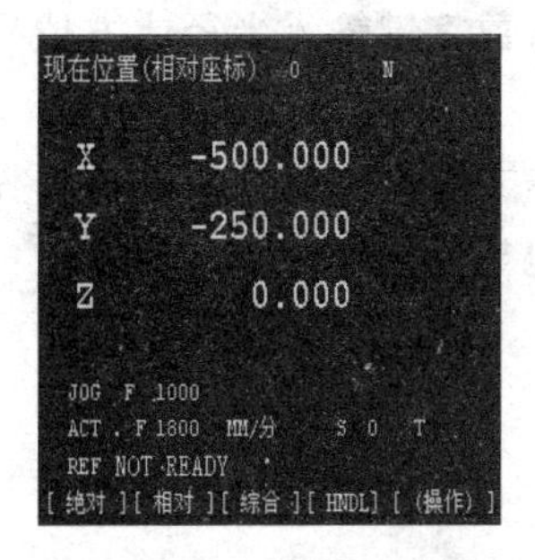

图 1.10 相对坐标界面

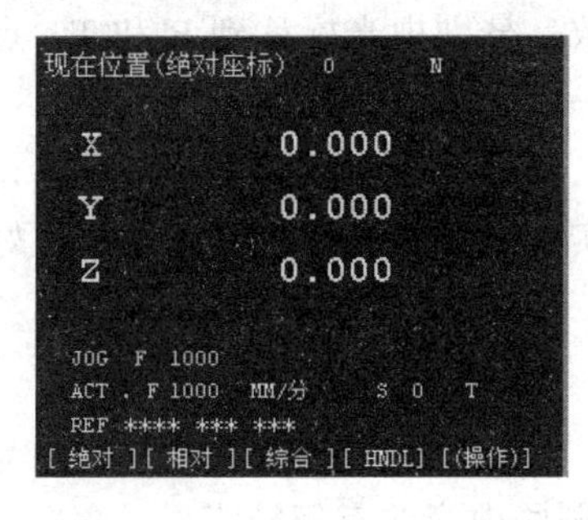

图 1.11 绝对坐标界面

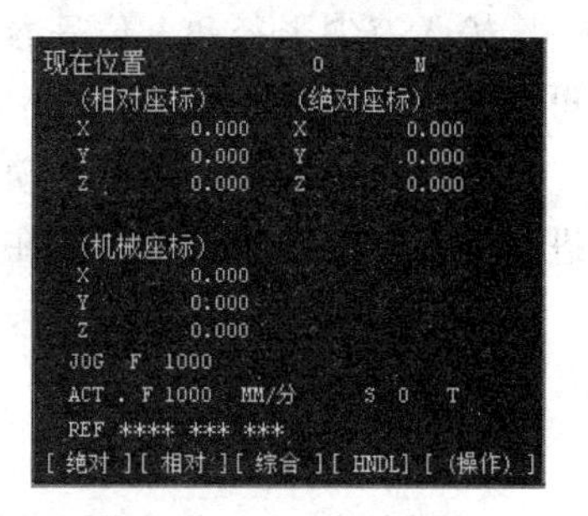

图 1.12 所有坐标界面

（二）程序管理界面

点击POS键进入程序管理界面，点击菜单软键[LIB]，将列出系统中所有的程序，如图 1.13 所示。在所列出的程序列表中选择某一程序名，点击PROG键将显示该程序，如图 1.14 所示。

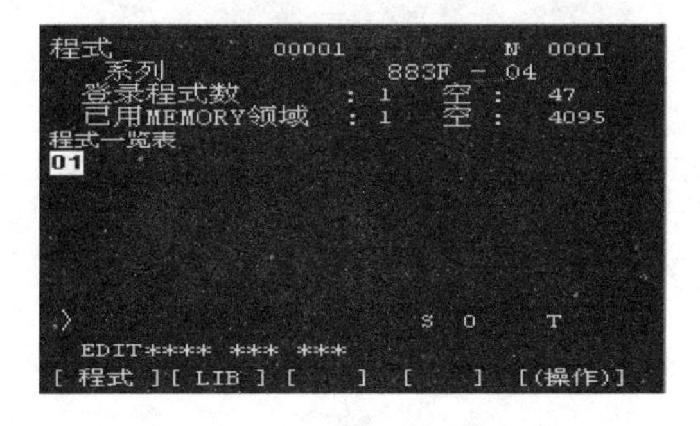

图 1.13 显示程序列表

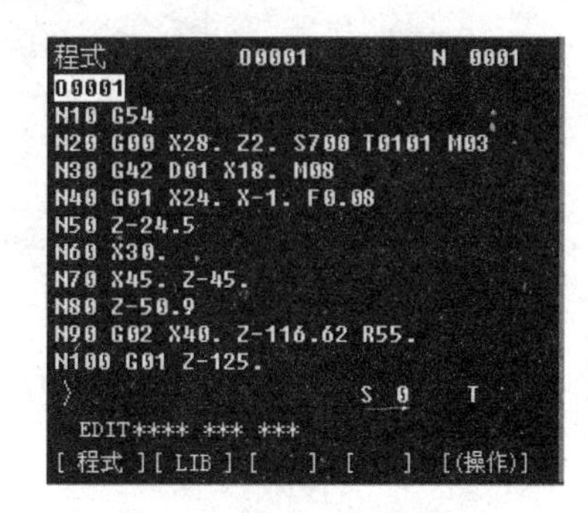

图 1.14 显示当前程序

（三）刀具补偿界面

车床刀具补偿包括刀具的磨损补偿和形状补偿，两者之和构成车刀偏置量补偿。

输入磨耗量补偿参数和形状补偿参数：在 MDI 键盘上点击OFFSET SETTING键，可分别进入磨耗补偿参数设定界面和形状补偿参数设定界面，如图 1.15、1.16 所示。点击数字键，按菜单软键[输入]或按INPUT键，输入补偿值到 *X*、*Z* 指定位置。

工具补正/摩耗 O N

番号	X	Z	R	T
01	0.000	0.000	0.000	0
02	0.000	0.000	0.000	0
03	0.000	0.000	0.000	0
04	0.000	0.000	0.000	0
05	0.000	0.000	0.000	0
06	0.000	0.000	0.000	0
07	0.000	0.000	0.000	0
08	0.000	0.000	0.000	0

现在位置(相对座标)
U -114.567 W 89.550
S 0 T
JOG **** *** ***

图 1.15 刀具磨耗补偿

工具补正 O N

番号	X	Z	R	T
01	0.000	0.000	0.000	0
02	0.000	0.000	0.000	0
03	0.000	0.000	0.000	0
04	0.000	0.000	0.000	0
05	0.000	0.000	0.000	0
06	0.000	0.000	0.000	0
07	0.000	0.000	0.000	0
08	0.000	0.000	0.000	0

现在位置(相对座标)
U -114.567 W 89.550
S 0 T
JOG **** *** ***

图 1.16 形状补偿

输入刀尖半径和方位号参数：分别把光标移到 R 和 T，点击数字键输入半径或方位号，再点击菜单软键[输入]。

数控系统的操作较为繁琐，界面及操作方式也十分灵活，本文这里仅就常用的几个界面进行简要介绍，希望读者能在实际学习中勤加练习，才能更好地掌握操作技巧。

【同步训练】

1. 数控加工工艺主要包括哪些内容？有何特点？
2. 数控机床坐标系判定的方法和步骤是什么？
3. 何谓机床坐标系和工件坐标系？其主要区别是什么？
4. 数控加工编程的主要内容有哪些？试述数控机床手工编程的步骤内容。
5. 一个完整的程序由哪几部分组成？组成程序段的功能字有哪几类？各有何作用？

项目二　台阶轴的编程

【学习目标】

- ➢ 掌握数控车床加工零件的一般工作过程。
- ➢ 掌握数控车床坐标系的建立方法。
- ➢ 掌握 Fanuc 0iTC 系统相关编程指令。
- ➢ 掌握外圆、锥度、圆弧等特征表面的程序编制方法。

【工作任务】

图 2.1 所示为台阶轴，试用所学知识正确地编制该工件的粗、精加工程序。材料为 45# 钢，该工件的毛坯尺寸为ϕ42 mm × 100 mm。

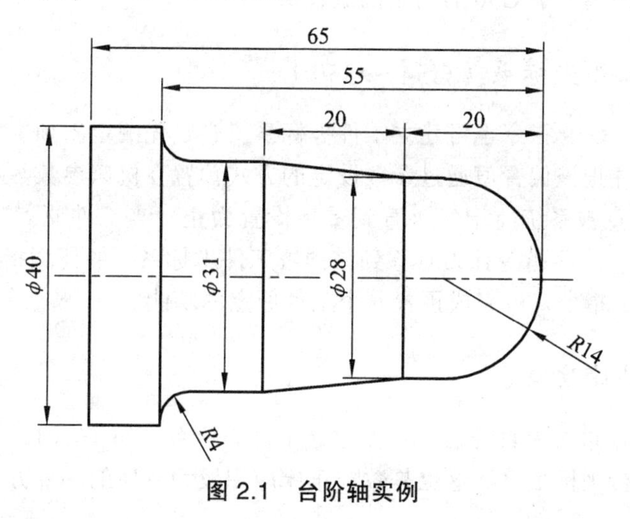

图 2.1　台阶轴实例

【知识准备】

一、工件坐标系设定

编程时，首先应确定工件原点位置并用相关指令来设定工件坐标系。车削加工的工件原点一般设置在工件右端面或左端面与主轴轴线的交点上。

（一）设定工件坐标系（G50）

编程格式： G50 *X*____ *Z*____;

其中，*X*、*Z* 是刀具起刀点在所设工件坐标系中的坐标值。

编程示例：如图 2.2 所示，G50 *X*128.7 *Z*375.1；设定工件坐标系于工件右端面中心。

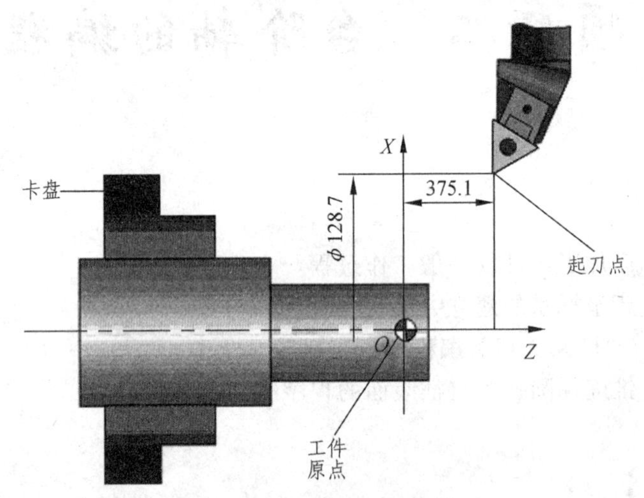

图 2.2　G50 设定工件坐标系

注意：通常 G50 写在加工程序的第一段。运行程序前，必须通过对刀操作等保证刀位点与预设编程原点的距离等于 G50 后给定的编程值。

（二）预置工件坐标系（G54 ~ G59）

零点偏置 G54 ~ G59 指令也可建立工件坐标系。它是先测定出预置的工件原点相对于机床原点的偏置值，并把该偏置值通过参数设定的方式预置在机床参数数据库中，因而该值无论断电与否都将一直被系统所记忆，直到重新设置为止。当工件原点预置好以后，便可用“G54G00 *X*____ *Z*____;”指令让刀具移到该预置工件坐标系中的任意指定位置。很多数控系统都提供 G54 ~ G59 指令，可完成预置 6 个工件原点的功能。

（三）刀具补偿法

采用 T 功能可以进行刀具补偿，从而建立工件坐标系。如 T0101，表示选择 1 号刀具，采用 1 号补偿值进行坐标平移。这也是数控车床应用较为方便的一种方式。

二、数控车床的对刀

对刀是数控机床加工中极其重要和复杂的工作。对刀精度的高低将直接影响到零件的加工精度。

在数控车床车削加工过程中，首先应确定零件的工件原点以建立准确的工件坐标系；其次要考虑刀具的不同尺寸对加工的影响，这些都需要通过对刀来解决。对刀的过程就是建立工件坐标系与机床坐标系之间位置关系的过程，是确定数控机床上安装刀具的刀尖在机床绝对坐标系下的准确位置。

（一）对刀方法

在数控车床上常用的对刀方法有以下 3 种。

1. 定位对刀

安装有机内对刀仪的数控机床通常使用此法进行。在数控车床上安装有与数控系统连接的对刀仪，需要对刀架上的某一把刀具对刀时，手动输入专用控制指令，可由数控系统控制刀架移动，完成刀具在 X 轴、Z 轴两个方向上的位置偏移量测量，并将测量结果存储在相应刀具的位置补偿存储器中，如图 2.3 所示。

（a）数控车床机内对刀仪

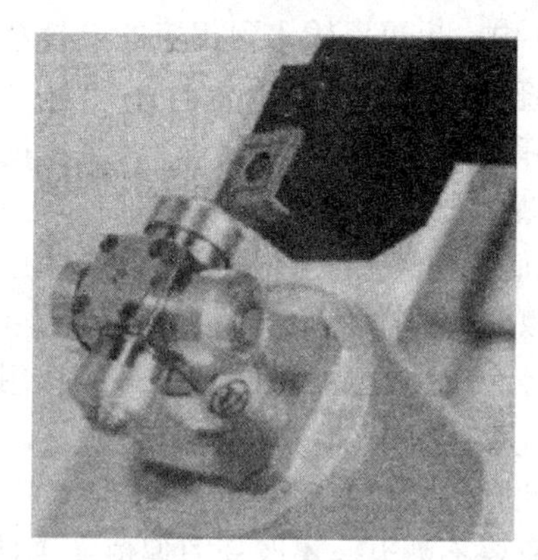

（b）对刀仪局部

图 2.3　数控车床对刀仪对刀

定位对刀仪的测量元件通常使用高精度微动开关，其对刀精度受微动开关精度的限制。

2. 光学对刀

光学对刀是一种非接触测量方法。通常使用十几倍或几十倍的光学显微镜将刀尖的局部放大，并以对刀仪的十字线相切刀尖的两个侧刃。此法测量精度高，常以机外对刀仪的形式出现，特别适于使用标准刀柄类刀具的对刀。

3. 试切对刀

试切对刀是一种直接、准确的对刀方法，在对刀中已经考虑了包含工艺系统变形等误差因素的影响，应用最为广泛。其操作方法如下：

（1）试切工件外圆，如图 2.4 所示，保持 X 轴方向不动，刀具沿 Z 轴退出，记下此时的机械坐标 $X1$。使主轴停止转动，测量试切后的工件直径，记为α。

（2）试切工件端面，如图 2.5 所示，保持 Z 轴方向不动，刀具沿 X 轴退出，记下此时的机械坐标 $Z1$。

（3）此时可得到工件前端面中心 O 点的坐标为（$X1-\alpha$，$Z1$）。

图 2.4　试切外圆

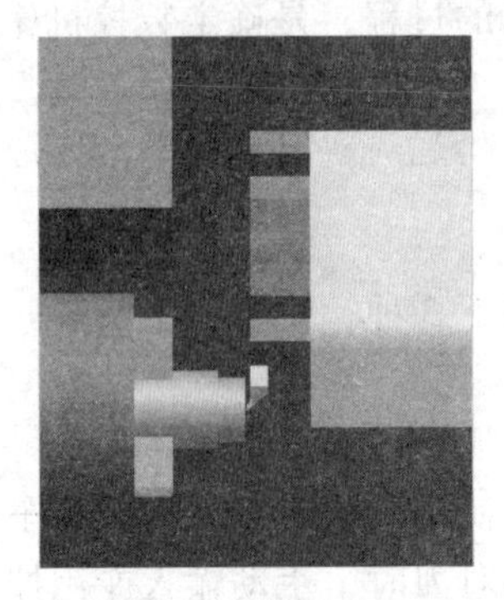

图 2.5　试切端面

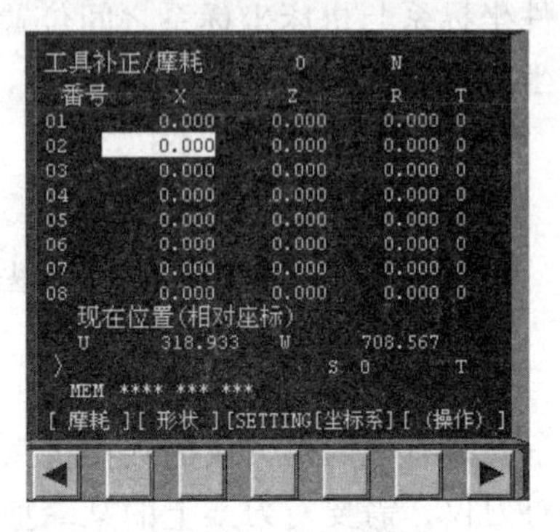

图 2.6　形状补偿

通过以上试切得到的 *O* 点坐标可以很方便使用到工件坐标系设定。既可以直接输入到 G54 ~ G59 中；也可以输入到相应的刀具补偿号中；还可以通过计算得到当前刀位与 *O* 点的距离差（直接应用到 G50 中）。

在实际使用中为了减少计算，可以借助数控系统提供的相关辅助功能。点击 MDI 键盘上的 OFFSET SETTING 键，进入形状补偿参数设定界面（见图 2.6），将光标移到与刀位号相对应的 *X* 位置，输入 *X* 坐标值，按菜单软键[测量]，对应的刀具偏移量自动输入，*Z* 方向也可以如此。G54 ~ G59 也可以如此操作。

在数控车床中主要使用 T× × × ×调用刀补来建立工件坐标系。采用 T 功能建立坐标系具有以下优点：

（1）此方法操作简单方便，可靠性好，每把刀有独立坐标系，互不干扰。

（2）只要不断电、不改变刀偏值，工件坐标系就会存在且不会变，即使断电，重启后回参考点，工件坐标系也还在原来的位置。

（3）如使用绝对值编码器，刀架在任何安全位置都可以启动加工程序。

二、常用基本指令

数控车削加工中，G 功能指令虽然有很多，但常用的指令除了坐标系设定指令以外，主要还有基本运动指令、刀具补偿指令及回参考点指令。

（一）快速点定位（G00）

G00 指令是模态代码，主要用于使刀具快速接近或快速离开零件。它命令刀具以点定位控制方式从刀具所在点快速运动到下一个目标位置。它无运动轨迹要求，且无切削加工过程。

编程格式：G00 *X*（*U*）____ *Z*（*W*）____；

其中：*X*、*Z*——目标点（刀具运动的终点）的绝对坐标；

U、*W*——目标点相对刀具移动起点的增量坐标。

说明：

（1）G00 速度是由厂家预先设置，不能用程序指令设定，但可以通过面板上的快速倍率旋钮调节。

（2）G00 的运动轨迹一般按照 45°的方式运动，使用时应注意刀具移动过程中是否和工件或夹具发生碰撞。

（3）快速定位目标点不能选在零件上以防撞刀，一般要离开零件表面 2 ~ 5 mm。

（二）直线插补（G01）

G01 指令是模态代码。它是直线运动命令，规定刀具在两坐标或三坐标间以插补联动方式按指定的 *F* 进给速度做任意直线运动，用于完成端面、内圆、外圆、槽、倒角、圆锥面等表面的加工。

编程格式：G01 *X*（*U*）____ *Z*（*W*）____ *F*____；

其中：*X*、*Z*——目标点的绝对坐标；

U、*W*——目标点相对直线起点的增量坐标；

F——刀具在切削路径上的进给量，根据切削要求确定。

说明：进给速度由 F 指令决定。F 指令也是模态指令，在没有新的 F 指令出现时一直有效，不必在每个程序段中都写入，F 指令可由 G00 指令取消。如果在 G01 程序段之前及本程序段中没有 F 指令，则机床不运动。因此，首次出现 G01 的程序中必须含有 F 指令。

【例 2.1】 如图 2.7 所示，应用 G00 和 G01 指令对工件进行 *A*→*B*→*C* 精车编程，编程指令见表 2.1。

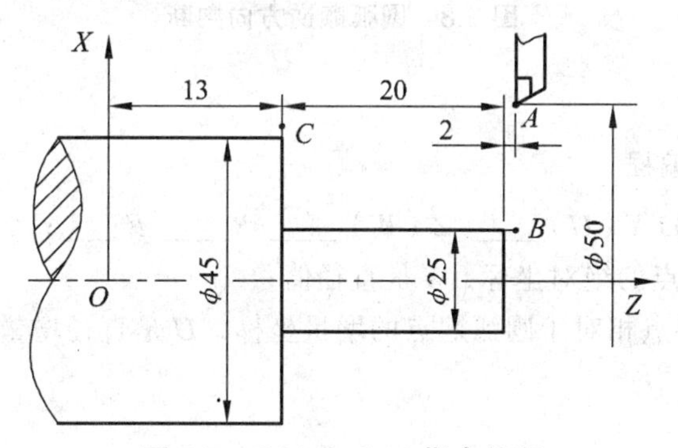

图 2.7 G00 和 G01 指令编程

表 2.1 编程指令

绝对值编程	增量值编程	程序说明
O0001；	O0001；	程序名
M03 S800 T0101；	M03 S800 T0101；	建立工件坐标系，主轴正转启动
G00 X25；	G00 X25；	*A*→*B* 快进
G01 Z13 F0.1；	G01 W − 22 F0.1；	外圆直线切削
X48；	U23；	端面直线切削至工件外 *C* 点
G00 X50 Z35；	G00 U2 W22；	快退回到 *A*
M05；	M05；	主轴停转
M30；	M30；	程序结束，返回到程序开头

注：工件轮廓切入点 *B* 和切出点 *C* 都设在工件外 2～5 mm 处。其目的是避免进刀和退刀时在工件表面产生刀痕。

（三）圆弧插补（G02/G03）

G02 顺时针方向插补圆弧，G03 逆时针方向插补圆弧。

圆弧顺逆方向的判断方法是：沿垂直于圆弧所在平面（*XZ* 面）的另一轴负方向（$-Y$ 向）看去，顺时针圆弧为 G02，逆时针圆弧为 G03。应用以上判断方法，前置刀架机床中圆弧顺逆方向如图 2.8（a）所示，后置刀架机床中圆弧顺逆方向如图 2.8（b）所示。

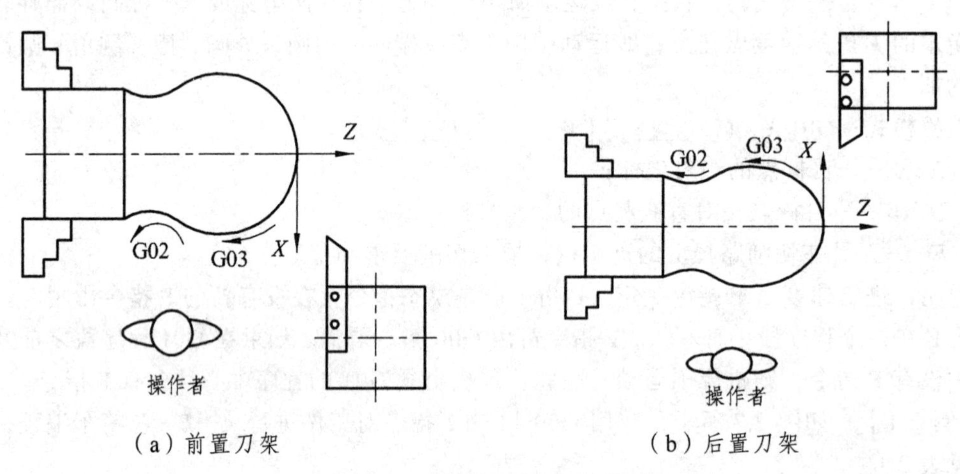

图 2.8　圆弧顺逆方向判断

圆弧编程方式：

1）用圆弧半径 *R* 编程

编程格式： G02/G03 *X*（*U*）____ *Z*（*W*）____ *R*____ *F*____；

其中：*X*、*Z*——圆弧终点的绝对坐标，*X* 是直径值；

U、*W*——圆弧终点相对于圆弧起点的增量坐标，*U* 是直径增量；

F——进给量；

R——圆弧半径。

如图 2.9 所示，在同一半径 *R*，同一顺逆方向情况下，从圆弧起点 *A* 到终点 *B* 有两种圆弧的可能性。为区分两者，规定圆心角 $\alpha \leq 180°$ 时用“$R+$”表示，如图 2.9 中圆弧 1 所示；圆心角 $\alpha > 180°$ 时，用“$R-$”表示，如图 2.9 中圆弧 2 所示。

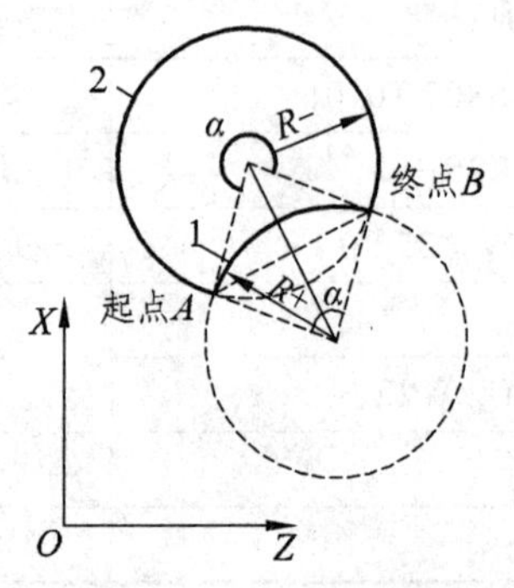

图 2.9　圆弧插补编程时 $R\pm$ 的区别

2）用 *I*、*K* 指定圆心位置编程

编程格式： G02/G03 *X*（*U*）____ *Z*（*W*）____ *I*____ *K*____ *F*____；

其中：*X*、*Z*、*U*、*W*、*F* 含义同上；

I、*K*——圆心相对于起点在 *X*、*Z* 向的增量，有正值和负值。

说明：整圆不能用半径 *R* 编程，只能用 *I*、*K* 指定圆心位置编程。

【例 2.2】 如图 2.10 所示，按给定的坐标系编制两段圆弧轮廓车削程序，两种编程方式见表 2.2。

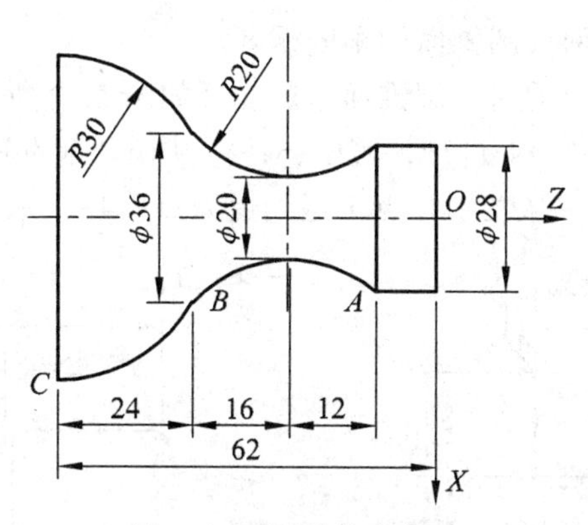

图 2.10 圆弧轮廓加工

表 2.2 编程方式及指令

编程方式	指定半径 *R*	指定圆心 *I*、*K*
绝对编程方式	AB：G02 X36 Z－38 R20 F0.1； BC：G03 X60 Z－62 R30 F0.1；	AB：G02 X36 Z－38 I16 K－12 F0.1； BC：G03 X60 Z－62 I－18 K－24 F0.1；
增量编程方式	AB：G02 U8 W－28 R20 F0.1； BC：G03 U24 W－24 R30 F0.1；	AB：G02 U8 W－28 I16 K－12 F0.1； BC：G03 U24 W－24 I－18 K－24 F0.1；

注意：无论是绝对还是增量编程方式，*I*、*K* 都为圆心相对于圆弧起点的坐标增量。

（四）暂停延时（G04）

G04 指令是非模态代码，单独成一行。其功能是使刀具做短时间的无进给停顿，起打磨抛光作用。

编程格式： G04 *X*____；（单位：s）；如 G04 *X*1.2；延时 1.2 s。

G04 *U*____；（单位：s）；G04 *U*1.5；延时 1.5 s。

或 G04 *P*____；（单位：ms）；G04 *P*1 000；延时 1 000 ms。

说明：

（1）*X*、*U* 指定时间，允许有小数点；*P* 指定时间，不允许有小数点。

（2）执行该指令时机床进给运动暂停，暂停时间一到，继续运行下一段程序。

（3）应用于钻孔、切槽等场合，在孔底或槽底延时暂停可得到准确的尺寸精度和光滑的加工表面。

（五）单一车削循环指令

对于加工余量较大的毛坯，如果采用前面介绍的基本指令进行车削编程，不但编程工作量大，而且程序将很长，过于繁琐。为此，可采用车削循环指令来简化编程，缩短编程时间，并使程序简短清晰。车削循环指令包括单一循环和复合循环两类指令。

单一循环指令可以将一系列连续加工动作，用一个循环指令完成，从而简化程序。

1. 外径/内径车削循环（G90）

G90 指令主要用于圆柱面或圆锥面的车削循环。

圆柱面车削循环如图 2.11 所示，圆锥面车削循环如图 2.12 所示，单一循环均包含 4 个动作过程。加工顺序按 1→2→3→4 进行，其中：1——从循环起点快进到切削起点；2——从切削起点工进到切削终点；3——从切削终点工退到退刀点；4——从退刀点快退回循环起点。

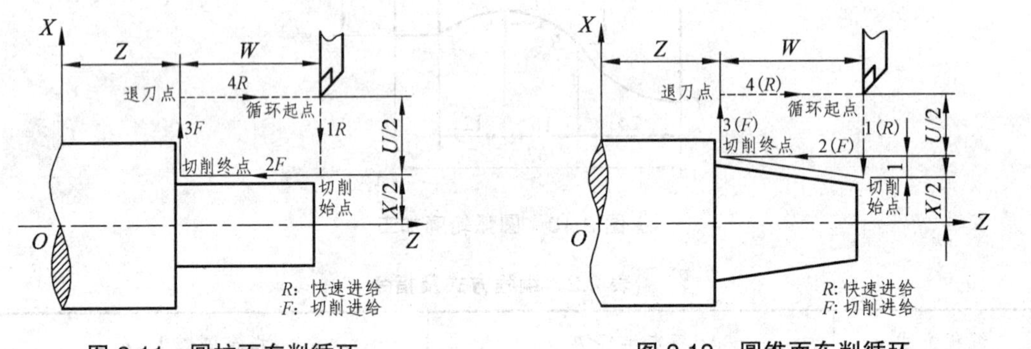

图 2.11　圆柱面车削循环　　　　图 2.12　圆锥面车削循环

1）圆柱面车削循环

编程格式：G90 X（U）____ Z（W）____ F____；

其中：X、Z——切削终点的绝对坐标值；

U、W——切削终点相对循环起点的增量值；

F——切削进给量，mm/r。

【例 2.3】　应用 G90 圆柱面车削循环功能加工图 2.13 所示的零件。

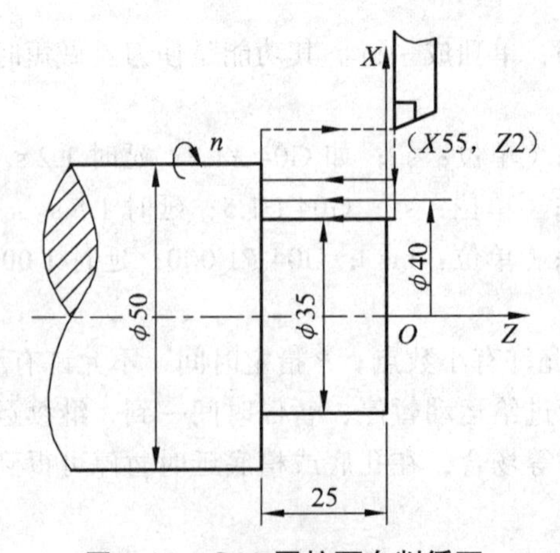

图 2.13　G90 圆柱面车削循环

编制的加工程序如下表 2.3：

表 2.3　加工程序

程序段	程序说明
O0002；	程序名
N10 M03 S1000 T010；	选择刀具，主轴启动
N30 G00 X55 Z2；	快速定位到循环起点
N40 G90 X45 Z－25 F0.2；	第一次车削循环，背吃刀量 2.5 mm
N50 X40；	第二次车削循环，背吃刀量 2.5 mm
N60 X35；	第三次车削循环，背吃刀量 2.5 mm
N70 G00 X200 Z200；	取消 G90，退回起刀点
N80 M05；	主轴停转，冷却液关闭
N90 M30；	程序结束

注意：N40 程序段中，可采用（*X*45，*Z*－25）绝对值编程，也可采用（*U*－10，*W*－27）增量值编程，或者混合使用。

2）圆锥面车削循环

编程格式：G90 *X*（*U*）____ *Z*（*W*）____ *I*____ *F*____；

其中：*X*、*Z*、*U*、*W* 含义与上相同；

I——切削起点相对于切削终点的半径差，即 $I = R_{起点} - R_{终点}$。如果切削起点 *R* 值小于切削终点的 *R* 值，*I* 值为负，反之为正。

【例 2.4】　应用 G90 圆锥面车削循环功能加工图 2.14 所示的零件。

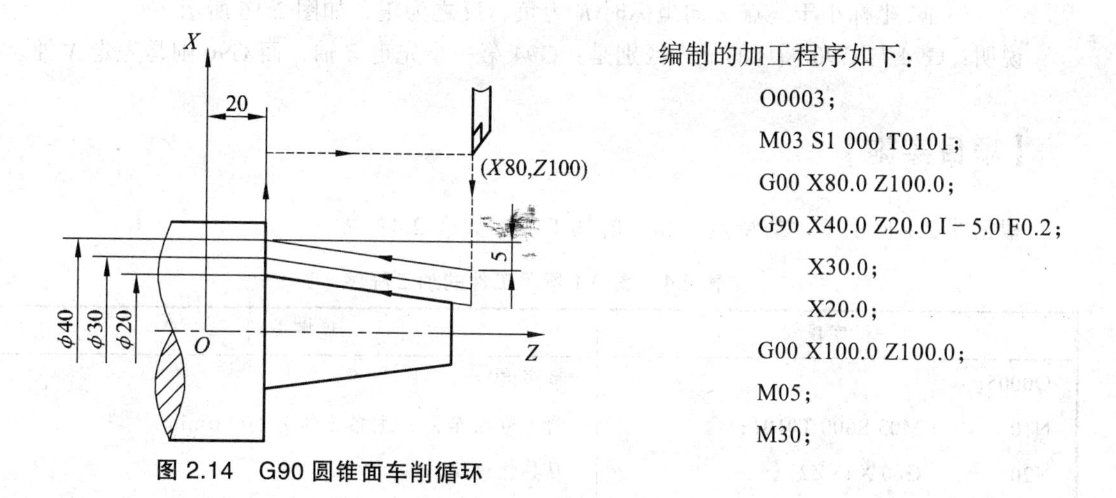

图 2.14　G90 圆锥面车削循环

编制的加工程序如下：

```
O0003;
M03 S1 000 T0101;
G00 X80.0 Z100.0;
G90 X40.0 Z20.0 I－5.0 F0.2;
    X30.0;
    X20.0;
G00 X100.0 Z100.0;
M05;
M30;
```

说明：G90 指令及指令中各参数均为模态值，一经指定就一直有效。在切削循环完成后，可用 G00/G01/G02/G03 等指令取消其作用。

2. 端面车削循环（G94）

G94 指令主要用于工件直端面或锥端面的车削循环。直端面车削循环如图 2.15 所示，锥端面车削循环如图 2.16 所示。

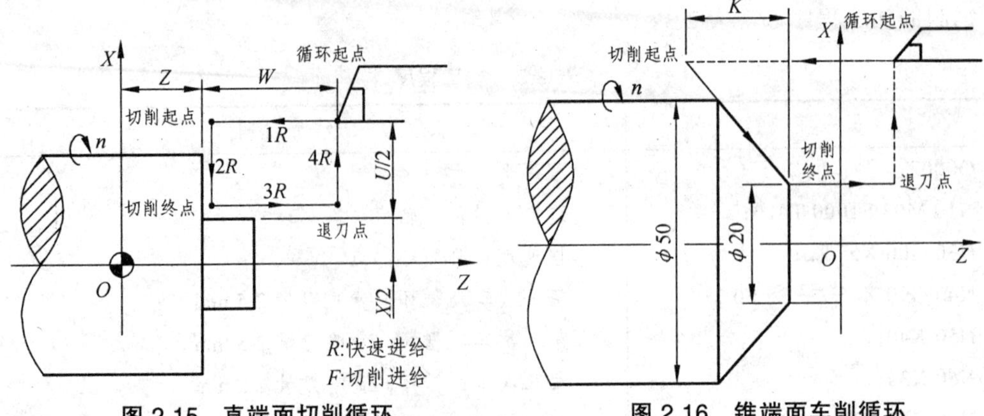

图 2.15　直端面切削循环　　图 2.16　锥端面车削循环

1）直端面车削循环

编程格式：G94 *X*（*U*）____ *Z*（*W*）____ *F*____；

其中：*X*、*Z*——端面切削终点的绝对坐标值；

U、*W*——端面切削终点相对于循环起点的增量坐标值，如图 2.16 所示。

F——切削进给量，mm/r。

2）锥端面车削循环

编程格式：G94 *X*（*U*）____ *Z*（*W*）____ *K*____ *F*____；

其中：*X*、*Z*、*U*、*W* 含义与上同；

K——端面切削起点相对于终点在 *Z* 轴方向的坐标增量，即 $K = Z_{起点} - Z_{终点}$。当起点 *Z* 向 坐标小于终点 *Z* 向坐标时 *K* 为负，反之为正，如图 2.16 所示。

说明：G94 与 G90 循环的最大区别是：G94 第一步先走 *Z* 轴，而 G90 则是先走 *X* 轴。

【项目实施】

根据图 2.1 所示工件的特点，编制的加工程序如表 2.4：

表 2.4　图 2.1 所示工件的加工程序

程序段	程序说明
O0005;	程序名
N10　M03 S600 T0101;	调 1 号粗车刀，主轴正转为 600 r/min
N20　G00 X45 Z2;	刀具快速定位
N30　G90 X41 Z－65 F0.2;	G90 粗车台阶
N40　X36 Z－52;	
N50　X32 Z－51;	
N60　X29 Z－20;	
N70　G00 X36 Z－20;	

续表 2.4

程序段		程序说明
N80	G90 X32 Z－40 I－1.5 F0.2；	粗车锥面
N90	G00 Z2；	
N100	G01 X0 Z4 F0.2；	分三层粗车球头，半径依次为 18、16、14.5
N110	G03 X36 Z－14 R18 F0.1；	
N120	G00 Z2；	
N130	G01 X0 F0.2；	
N140	G03 X32 Z－14 R16 F0.1；	
N150	G00 Z2；	
N160	G01 X0 Z0.5 F0.2；	
N170	G03 X29 Z－14 R14.5 F0.1；	
N180	G00 X100 Z100 M05 T0100；	
N190	M03 S1000 T0202；	调 2 号精车刀，主轴正转为 1 000 r/min
N200	G00 X46 Z2；	刀具快速定位
N210	X0；	精加工轮廓起始点
N220	G01 Z0 F0.1；	
N230	G03 X28 Z－14 R14；	车 *R*14 圆弧
N240	G01 Z－20 F0.2；	直线插补进给
N250	X31 Z－40；	车锥面
N260	Z－51；	
N270	G02 X39 Z－55 R4；	车 *R*4 圆弧
N280	G01 X40；	车ϕ40 圆柱面
N290	Z－65；	
N300	G00 X100 Z100 T0200 M05；	快速退刀至起刀点
N310	M03 S300 T0303；	调 2 号切断刀，主轴正转为 300 r/min
N320	G00 X45 Z－68；	工件长 65 mm，根据对刀刀位点，加上刀宽 3 mm
N330	G01 X0 F0.05；	
N340	G04 X5；	暂停 5 s
N350	G00 X100 Z100 T0300 M05；	
N360	M30；	程序结束并返回起始

【知识拓展】

数控车床加工程序不仅包括零件的工艺过程，而且还包括进给路线、刀具尺寸、切削用量以及车床的运动过程。因此，要求编程人员对数控车床的性能、特点、运动方式、刀具系统、切削规范以及工件的装夹方式都要非常熟悉。工艺方案的好坏不仅会影响车床效率的发挥，而且将直接影响零件的加工质量。

加工路线是刀具在整个加工过程中相对于零件的运动轨迹。它是编写程序的主要依据。加工路线的确定原则如下：首先按已定工步顺序确定各表面加工进给路线的顺序，所定进给路线应能保证工件轮廓表面加工后的精度和粗糙度要求；同时兼顾寻求最短加工路线（包括空行程路线和切削进给路线），减少行走时间以提高加工效率；要选择工件在加工时变形小的路线，对横截面积小的细长零件或薄壁零件应采用分几次走刀加工到最后尺寸或对称去余量法安排进给路线。

一、粗加工进给路线的确定

（一）常用的粗加工进给路线

如图 2.17 所示：（a）为矩形循环进给路线；（b）为三角形循环进给路线；（c）为平行轮廓循环进给路线。

在同等条件下，矩形循环进给路线的走刀长度最短，切削效率高，刀具磨损小，但精车余量不均，对于精度要求高的零件需要安排半精车加工。

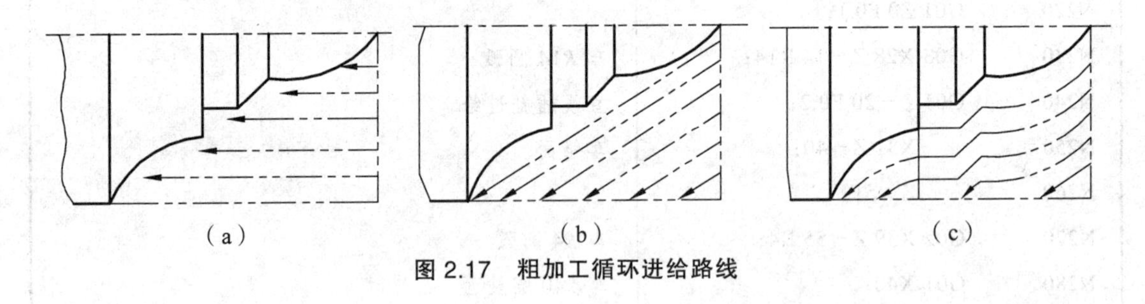

图 2.17　粗加工循环进给路线

（二）大余量毛坯的粗加工进给路线

如图 2.18 所示：（a）是错误的切削路线，切削后余量不均匀；（b）是正确的切削路线，每次切削所留余量均匀相等。

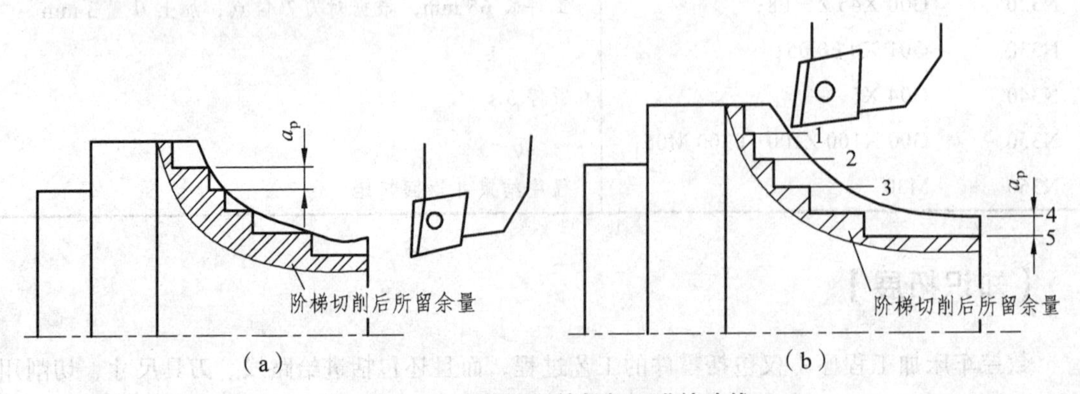

图 2.18　大余量毛坯的粗加工进给路线

（三）圆弧粗加工进给路线的确定

圆弧粗加工与外圆、锥面的粗加工不同。如图 2.19 所示，*AB* 圆弧曲线加工的切削用量不均匀，背吃刀量是变化的，最大处背吃刀量 *AC* 过大时，容易导致刀具损坏，所以，在粗加工中一般要考虑加工路线和切削方法。基本原则是在保证背吃刀量尽可能均匀的情况下，减少走刀次数及空行程。根据凸凹面的不同选择的加工方法也不同。

1. 凸圆弧表面粗加工

圆弧表面为凸表面时，常用的加工方法为车锥法和车圆法，如图 2.19 所示。

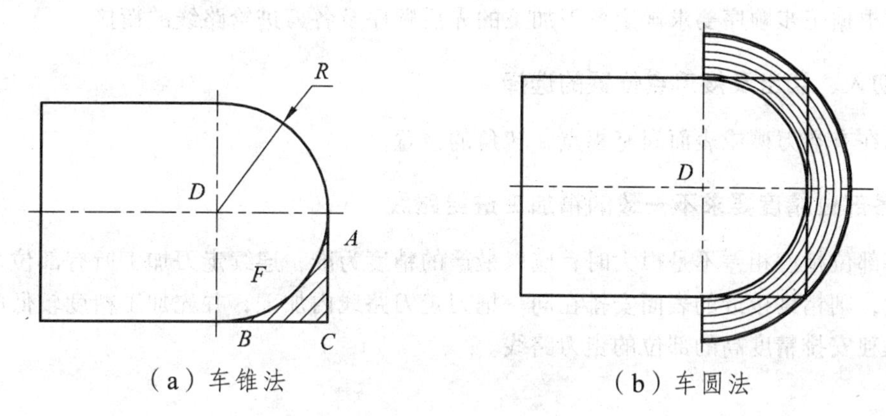

（a）车锥法　　（b）车圆法

图 2.19　凸圆弧表面粗车方法

1）车锥法（斜线法）

车锥法就是用车圆锥的方法切除圆弧毛坯余量。加工路线不能超过 *A*、*B* 两点的连线（与轮廓线留有余量），否则会伤到圆弧的表面。车锥法一般适用于圆心角小于 90°的圆弧车削。

2）车圆法（同心圆法）

车圆法是用不同的半径切除毛坯余量。此方法车削空行程时间相对较长。车圆法适用于圆心角大于 90°的圆弧粗车。

2. 凹圆弧表面粗加工

当圆弧表面为凹表面时，常用的加工方法有 4 种，如图 2.20 所示。

（a）等径圆弧形式（等径不同心）：计算和编程简单，但走刀路线较其他几种方式长；

（b）同心圆弧形式（同心不等径）：走刀路线短，且精车余量最均匀；

（c）梯形形式：切削力分布合理，切削率最高；

（d）三角形形式：走刀路线较同心圆弧形式长，但比梯形、等径圆弧形式短。

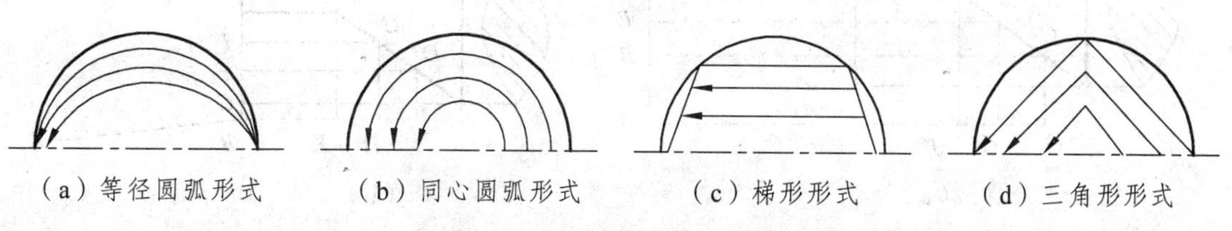

（a）等径圆弧形式　　（b）同心圆弧形式　　（c）梯形形式　　（d）三角形形式

图 2.20　凹圆弧表面粗车方法

二、精加工进给路线的确定

1. 完工轮廓的进给路线

零件的完工轮廓应由最后一刀连续加工而成，尽量不要在连续的轮廓中安排切入切出或换刀及停顿，以免因切削力突然变化而造成弹性变形，致使光滑连接轮廓上产生表面划伤、形状突变或滞留刀痕等缺陷。

2. 换刀加工时的进给路线

主要根据工步顺序要求确定各刀加工的先后顺序及各刀进给路线的衔接。

3. 切入、切出及接刀点位置的选择

应选在有空刀槽或表面间有拐点、转角的位置。

4. 各部位精度要求不一致的精加工进给路线

若各部位精度相差不是很大时，应以最严的精度为准，连续走刀加工所有部位。若精度相差很大，则精度接近的表面安排在同一把刀走刀路线内加工，并先加工精度较低的部位，最后再单独安排精度高的部位的走刀路线。

三、最短空行程进给路线的确定

1. 巧用起刀点

图 2.21 所示为循环粗车加工的示例，*A* 是起刀点（位置设定考虑方便精车换刀）。

图（a）的走刀路线是：第一刀，$A \to B \to C \to D \to A$；第二刀，$A \to E \to F \to G \to A$；第三刀，$A \to H \to I \to J \to A$。

图（b）的走刀路线是：第一刀，$A \to B \to C \to D \to E \to B$；第二刀，$B \to F \to G \to H \to B$；第三刀，$B \to I \to J \to K \to B$。

显而易见，图（b）的走刀路线比图（a）要短。

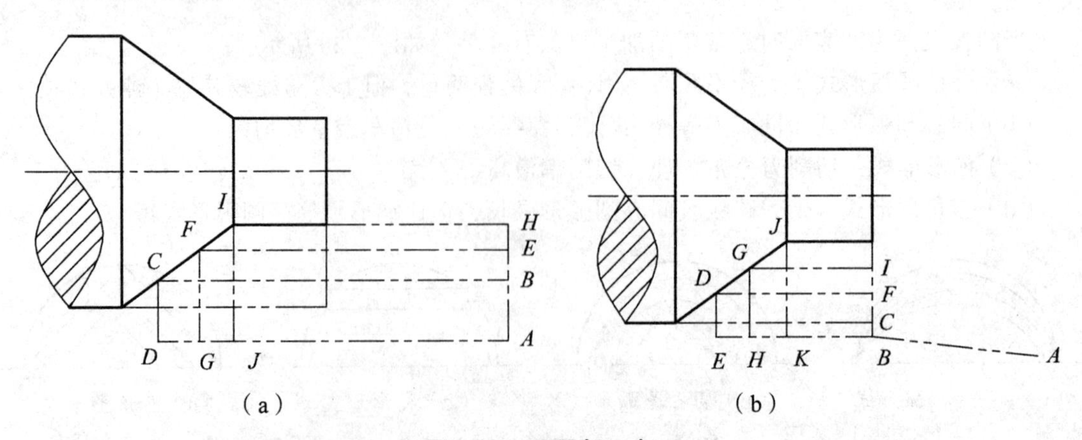

图 2.21 巧用起刀点

2. 合理安排“回参”路线

在合理安排“回参”路线时，应使其前一刀终点与后一刀起点间的距离尽量减短，或者为零，即可满足进给路线为最短的要求。另外，在不发生加工干涉现象的前提下，应尽量采用 *X*、*Z* 坐标轴双向同时“回参”指令，该指令功能的“回参”路线将是最短的。

【同步训练】

1. 编写如习题图 2.1 所示零件的加工程序。毛坯尺寸为ϕ30 mm × 40 mm 的棒料，材料为 45#钢。

2. 编写如习题图 2.2 所示零件的加工程序。毛坯尺寸为ϕ35 mm × 40 mm 的棒料，材料为 45#钢。

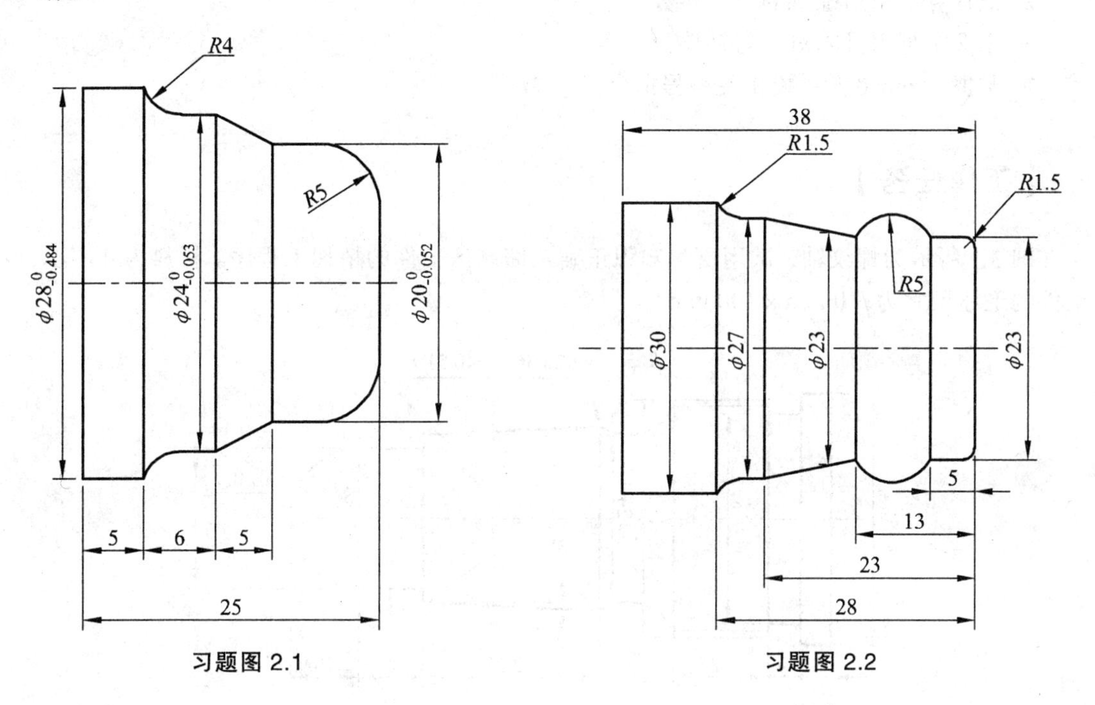

习题图 2.1　　　　习题图 2.2

项目三　螺纹轴的编程

【学习目标】

- ➢ 掌握螺纹加工的走刀方法。
- ➢ 能计算三角形螺纹的尺寸参数。
- ➢ 掌握多把刀具的对刀与补偿。
- ➢ 掌握 Fanuc 0iT 系统相关编程指令。

【工作任务】

图 3.1 所示为螺纹轴，试用所学知识正确地编制该工件的精加工程序。材料为 45#钢，该工件的毛坯尺寸为ϕ40 mm × 100 mm。

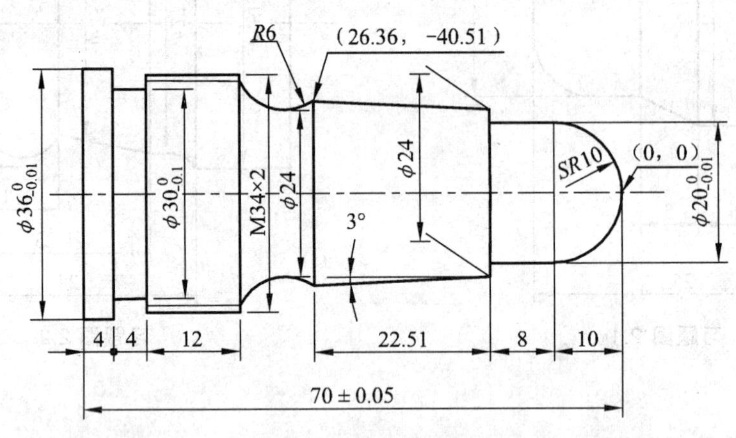

图 3.1　螺纹轴实例

【知识准备】

一、螺纹切削（G32）

G32 指令是非模态代码，可车削圆柱螺纹或圆锥螺纹。

编程格式： G32 *Z*（*W*）____ *F*____；直圆柱螺纹切削。

G32 *X*（*U*）____ *Z*（*W*）____ *F*____；圆锥螺纹切削。

G32 *X*（*U*）____ *F*____；端面螺纹切削。

其中：*X*、*Z*——螺纹切削终点的绝对坐标值，*X* 为直径值；

U、*W*——螺纹切削终点相对螺纹切削起点的增量坐标值，*U* 为直径值；

F——螺纹导程。

说明：

（1）切削螺纹时，一定要用 G97 *S*_____保证主轴转速不变。

（2）在车螺纹期间，进给速度倍率、主轴速度倍率无效（固定 100%）。

（3）由于伺服系统本身具有滞后特性，螺纹切削会在起始段和停止段发生螺距不规则现象，故应考虑刀具的引入长度$\delta 1$ 和引出长度$\delta 2$，如图 3.1 所示。

（4）G32 切削螺纹时，系统指定为“直进法”进行切削，无赶刀量。用户需要指定赶刀量时，可以修正每层螺纹起点的 *Z* 坐标值。

【例 3.1】 试编制如图 3.2 所示的圆柱螺纹加工程序。已知螺纹导程为 4 mm，升速进刀段$\delta 1 = 3$ mm，降速退刀段$\delta 2 = 1.5$ mm，螺纹深度 2.165 mm。

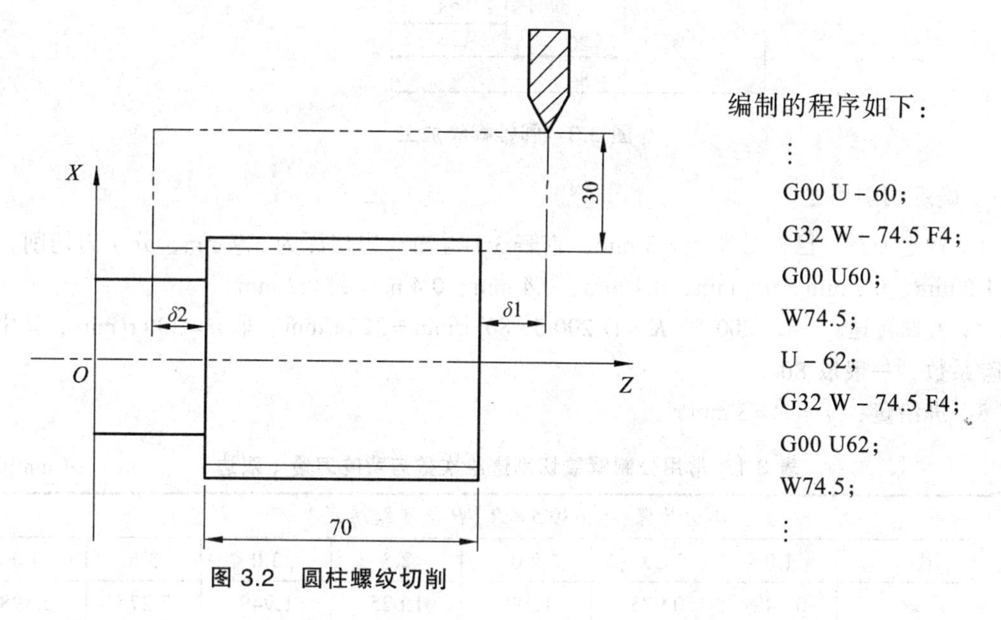

图 3.2 圆柱螺纹切削

编制的程序如下：

```
⋮
G00 U－60;
G32 W－74.5 F4;
G00 U60;
W74.5;
U－62;
G32 W－74.5 F4;
G00 U62;
W74.5;
⋮
```

二、螺纹车削循环（G92）

G92 指令用于圆柱或圆锥螺纹的车削。其循环路线与 G90 外径/内径车削循环相似，主要区别在于：第 2 步工进过程中 G90 循环采用直线切削（G01），而 G92 循环采用螺纹切削（G32）。

编程格式：G92 *X*（*U*）____ *Z*（*W*）____ *I*____ *F*____；

其中：*X*、*Z*——螺纹切削终点的绝对坐标值；

U、*W*——螺纹切削终点相对螺纹切削起点的增量坐标值；

I——螺纹切削起点与切削终点的半径差，即 $I = R_{起点} - R_{终点}$；加工圆柱螺纹时，$I = 0$，

可省略；加工圆锥螺纹时，当 X 向切削起点坐标小于切削终点坐标时，I 为负，反之为正；

F——螺纹导程。

【例 3.2】 如图 3.3 所示，假设零件其他部分已经加工完毕，三角圆锥螺纹是需要加工的部分。试用 G92 指令编制该螺纹的加工程序。

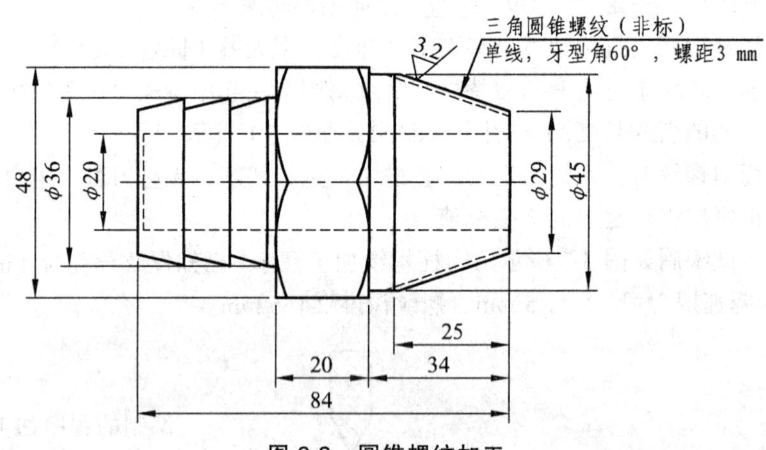

图 3.3 圆锥螺纹加工

1）确定切削用量

（1）背吃刀量：已知螺距 $P=3$ mm，查表 3.1 得知双边切深为 3.9 mm，分 7 刀切削，分别为 1.2 mm、0.7 mm、0.6 mm、0.4 mm、0.4 mm、0.4 mm 和 0.2 mm。

（2）主轴转速：$n \leqslant 1\,200/P-K=(1\,200/3-80)$ r/min = 320 r/min，取 $n=300$ r/min，其中 K 为保险系数，一般取 80。

（3）进给量：$f=P=3$ mm/r。

表 3.1 常用公制螺纹切削进给次数与背吃刀量（双边） （mm）

单边牙深：0.649 5×P（P 是螺纹螺距）								
螺　距		1.0	1.5	2.0	2.5	3.0	3.5	4.0
单边牙深		0.649	0.975	1.299	1.625	1.949	2.275	2.598
双边切深		1.3	1.95	2.6	3.25	3.9	4.55	5.2
背吃刀量和切削次数	1 次	0.7	0.8	0.9	1.0	1.2	1.5	1.5
	2 次	0.4	0.6	0.6	0.7	0.7	0.7	0.8
	3 次	0.2	0.4	0.6	0.6	0.6	0.6	0.6
	4 次		0.16	0.4	0.4	0.4	0.6	0.6
	5 次			0.1	0.4	0.4	0.4	0.4
	6 次				0.15	0.4	0.4	0.4
	7 次					0.2	0.2	0.4
	8 次						0.15	0.3
	9 次							0.2

2）程序编制

编制的加工程序如表 3.2：

表 3.2　加工程序

程序段		程序说明
O0006；		程序名
N10	M03 S300；	主轴正转，转速为 300 r/min
N20	T0303；	换 3 号 60°螺纹车刀并调用刀补
N30	M08；	冷却液打开
N40	G00 X60.0 Z8.0；	快进到螺纹循环起点
N50	G92 X43.8 Z－25.0 I－10.56 F3.0；	螺纹车削循环，注意其中的 *I* 值计算
N60	X43.1；	
N70	X42.5；	
N80	X42.1；	
N90	X41.7；	
N100	X41.3；	
N110	X41.1；	
N120	G00 X150.0 Z100.0；	快速退刀
N130	M09；	冷却液关闭
N140	M05 T0300；	主轴停转，取消 3 号刀补
N140	M30；	程序结束

三、螺纹车削复合循环（G76）

G76 指令主要用于大螺距、大背吃刀量、大截面螺纹的车削加工，如梯形螺纹、蜗杆等，系统采用“斜向赶刀法”进行车削。编程时只需在程序中指定一次 G76，并在指令中定义好相关参数，则可自动进行多次车削循环。G76 螺纹车削循环走刀轨迹及参数定义如图 3.4 所示。

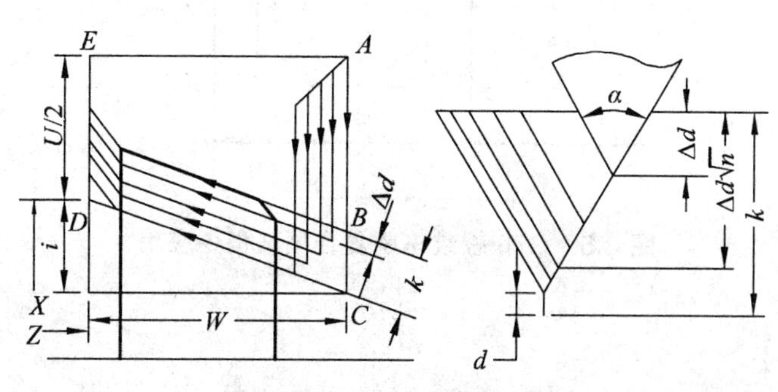

图 3.4　G76 螺纹车削循环

编程格式：G76 P（m）（r）（α）Q（$\Delta d_{\min}$）R（d）；

G76 X（U）Z（W）R（I）F（f）P（k）Q（Δd）；

其中：m——精车循环次数，01～99；

r——螺纹末端倒角量，00～99；

α——刀具角度；m、r、α都必须用两位数表示；

$\Delta d_{\min}$——最小背吃刀量（半径值），车削过程中每次背吃刀量 $\Delta d = \Delta d(\sqrt{n} - \sqrt{n-1})$，$n$ 为循环次数；

d——精车余量（直径值）；

X（U）、Z（W）——螺纹终点坐标，X 即螺纹小径，Z 即螺纹长度；

I——螺纹锥度，即螺纹切削起点与切削终点的半径之差，加工圆柱螺纹时，$I = 0$；

f——螺纹导程；

k——螺牙高度（半径值）；

Δd——第一次背吃刀量（半径值）。

【例 3.3】 试编制如图 3.5 所示的圆柱螺纹加工程序，螺距为 6 mm。

编制的加工程序如下：

```
⋮
G00 X69.0 Z6.0;
G76 P021260 Q0.1 R0.4;
G76 X60.64 Z－110 R0 F6 P3.68 Q1.8;
⋮
```

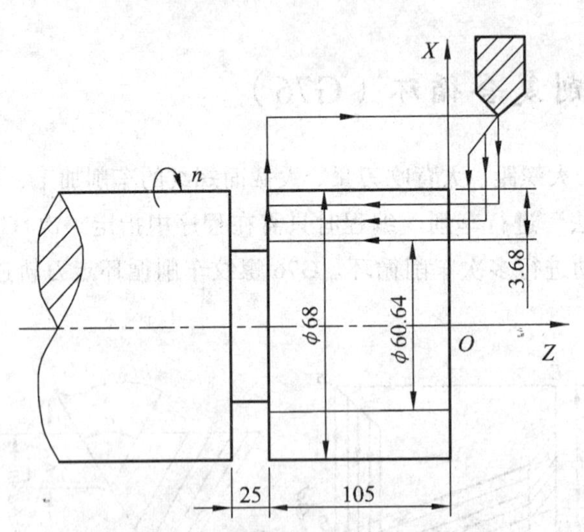

图 3.5 G76 螺纹车削复合循环指令应用

【项目实施】

根据图 3.1 所示工件的特点，编制的精加工程序如表 3.3 所示。

表 3.3 图 3.1 所示工件的精加工程序

程序段		程序说明
O0007;		程序名
N05	M03 S1200;	主轴正转，转速为 1 200 r/min
N10	T0101;	选 1 号精车刀，建立 1 号刀补
N15	G00 X40.0 Z2.0;	刀具快速定位
N20	G01 G42 X－1.6 F0.1;	建立刀尖圆弧半径补偿，刀尖半径为 0.8
N25	G01 X0 Z0;	靠刀
N30	G03 X20.0 Z－10.0 R10.0;	加工 *SR*10 mm 球头
N35	G01 Z－18.0;	加工ϕ20 mm 外圆
N40	X24.0;	加工端面
N45	X26.36 Z－40.51;	加工圆锥面
N50	G02 X33.80 Z－49.982 R6.0;	加工 6 mm 圆弧
N55	G01 Z－66.0;	加工 M34 螺纹牙顶圆
N60	X36.0;	加工端面
N65	Z－70.0;	加工ϕ36 mm 外圆
N70	G00 X100.0 Z100.0;	快速退刀至安全换刀点
N75	T0100;	取消 1 号刀补
N80	M03 S400;	主轴正转，转速为 400 r/min，用于切槽
N85	T0202;	换 2 号切槽刀，建立 2 号刀补
N90	G00 X38.0 Z－66;	切槽刀左刀尖定位
N95	G01 X30.0 F0.15;	加工螺纹退刀槽
N100	G04 X1.0;	在槽底暂停 1 s
N105	G01 X38.0;	径向切出退刀
N110	G00 X100.0 Z100.0;	快速退刀至安全换刀点
N115	M05;	主轴停止
N120	T0200;	取消 2 号刀补
N125	M03 S600;	主轴正转，转速为 600 r/min，用于加工螺纹
N130	T0303;	换 3 号螺纹车刀，建立 3 号刀补
N135	G00 X35.0 Z－48.0;	螺纹车刀定位到循环起点
N140	G92 X33.1 Z－64.0 F2.0;	五次下刀循环，加工 M34×2 至要求尺寸
N145	X32.5;	
N150	X31.9;	
N155	X31.5;	
N160	X31.4;	
N165	G00 X100.0 Z100.0;	快速退刀至安全换刀点
N170	M05;	主轴停止

续表 3.3

程序段		程序说明
N175	T0300;	取消 3 号刀补
N180	M03 S300;	主轴正转，转速为 400 r/min，用于切断
N185	T0404;	换 4 号切断刀，建立 4 号刀补
N190	G00 X42.0 Z − 74;	切断刀左刀尖定位
N195	G01 X − 1.0 F0.05;	工件切断
N200	G00 X50.0;	径向退刀
N205	X100.0 Z100.0;	快速退刀至安全换刀点
N210	T0404;	取消 4 号刀补
N215	M05;	主轴停止
N220	M30;	程序结束并返回起始

【知识拓展】

数控车削中的切削用量包括：背吃刀量（切削深度）a_p、进给速度 v_f 或进给量 f 、主轴转速 n 或切削速度 v_c（用在恒线速加工中）。保证加工质量和刀具耐用度是选择切削用量的前提，同时使切削时间最短，生产率最高，成本最低。

一、背吃刀量（切削深度）a_p 的确定

背吃刀量是根据余量确定的。零件上已加工表面与待加工表面之间的垂直距离称为背吃刀量。在工艺系统刚性和机床功率允许的条件下，尽可能选取较大的背吃刀量，以减少进给次数。

背吃刀量的选择取决于车床、夹具、刀具、零件的刚度等因素。粗加工时，在条件允许的情况下，尽可能选择较大的背吃刀量，以减少走刀次数，提高生产率；精加工时，通常选较小的 a_p 值，以保证加工精度及表面粗糙度。半精车余量一般为 0.5 mm 左右，所留精车余量一般比普通车削时所留余量少，常取 0.1 ~ 0.5 mm。

二、进给量 f 和进给速度 v_f 的确定

进给量 f 是切削用量中的一个重要参数，其大小将直接影响表面粗糙度的值和车削效率。选择时应参考零件的表面粗糙度、刀具和工件材料等因素。粗加工时，在保证刀杆、刀具、车床、零件刚度等条件的前提下，选用尽可能大的 f 值；精加工时，进给量主要受表面粗糙度的限制，当表面粗糙度要求较高时，应选较小的 f 值。参考表 3.4 和表 3.5 进行选择。

表 3.4　按表面粗糙度选择进给量的参考值

工件材料	表面粗糙度 Ra(μm)	切削速度范围 v_c (m·min^{-1})	刀尖圆弧半径 $r_ε$(mm)		
			0.5	1.0	2.0
			进给量 f (mm·r^{-1})		
铸铁	5 ~ 10	不限	0.25 ~ 0.40	0.40 ~ 0.50	0.50 ~ 0.60
青铜	2.5 ~ 5		0.15 ~ 0.25	0.25 ~ 0.40	0.40 ~ 0.60
铝合金	1.25 ~ 2.5		0.10 ~ 0.15	0.15 ~ 0.20	0.20 ~ 0.35
碳钢、合金钢	5 ~ 10	<50	0.30 ~ 0.50	0.45 ~ 0.60	0.55 ~ 0.70
		>50	0.40 ~ 0.55	0.55 ~ 0.65	0.65 ~ 0.70
	2.5 ~ 5	<50	0.18 ~ 0.25	0.25 ~ 0.30	0.30 ~ 0.40
		>50	0.25 ~ 0.30	0.30 ~ 0.35	0.30 ~ 0.50
	1.25 ~ 2.5	<50	0.10 ~ 0.15	0.11 ~ 0.15	0.15 ~ 0.22
		50 ~ 100	0.11 ~ 0.16	0.16 ~ 0.25	0.25 ~ 0.35
		>100	0.16 ~ 0.20	0.20 ~ 0.25	0.25 ~ 0.35

表 3.5　硬质合金车刀粗车外圆及端面的进给量

工件材料	车刀刀杆尺寸 $B×H$ (mm×mm)	工件直径 d_w(mm)	背吃刀量 a_p (mm)				
			≤3	3 ~ 5	5 ~ 8	8 ~ 12	>12
			进给量 f (mm·r^{-1})				
碳素结构钢、合金结构钢、耐热钢	16×25	20	0.3 ~ 0.4				
		40	0.4 ~ 0.5	0.3 ~ 0.4			
		60	0.5 ~ 0.7	0.4 ~ 0.6	0.3 ~ 0.5		
		100	0.6 ~ 0.9	0.5 ~ 0.7	0.5 ~ 0.6	0.4 ~ 0.5	
		400	0.8 ~ 1.2	0.7 ~ 1.0	0.6 ~ 0.8	0.5 ~ 0.6	
	20×30 25×25	20	0.3 ~ 0.4				
		40	0.4 ~ 0.5	0.3 ~ 0.4			
		60	0.5 ~ 0.7	0.5 ~ 0.7	0.4 ~ 0.6		
		100	0.8 ~ 1.0	0.7 ~ 0.9	0.5 ~ 0.7	0.4 ~ 0.7	
		400	1.2 ~ 1.4	1.0 ~ 1.2	0.8 ~ 1.0	0.6 ~ 0.9	0.4 ~ 0.6
铸铁、铜合金	16×25	40	0.4 ~ 0.5				
		60	0.5 ~ 0.8	0.5 ~ 0.8	0.4 ~ 0.6		
		100	0.8 ~ 1.2	0.7 ~ 1.0	0.6 ~ 0.8	0.5 ~ 0.7	
		400	1.0 ~ 1.4	1.0 ~ 1.2	0.8 ~ 1.0	0.6 ~ 0.8	
	20×30 25×25	40	0.4 ~ 0.5				
		60	0.5 ~ 0.9	0.5 ~ 0.8	0.4 ~ 0.7		
		100	0.9 ~ 1.3	0.8 ~ 1.2	0.7 ~ 0.9	0.5 ~ 0.8	
		400	1.2 ~ 1.8	1.2 ~ 1.6	1.0 ~ 1.3	0.9 ~ 1.1	0.7 ~ 0.9

进给速度和进给量关系为：

$$v_f = nf \tag{3.1}$$

式中 v_f——进给速度，mm/min；

n——主轴转速，r/min；

f——每转进给量，mm/r。

（1）当工件的质量要求能够得到保证时，为提高生产率，可选择较大（≤2 000 mm/min）的进给速度。

（2）切断、车削深孔或精车削时，宜选择较低的进给速度。

（3）刀具空行程，特别是远距离“回参”时，可以设定尽量高的进给速度。

（4）进给速度应与主轴转速和背吃刀量相适应。

三、切削速度 v_c 和主轴转速 n 的确定

在保证刀具的耐用度及切削负荷不超过机床额定功率的情况下，主轴转速应根据零件上被加工部位的直径，并按零件和刀具的材料及加工性质等条件所允许的切削速度来确定。

粗加工时，背吃刀量和进给量均较大，故选较低的切削速度；精加工时，则选较高的切削速度。主轴转速要根据允许的切削速度 v_c 来选择。

由切削速度计算主轴转速的公式为：

$$n = \frac{1\,000 v_c}{\pi d} \tag{3.2}$$

式中 d——零件直径，mm；

n——主轴转速，r/min；

v_c——切削速度，m/min。

切削用量的具体数值可参阅机床说明书、切削用量手册，并结合实际经验而确定，表 3.6 是硬质合金外圆车刀切削速度的参考值。

表 3.6　硬质合金外圆车刀切削速度的参考值

工件材料	热处理状态	$v_c\,(\mathrm{m \cdot min^{-1}})$		
		$f = 0.08 \sim 0.3\ \mathrm{mm \cdot r^{-1}}$		
		$a_p = 0.3 \sim 2$ mm	$a_p = 2 \sim 6$ mm	$a_p = 6 \sim 10$ mm
低碳钢	热轧	140 ~ 180	100 ~ 120	70 ~ 90
中碳钢	热轧	130 ~ 160	90 ~ 110	60 ~ 80
	调质	100 ~ 130	70 ~ 90	50 ~ 70
合金结构钢	热轧	100 ~ 130	70 ~ 90	50 ~ 70
	调质	80 ~ 110	50 ~ 70	40 ~ 60
工具钢	退火	90 ~ 120	60 ~ 80	50 ~ 70

续表 3.6

工件材料	热处理状态	v_c (m·min^{-1})		
		f= 0.08 ~ 0.3 mm·r^{-1}		
		a_p = 0.3 ~ 2 mm	a_p = 2 ~ 6 mm	a_p = 6 ~ 10 mm
灰铸铁	HBS<190	90 ~ 120	60 ~ 80	50 ~ 70
	HBS = 190 ~ 225	80 ~ 110	50 ~ 70	40 ~ 60
高锰钢			10 ~ 20	
铜及铜合金		200 ~ 250	120 ~ 180	90 ~ 120
铝及铝合金		300 ~ 600	200 ~ 400	150 ~ 200
铸铝合金		100 ~ 180	80 ~ 150	60 ~ 100

【同步训练】

1. 编写如习题图 3.1、3.2 所示螺纹练习件的加工程序，未注倒角 $C1$。

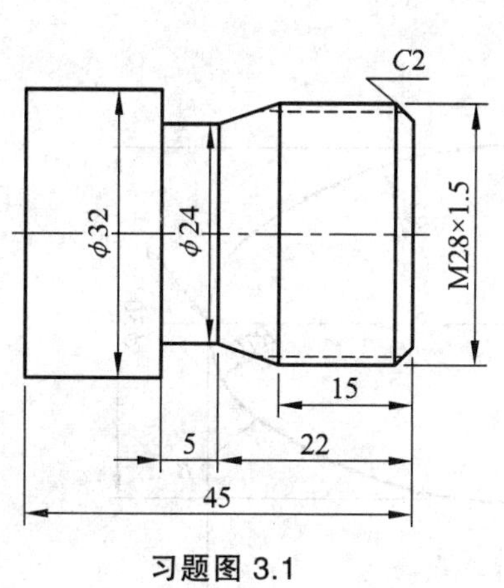

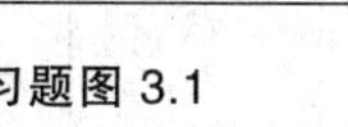

习题图 3.1

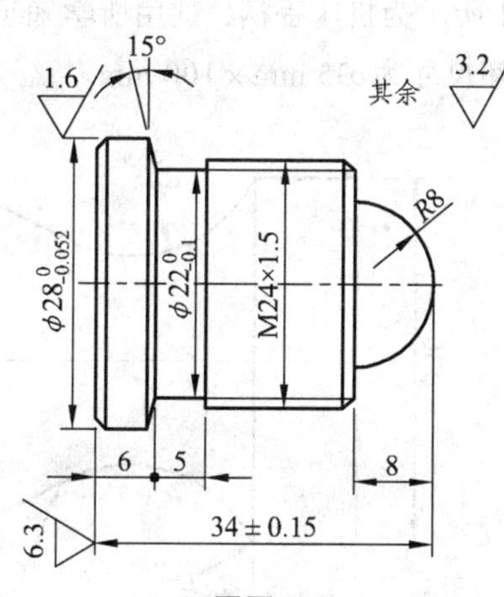

习题图 3.2

2. 编写如习题图 3.3、3.4 所示螺纹练习件的加工程序，未注倒角 $C2$。

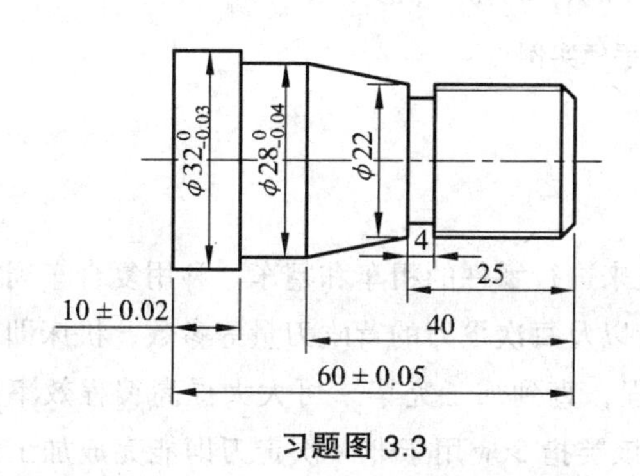

习题图 3.3

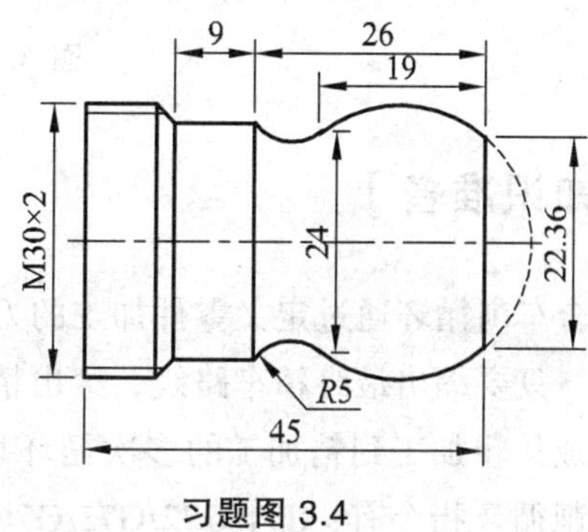

习题图 3.4

项目四　机床手柄的编程

【学习目标】

- 掌握 Fanuc 0iT 系统复合循环指令的使用方法。
- 掌握数车零件中的节点计算方法与技巧。

【工作任务】

图 4.1 所示为机床手柄，试用所学知识正确地编制该工件的加工程序。材料为 45#钢，该工件的毛坯尺寸为ϕ35 mm × 100 mm。

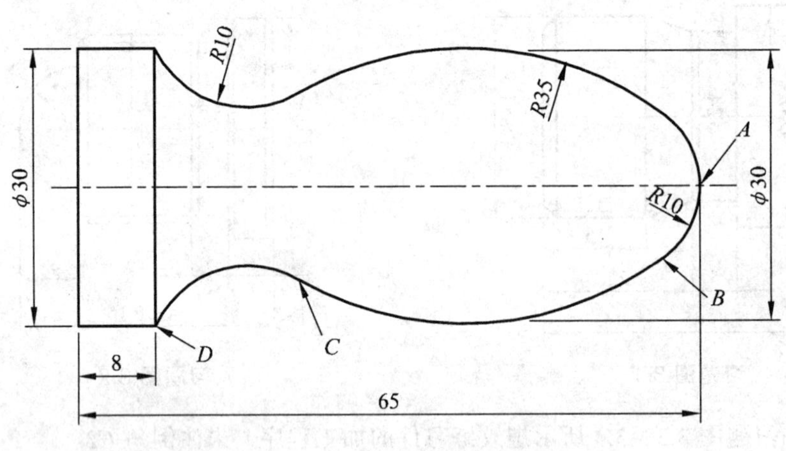

A（0，0）；*B*（16，-4）；*C*（20.387，-42.701）；*D*（30，-57）

图 4.1　机床手柄实例

【知识准备】

复合车削循环通过定义零件加工的刀具轨迹来进行零件的粗车和精车。利用复合车削循环功能，只要编出最终精车路线，给出精车余量以及每次下刀的背吃刀量等参数，机床即可自动完成从粗加工到精加工的多次循环切削过程，直到加工完毕，可大大提高编程效率。复合车削循环指令有：G71/G72/G73/G76/G70。该类指令应用于非一次走刀即能完成加工的场合。

一、外径粗车循环（G71）

G71 指令适用于圆柱毛坯料外径粗车和圆筒毛坯料内径粗车。其走刀轨迹如图 4.2 所示。

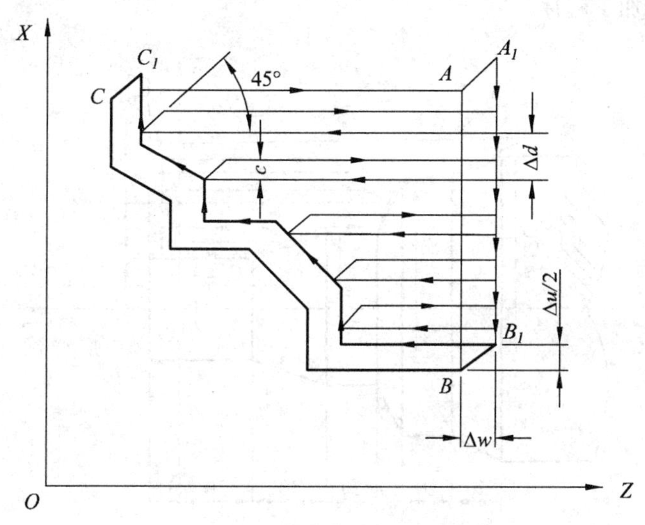

图 4.2　G71 外径粗车循环走刀轨迹

编程格式： G71 U（Δd）R（e）;

G71 P（ns）Q（nf）U（Δu）W（Δw）F（f）S（s）T（t）;

N（ns）……

⋮

N（nf）……

其中：Δd——径向最大背吃刀量（半径值）;

e——退刀量（半径值），一般取 0.5 ~ 1 mm;

ns——精加工开始的程序段段号;

nf——精加工结束的程序段段号;

Δu——X 方向上的精加工余量（直径值），一般取 0.5 mm，加工内轮廓时为负值;

Δw——Z 方向上的精加工余量，一般取 0.05 ~ 0.1 mm;

f、s、t——粗车循环的切削速度、主轴转速、刀具号。

说明：

（1）G71 后的 F、S、T 等功能会直接执行并生效；而 $ns \rightarrow nf$ 的程序段中的 F、S、T 功能，即使被指定也对粗车循环无效。

（2）零件轮廓必须符合 X 轴、Z 轴方向同时单调增大或单调减少。

（3）ns 程序段中刀具作直线运动，只能在 X 向移动，Z 向不能移动，如图 4.2 中 $A1 \rightarrow B1$ 所示。

二、精车循环（G70）

G70 指令用于 G71/G72/G73 粗加工后进行精加工。其走刀轨迹如图 4.2 中 $A \rightarrow B \rightarrow C$。

编程格式：G70 *P*（*ns*）*Q*（*nf*）;

其中：*ns*、*nf* 含义同 G71。

【例 4.1】 如图 4.3 所示，已知毛坯棒料：ϕ120 mm × 200 mm。试采用 G71 和 G70 指令完成零件的粗精车加工程序。

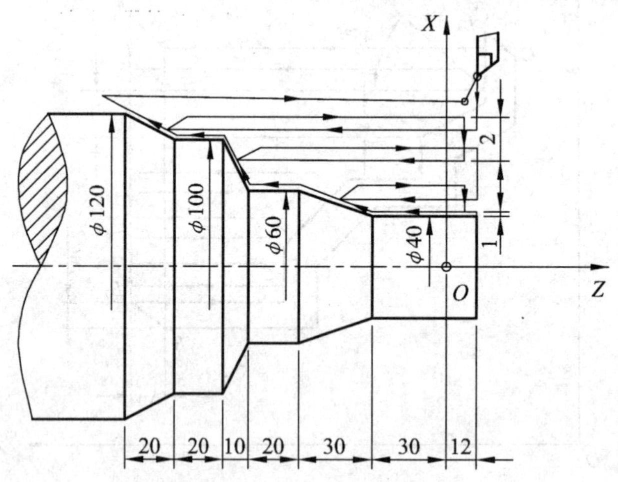

图 4.3　G71、G70 粗精车循环指令应用

编制的加工程序如表 4.1：

表 4.1　加工程序

程序段			程序说明
O0008;			程序名
N10	M03 S800 T0101;		选择 1 号刀具，主轴正转，转速 800 r/min
N20	G00 X130.0 Z12.0;		快速定位到循环起点
N30	G71 U2.0 R0.5;		粗车循环，背吃刀量 2 mm，退刀量 0.5 mm
N40	G71 P50 Q120 U0.5 W0.1 F0.25;		精车余量：*X* 向 0.5 mm，*Z* 向 0.1 mm
N50	G00 X40.0;	//ns	精车轮廓起点
N60	G01 Z − 30.0 F0.15;		精车 ϕ40 mm 外圆
N70	X60.0 W − 30.0;		精车圆锥面
N80	W − 20.0;		精车 ϕ60 mm 外圆
N90	X100.0 W − 10.0;		精车圆锥面
N100	W − 20.0;		精车 ϕ100 mm 外圆
N110	X120.0 W − 20.0;		精车圆锥面
N120	X125.0;	//nf	精车轮廓结束点
N130	G70 P60 Q130;		精车循环
N140	G00 X200.0 Z140.0;		退回起刀点
N150	M30;		程序结束

三、端面粗车循环（G72）

G72 指令适用于径向切削余量大于轴向切削余量的粗车。其走刀轨迹如图 4.4 所示。

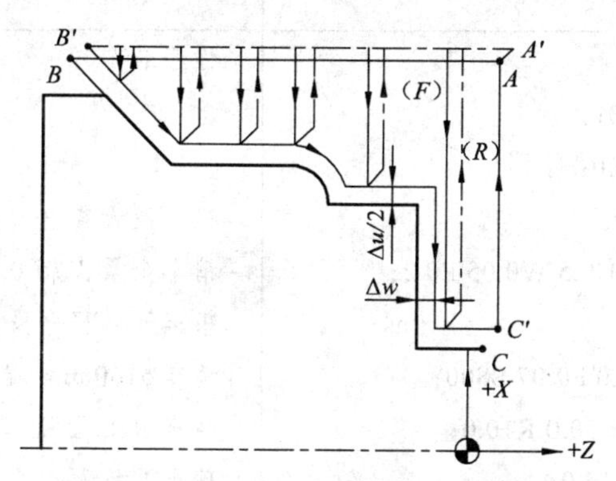

图 4.4　G72 端面粗车循环走刀轨迹

编程格式：G72 $W(\Delta d)$ $R(e)$;

G72 $P(ns)$ $Q(nf)$ $U(\Delta u)$ $W(\Delta w)$ $F(f)$ $S(s)$ $T(t)$;

N（*ns*）……

⋮

N（*nf*）……

其中：Δd——轴向背吃刀量（无符号）；其余参数含义同 G71。

说明：*ns* 程序段中作直线运动，只能在 *Z* 向移动，不能在 *X* 向移动。其他注意事项参照 G71。

【例 4.2】　采用 G72、G70 指令编制如图 4.5 所示零件的粗精加工程序。

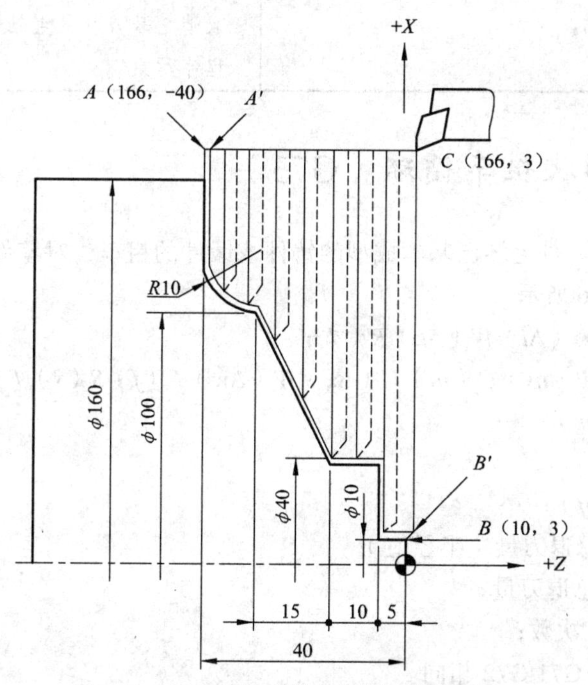

图 4.5　G72、G70 粗精车循环指令应用

编制的加工程序如表 4.2：

表 4.2 加工程序

程序段	程序说明
O0009；	程序名
N10　　M03 S500 T0101；	
N20　　G00 X166.0 Z3.0；	
N30　　G72 W3.0 R1.0；	粗车最大背吃刀量 3 mm，退刀量 1 mm
N40　　G72 P50 Q110 U0.5 W0.05 F0.2；	精车余量 X 轴 0.5 mm，Z 轴 0.05 mm
N50　　G00 Z−40.0；　　//ns	精车开始程序段号
N60　　G01 G41 X120.0 F0.07 S800；	精车 ϕ160 mm 端面
N70　　G03 X100.0 Z−30.0 R10.0；	精车 R10 圆弧
N80　　G01 X40.0 Z−15.0；	精车圆锥面
N90　　Z−5.0；	精车 ϕ40 mm 外圆
N100　　X10.0；	精车端面
N110　　G40 Z3.0；　　//nf	精车 ϕ10 mm 外圆
N120　　G00 X100.0 Z100.0；	退回安全换刀点
N130　　T0100；	取消 1 号刀补
N140　　T0202；	换 2 号精车刀，并调用刀补
N150　　G00 X166.0 Z3.0；	快速定位到循环起点
N160　　G70 P60 Q120；	精车循环
N170　　G00 X100.0 Z100.0；	快速退刀
N180　　T0200 M05；	取消 2 号刀补，主轴停转
N190　　M30；	程序结束

四、固定形状粗车循环（G73）

G73 指令适用于零件毛坯已基本成型的铸件或锻件的粗车，对零件轮廓的单调性没有要求，走刀轨迹如图 4.6 所示。

编程格式： G73 $U(\Delta i)$ $W(\Delta k)$ $R(d)$；

G73 $P(ns)$ $Q(nf)$ $U(\Delta u)$ $W(\Delta w)$ $F(f)$ $S(s)$ $T(t)$；

N（*ns*）……

⋮

N（*nf*）……

其中：Δi——X 方向总退刀量（半径值）；

Δk——Z 方向总退刀量；

d——循环加工次数；

其余参数含义与 G71/G72 相同。

说明：Δi 和 Δk 为第一次车削循环前退离工件轮廓的距离及方向，确定该值时应考虑毛坯的粗加工余量大小，以使第一次车削循环时就有合理的背吃刀量，计算方法如下：

$$\Delta i = X\text{ 轴粗加工余量} - \text{每一次背吃刀量}$$

$$\Delta k = Z\text{ 轴粗加工余量} - \text{每一次背吃刀量}$$

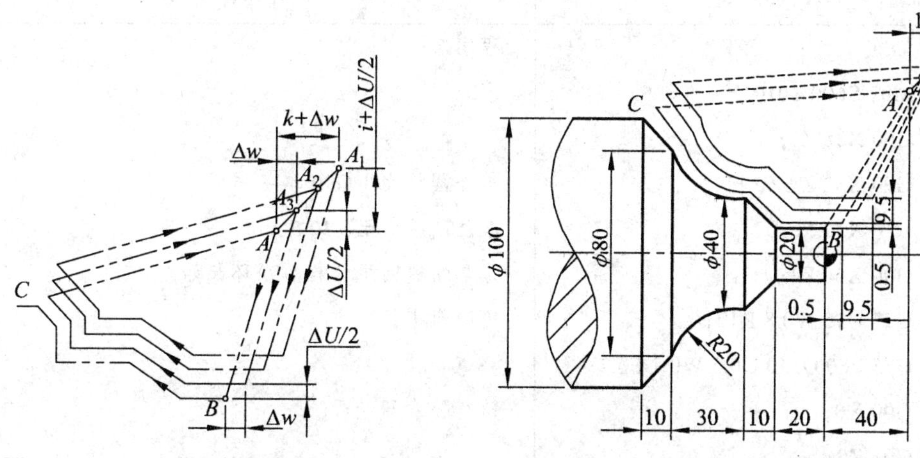

图 4.6　G73 固定形状粗车循环走刀轨迹　　**图 4.7　G73、G70 粗精车循环指令应用**

【例 4.3】 采用 G73、G70 指令编制如图 4.7 所示零件的粗精加工程序。

编制的加工程序如下表 4.3：

表 4.3　加工程序

程序段	程序说明
O0010;	程序名
N10　M03 S800 T0101;	选择 1 号刀具，主轴正转，转速 800 r/min
N20　G00 X140.0 Z40.0;	快速定位到循环起点 *A*
N30　G73 U9.5 W9.5 R3.0;	粗车循环，*X*、*Z* 向总退刀量 9.5 mm，循环 3 次，余
N40　G73 P50 Q110 U1.0 W0.5 F0.3;	量：*X* 轴 1 mm，*Z* 轴 0.5 mm
N50　G00 X20.0 Z1.;　//ns	精车轮廓起点 B
N60　G01 Z−20.0 F0.15;	精车 φ20 mm 外圆
N70　X40.0 W−10.0;	精车圆锥面
N80　W−10.0;	精车 φ40 mm 外圆
N90　G02 X80.0 Z−60.0 R20.0;	精车 *R*20 圆弧
N100　G01 X100.0 W−10.0;	精车圆锥面
N110　X105.0;　//nf	精车轮廓终点
N120　G70 P50 Q110;	精车循环
N130　G00 X100.0 Z100.0 M05;	退回起刀点
N140　M30;	程序结束

【项目实施】

根据图 4.1 所示工件的特点，编制的加工程序如下表 4.4。

表 4.4 图 4.1 所示工件的加工程序

程序段		程序说明
O0011；		程序名
N10	M03 S600 T0101；	
N20	G00 X38 Z2；	
N30	G90 X32 Z－65 F0.2；	车外圆柱面（G90 单一循环）
N40	X30.5；	车外圆柱面至ϕ30.5 mm
N50	G00 X60 Z4；	刀具快速回退至粗车循环起始点
N60	G73 U15 W0.8 R12；	轮廓粗车循环
N70	G73 P80 Q140 U0.5 W0.1 F0.2；	
N80	G00 X0；	精车轮廓开始段
N90	G01 Z0；	
N100	G03 X16 Z－4 R10 F0.1；	车 R10 圆弧
N110	X20.387 Z－42.701 R35；	车 R35 圆弧
N120	G02 X30 Z－57 R10；	车 R10 圆弧
N130	G01 Z－65 F0.1；	车ϕ30 圆柱
N140	X33；	精车轮廓结束段
N150	G70 P90 Q150；	精加工
N160	G00 X150 Z100；	快速退刀至起刀点
N170	M05；	主轴停转
N180	M30；	程序结束并返回起始

【知识拓展】

数控机床主要控制的是刀具位置。数控编程主要内容之一就是把加工过程中刀具移动的位置按一定顺序和方式编制成加工程序。刀具移动位置是按照已经确定的加工路线和允许的加工误差计算出来的。这个计算工作称为数控编程中的数值计算。它是编程前的一个关键性环节。数值计算主要包括以下内容。

一、基点坐标计算

基点就是构成零件轮廓的各相邻几何元素之间的交点或切点。如两直线的交点、直线与圆弧或圆弧与圆弧间的交点或切点、圆弧与二次曲线的交点或切点等，均属基点。显然，相邻基点间只有一个几何元素。一般来说，基点的坐标值利用一般的解析几何或三角函数关系不难求得。

【例 4.4】 图 4.8（a）所示零件中，A、B、C、D、E、F 为基点。A、B、C 点分别与 F、E、D 点对称，只要求出 A、B、C 点坐标即可知道 D、E、F 点的坐标。A 点是 $R75$ 圆弧与直线的切点，B 点是 $R56$ 圆弧与直线的切点，C 点是 $R56$ 圆弧与 $R60$ 圆弧的切点。以 O 为工件坐标系原点，作适当辅助线求解，如图 4.8（b）所示。

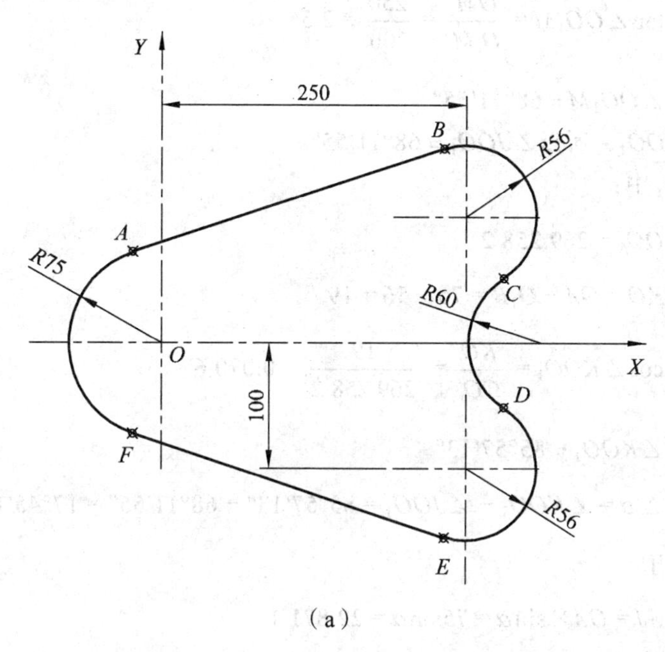

（a）

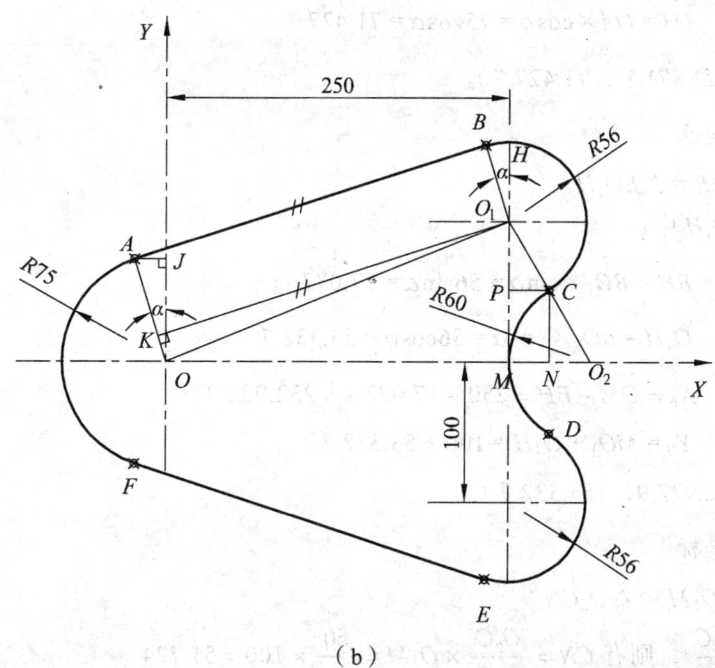

（b）

图 4.8 零件图样

解：

1）求 A 点坐标

在直角△OO_1M中：

$$OO_1 = \sqrt{OM^2 + O_1M^2} = \sqrt{250^2 + 100^2} = 269.258\ 2$$

$$\tan\angle OO_1M = \frac{OM}{O_1M} = \frac{250}{100} = 2.5$$

查三角函数表得：$\angle OO_1M = 68°11'55''$

因为$\angle OO_1M = \angle JOO_1$，所以$\angle JOO_1 = 68°11'55''$。

在直角△KOO_1中：

$$OO_1 = 269.258\ 2$$

$$KO = OA - O_1B = 75 - 56 = 19$$

$$\cos\angle KOO_1 = \frac{KO}{OO_1} = \frac{19}{269.258\ 2} = 0.070\ 6$$

查三角函数表得：$\angle KOO_1 = 85°57'13''$

$$\angle\alpha = \angle KOO_1 - \angle JOO_1 = 85°57'13'' - 68°11'55'' = 17°45'18''$$

在直角△OAJ中：

$$AJ = OA \times \sin\alpha = 75\sin\alpha = 22.871\ 1$$

$$OJ = OA \times \cos\alpha = 75\cos\alpha = 71.427\ 7$$

得 A 点坐标（$-22.871\ 1$，$71.427\ 7$）。

2）求 B 点坐标

因为：$\triangle AOJ \backsim \triangle BO_1H$

在直角△BO_1H中：

$$BH = BO_1 \times \sin\alpha = 56\sin\alpha = 17.077\ 1$$

$$O_1H = BO_1 \times \cos\alpha = 56\cos\alpha = 53.332\ 7$$

所以：

$$X_B = OM - BH = 250 - 17.077\ 1 = 232.922\ 9$$

$$Y_B = MO_1 + O_1H = 100 + 53.332\ 7$$

得 B 点坐标（232.922 9，153.332 7）。

3）求 C 点坐标

因为：$\triangle O_2O_1M \backsim \triangle O_2CN$

所以：$\frac{CN}{O_1M} = \frac{O_2C}{O_1O_2}$，则有 $CN = \frac{O_2C}{O_1O_2} \times O_1M = \frac{60}{116} \times 100 = 51.724$

在直角$\triangle O_1O_2M$中：

$$MO_2 = \sqrt{O_1O_2^{\ 2} - O_1M^2} = \sqrt{116^2 - 100^2} = 58.787\ 8$$

因为：$\triangle O_1MO_2 \backsim \triangle O_1PC$

所以：$\dfrac{PC}{MO_2} = \dfrac{O_1C}{O_1O_2}$，则有 $PC = \dfrac{O_1C}{O_1O_2} \times MO_2 = \dfrac{56}{116} \times 58.787\ 8 = 28.380\ 3$

$$X_C = OM + PC = 250 + 28.380\ 3 = 278.380\ 3$$

$$Y_C = CN = 51.724$$

得 C 点坐标（278.380 3，51.724）。

综上所述，基点计算采用了解析几何和三角函数相结合的方法。

二、节点坐标计算

数控系统一般只具备直线插补和圆弧插补功能。当零件的轮廓有非圆曲线，而数控系统又不具备该曲线的插补功能时，其数值计算就比较复杂。处理方法是，在满足允许的编程误差条件下，采用若干小直线段或圆弧段来逼近非圆曲线，逼近线段间的交点称为节点，如图 4.9 所示。编程时，首先计算出节点的坐标值，再按相邻两节点间的直线段或圆弧段来编写程序。节点数目越多，程序段越多，加工精度越高，由直线逼近曲线产生的误差δ越小。逼近误差δ应小于或等于编程允差$\delta_{允}$，即$\delta \leqslant \delta_{允}$。考虑到工艺系统及计算误差的影响，$\delta_{允}$一般取零件公差的 1/5 ~ 1/10。

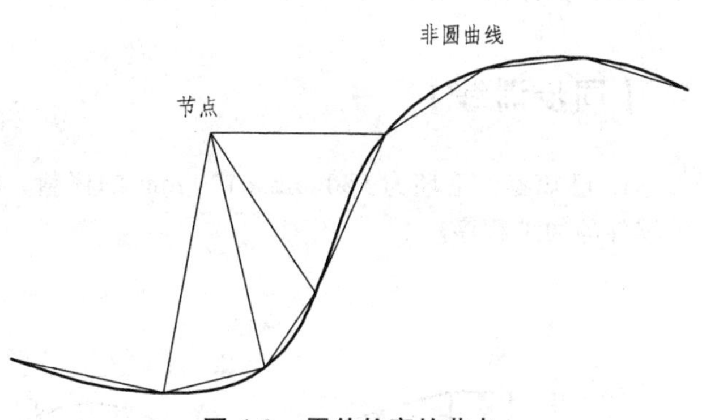

图 4.9　零件轮廓的节点

非圆曲线节点坐标的计算过程，一般采用计算机辅助完成，步骤如下：

（1）选择插补方式。首先应决定是采用直线段还是圆弧段或抛物线等二次曲线逼近非圆曲线。

（2）确定编程允许误差$\delta_{允}$，保证逼近误差$\delta \leqslant \delta_{允}$。

（3）确定节点计算方法。选择计算方法主要依据两方面考虑，一是尽可能按逼近误差相等的条件确定节点位置，以便最大限度地减少程序段数目；二是尽可能采用简便的算法，简化计算机编程，省时快捷。

（4）依据计算方法，画出计算机处理流程图。

（5）用高级语言编制程序，上机调试程序，获得节点坐标值。

用直线段逼近非圆曲线时，目前常用的节点计算方法有等间距法、等步长法、等误差法；采用圆弧段逼近非圆曲线有曲率圆法、三点圆法、相切圆法和双圆弧法。各种计算方法的原理和计算过程请参阅有关书籍，在此不再赘述。

三、刀位点轨迹计算

刀位点是刀具的基准点。不同类型刀具的刀位点不同。数控系统控制刀具的运动轨迹，准确地说是控制刀位点的运动轨迹。对于具有刀具偏置功能的机床，某些情况下粗加工轨迹没有采用刀具偏置功能，因此按零件轮廓编程时，往往要求计算出刀位点轨迹的坐标数据；对于没有刀具偏置功能的数控系统，应计算出相对于零件轮廓等距线的基点和节点的刀位点轨迹坐标。

四、辅助计算

辅助计算就是要进行辅助程序段的数值计算。辅助程序段是指刀具从起刀点到切入点或从切出点返回到起刀点的程序段。切入点的位置应尽量选在要加工部位的最高角点处，这样进刀时不易损坏刀具。切出点的位置应尽量避免刀具快速返回时发生干涉。零件进退刀要求沿辅助切线或辅助圆弧段切入切出。上述程序段坐标点的数值计算应在编写程序之前预先确定。

数控编程中的数值计算，对于直线和圆弧组成的零件轮廓采用手工计算，利用解析几何法、三角函数法可以求得坐标值，但计算过程比较麻烦。对于复杂的零件、非圆曲线、列表曲线等，为了提高工作效率，降低出错率，最有效的途径是采用计算机辅助设计（CAD）来完成坐标数据的计算，或直接采用自动编程。

【同步训练】

1. 已知零件毛坯为ϕ60 mm×170 mm 的棒料，材料为 45#钢，编制如习题图 4.1 所示轴类零件的加工程序。

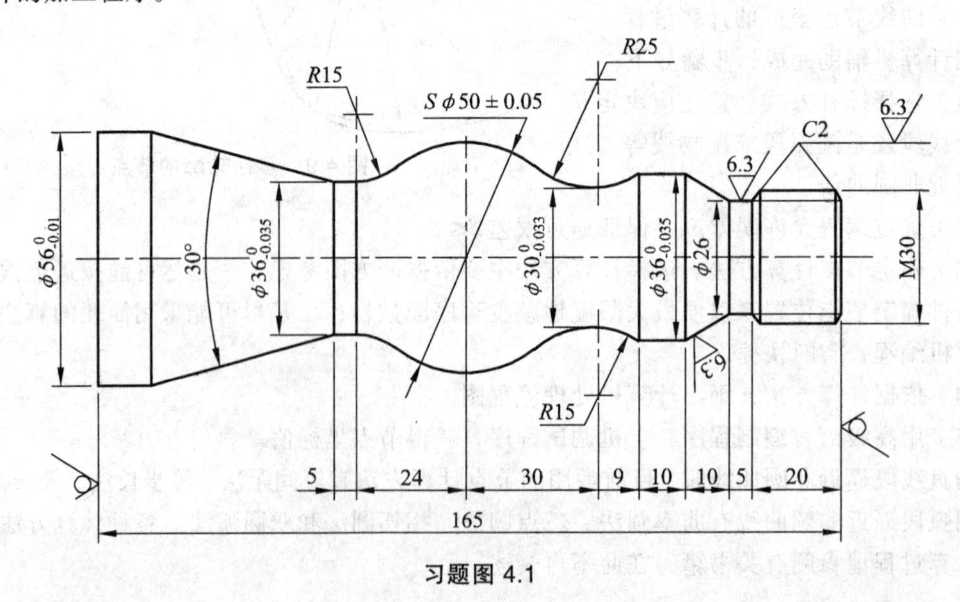

习题图 4.1

2. 已知零件毛坯为ϕ65 mm × 155 mm 的棒料，材料为 45#钢，编制如习题图 4.2 所示零件的加工程序。

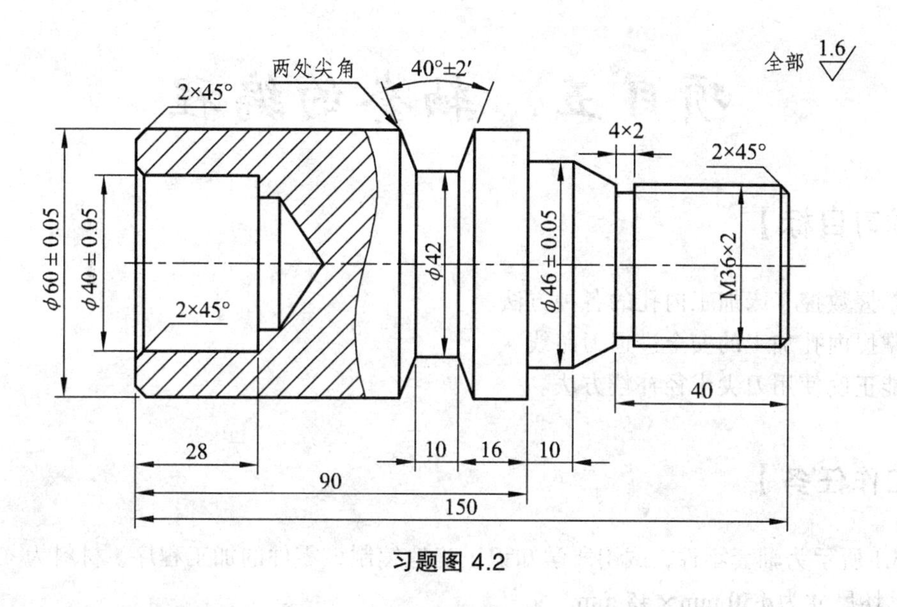

习题图 4.2

项目五　轴套的编程

【学习目标】

- 掌握数控车床加工内孔的各种方法。
- 掌握内孔加工的安全进退刀路线。
- 能正确使用刀尖半径补偿方法。

【工作任务】

图 5.1 所示为轴套零件，试用所学知识正确地编制该零件的加工程序。材料为 45#钢，该零件的毛坯尺寸为ϕ50 mm × 45 mm。

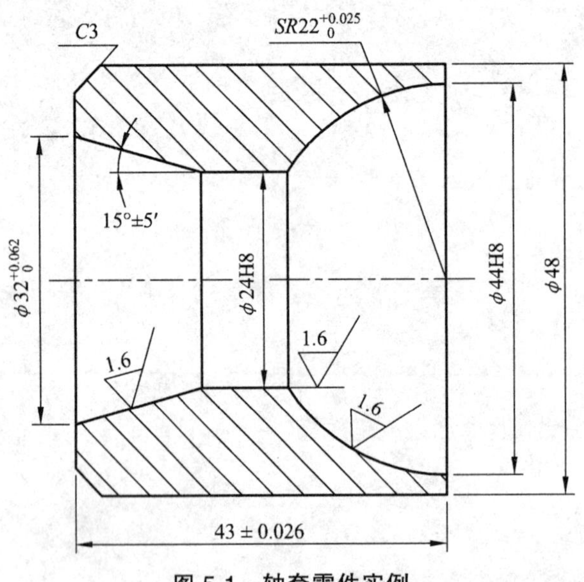

图 5.1　轴套零件实例

【知识准备】

一、刀具补偿

（一）刀具几何补偿和磨损补偿

在编程时，一般以某把刀具为基准，并以该刀具的刀尖位置为依据来建立工件坐标系。

由于每把刀长度和宽度不一样，当其他刀具转到加工位置时，刀尖的位置与基准刀应会有偏差。另外，每把刀具在加工过程中都有磨损。因此，对刀具的位置和磨损就需要进行补偿，使其刀尖位置与基准刀尖位置重合。

（1）刀具几何补偿是补偿刀具形状和刀具安装位置与编程理想刀具或基准刀具之间的偏移。

（2）刀具磨损补偿则是用于补偿当刀具使用磨损后实际刀具尺寸与原始尺寸的误差。

（3）这些补偿数据通常是通过对刀后采集到的，而且必须将这些数据准确地储存到刀具数据库中，然后通过程序中的T××××后面两位刀补号来提取并执行。

（4）刀补执行的效果便是令转位后新刀具的刀尖移动到与上一基准刀具刀尖所在的位置上，新、老刀尖重合，这就是刀位补偿的实质，如图 5.2 所示。

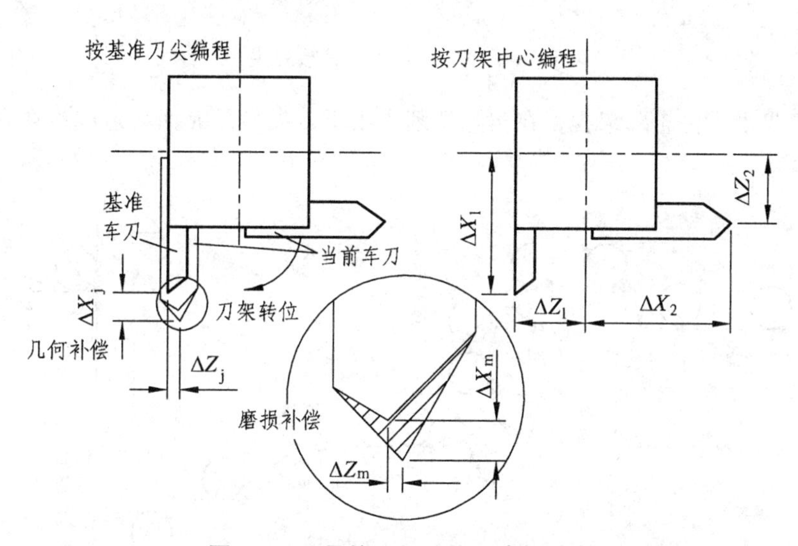

图 5.2　刀具的几何补偿和磨损补偿

（二）刀尖圆弧半径补偿

大多数全功能的数控机床都具备刀具半径自动补偿功能，因此只要按工件轮廓尺寸编程，再通过系统自动补偿一个刀尖半径值即可。

1. 刀尖半径

圆头车刀一般都有刀尖圆弧半径，当车削外径或端面时，刀尖圆弧不起作用，但车倒角、锥面或圆弧时，则会影响精度，因此在编制数控车削程序时，必须给予考虑。

2. 假想刀尖

如图 5.3（a）所示，*P* 点为圆头车刀的假想刀尖，相当于图 5.3（b）尖头车刀的刀尖。假想刀尖实际上并不存在。

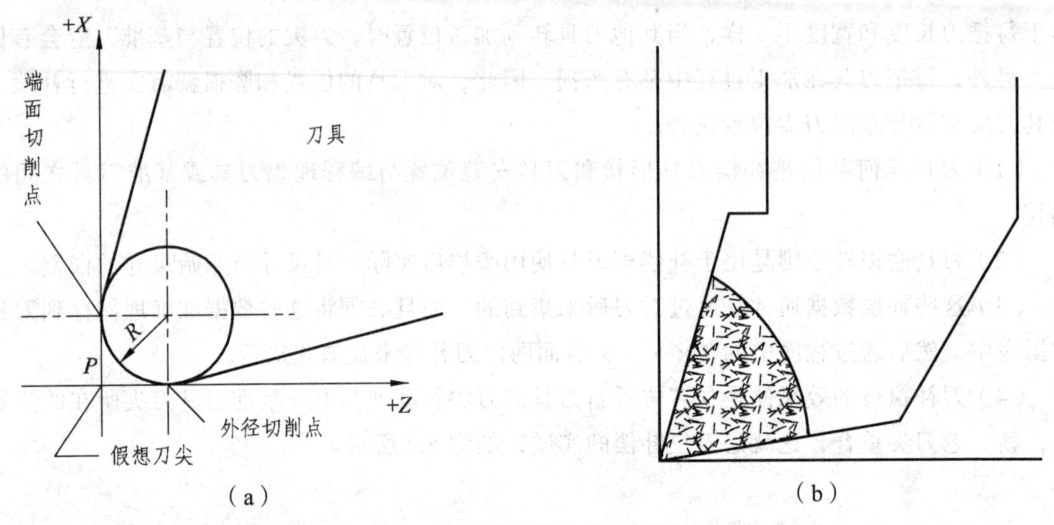

图 5.3　刀尖半径与假想刀尖

按假想刀尖沿工件轮廓编程，在实际切削中由于刀尖半径 R 而会造成过切和少切现象，如图 5.4 所示。

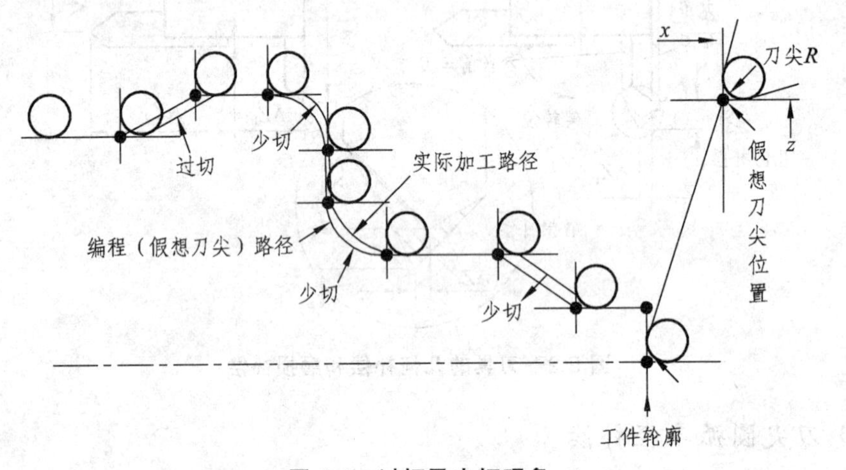

图 5.4　过切及少切现象

为了避免过切或少切现象的发生，在圆头车刀编程中就必须采用刀尖圆弧半径补偿。刀尖圆弧半径补偿功能可以利用数控装置自动计算补偿值，生成正确的刀具走刀路线。

（三）刀尖圆弧半径补偿指令（G40/G41/G42）

1. 定　义

1）G41/G42

刀尖圆弧半径左/右补偿，沿垂直于所在切削平面的另一轴负方向（$-Y$）看去，并顺着刀具运动方向看，如果刀具在工件的左侧，称为刀尖圆弧半径左补偿，用 G41 编程；如果刀具在工件的右侧，称为刀尖圆弧半径右补偿，用 G42 编程。

2）G40

取消刀尖圆弧半径补偿,应写在程序开始的第一个程序段及取消刀具半径补偿的程序段,取消 G41、G42 指令功能。

说明：编程时，刀尖圆弧半径补偿偏置方向的判别如图 5.5 所示。在判别时，一定要沿 $-Y$ 轴方向观察刀具所在位置，因此应特别注意图 5.5（a）后置刀架和图 5.5（b）前置刀架中刀尖圆弧半径补偿的判定区别。

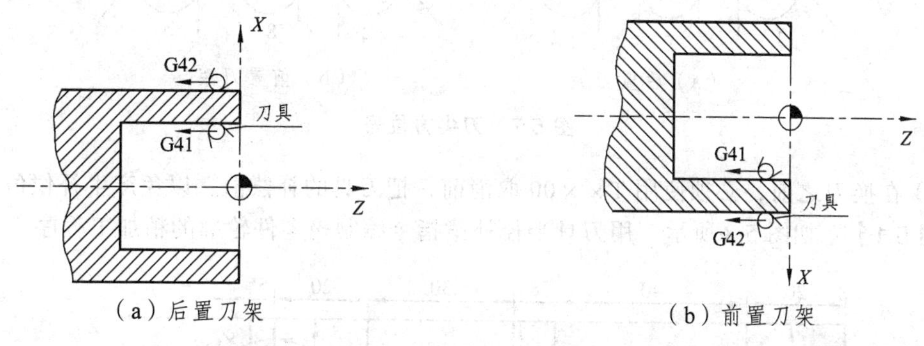

图 5.5　刀尖圆弧半径补偿偏置方向的判别

2. 格　式

编程格式： G41/G42 G00/G01 *X*____ *Z*____ *F*____；/刀尖圆弧半径补偿建立

G40 G00/G01 *X*____ *Z*____ *F*____；/刀尖圆弧半径补偿取消

说明：

（1）在 G41/G42/G40 程序段中，只能配合 G00/G01 指令在 *X*、*Z* 方向进行移动，不能与圆弧切削指令在同一个程序段。

（2）刀尖半径补偿量可以通过刀具补偿设定界面进行设定，如图 5.6 所示。刀具补偿参数包括 4 项：*X* 轴补偿量、*Z* 轴补偿量、刀尖半径补偿量及假想刀尖方位号，通过对应的刀补号 T××<u>××</u>调用。假想刀尖补偿方位号共有 10 个（0～9），图 5.7 所示为几种车削刀具的假想刀尖补偿方位号。

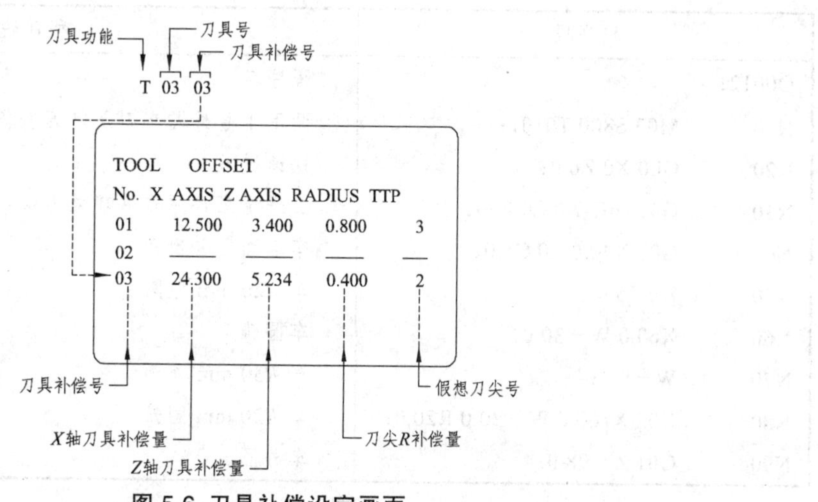

图 5.6　刀具补偿设定画面

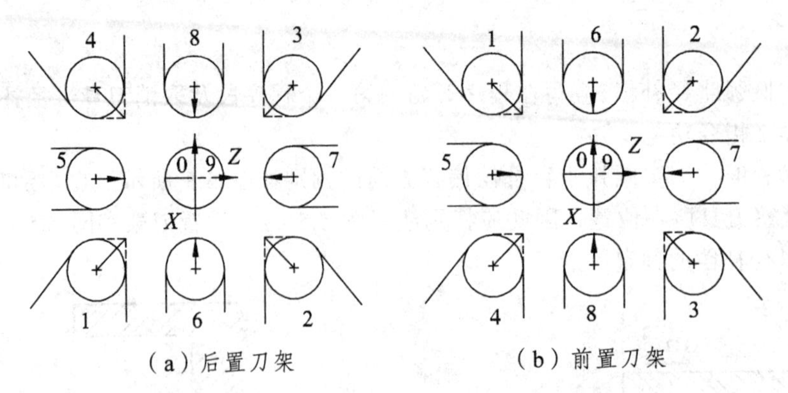

（a）后置刀架　　（b）前置刀架

图 5.7　刀尖方位号

（3）在换刀之前，必须使用 T× ×00 取消前一把刀具的补偿值，以免产生补偿值叠加。

【例 5.1】　如图 5.8 所示，用刀具半径补偿指令编制该零件轮廓的精加工程序。

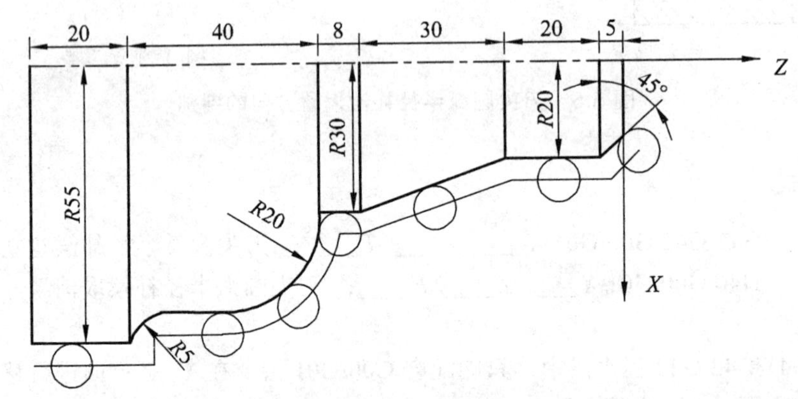

图 5.8　轮廓精加工

假设刀尖圆弧半径 $R=0.2$ mm，在刀具补偿设定界面中输入半径补偿量 0.2。

编制的加工程序如下表 5.1：

表 5.1　加工程序

程序段		程序说明
O0012;		程序名
N10	M03 S800 T0101;	调用 1 号外圆车刀及其刀补值，主轴正转转速 800 r/min
N20	G00 X0 Z6.0;	快速进刀
N30	G42 G01 X0 Z0 F50;	工进至工件原点并建立刀尖半径补偿
N40	G01 X40.0 Z0 C5.0;	车端面，并倒角
N50	Z－25.0;	车 $R20$ mm 外圆
N60	X60.0 W－30.0;	车圆锥
N70	W－8.0;	车 $R30$ mm 外圆
N80	G03 X100.0 W－20.0 R20.0;	车 $R20$ mm 圆弧
N90	G01 Z－98.0;	车外圆

续表 5.1

程序段		程序说明
N100	G02 X110.0 W－5.0 R5.0；	车 *R*5 mm 圆弧
N110	G01 W－20.0；	车 *R*55 mm 外圆
N120	G40 G00 X200.0 Z100.0；	退回换刀点，并取消刀尖半径补偿
N130	M05；	主轴停转
N140	M30；	程序结束并返回程序开始处

二、回参考点指令

（一）回参考点检验（G27）

G27 指令用于检验工件原点的正确性。

编程格式： G27　*X*（*U*）____ *Z*（*W*）____；

其中：*X*、*Z*——机床参考点在工件坐标系中的绝对值坐标；

U、*W*——机床参考点相对刀具当前所在位置的增量值坐标。

说明：

（1）执行 G27 指令的前提是机床在通电后刀具返回过一次参考点。

（2）执行该指令时，刀具将以 G00 方式快速返回机床参考点。如果刀具准确到达机床参考点位置，则操作面板上的回参指示灯亮。若工件原点位置在某一轴上有误差，则该轴对应的指示灯不亮，且系统将自动停止执行程序，并发出报警提示。

（3）执行该指令时，必须取消刀具补偿。

（二）自动返回参考点（G28）

G28 指令用于刀具从当前位置经中间点返回参考点，通常为下一步换刀作准备。

编程格式： G28　*X*（*U*）____ *Z*（*W*）____；

其中：*X*、*Z*——刀具经过中间点的绝对值坐标；

U、*W*——中间点相对刀具起点的增量值坐标。

说明：执行 G28 指令时，各轴先以 G00 的速度快移到程序指令的中间点位置，然后再快速返回参考点，如图 5.9 所示。到达参考点后，相应坐标方向的回参指示灯亮。

（三）从参考点返回（G29）

G29 指令的功能是使刀具由机床参考点经中间点返回到目标点。

编程格式： G29　*X*（*U*）____ *Z*（*W*）____；

其中：*X*、*Z*——返回目标点的绝对值坐标；

U、*W*——目标点相对中间点的增量值坐标。

说明：执行 G29 指令时，刀具从参考点经中间点返回指令目标点。各轴先以 G00 的速度快移到由前段 G28 指令定义的中间点位置，然后再向 G29 程序指令的目标点快速定位，如图 5.9 所示。

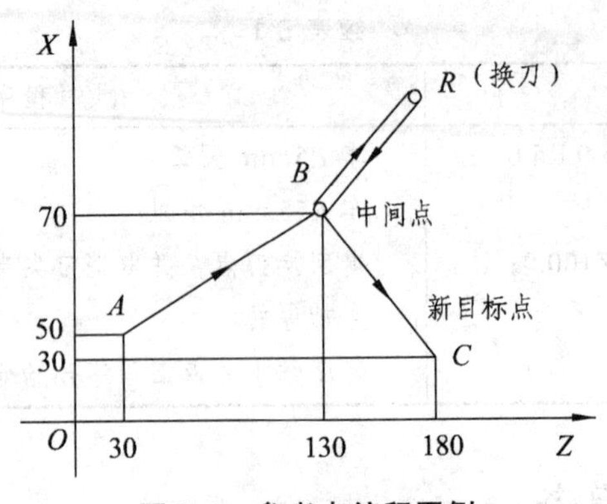

图 5.9 参考点编程图例

【例 5.2】 利用回参考点相关指令，编制图 5.9 的程序。

编制的加工程序如下表 5.2：

表 5.2 加工程序

绝对编程	增量编程	程序说明
⋮	⋮	
G28 X140.0 Z130.0；	G28 U40.0 W100.0；	A—B—R
T0202；	T0202 ；	换刀
G29 X60.0 Z180.0；	G29 U－80.0 W50.0 ；	R—B—C
⋮	⋮	

【项目实施】

根据图 5.1 所示零件的特点，此处以一个完整的数控编程过程进行分析说明。

一、工艺分析

根据工件图样的几何形状和尺寸要求，第一次装夹夹持工件外圆右端，加工内容为车左端面、倒外圆 C3、打中心孔，钻孔ϕ22、粗精加工内孔 15°锥面。调头装夹的加工内容为车右端面，取总长至 43 ± 0.026、粗精加工 SR22 球面，ϕ24H8 至要求尺寸。

二、工件的装夹方法及工艺路线的确定

（1）用三爪自定心卡盘夹持ϕ48 × 45 外圆面，车左端面、打中心孔、钻孔ϕ22、粗精加工内孔 15°锥面。

（2）工件调头装夹，车右端面，取总长至 43 ± 0.026、粗精加工 SR22、ϕ24H8 至要求尺寸。

三、填写数控加工刀具卡片和工艺卡片

填写表 5.3 所示的数控加工刀具卡，表 5.4 所示的数控加工工艺卡。

表 5.3 数控加工刀具卡

刀具号	刀具规格名称	数量	加工内容	主轴转速($r \cdot min^{-1}$)	进给量($mm \cdot r^{-1}$)	材料
T01	93°外圆车刀	1	倒 C3 角	800	0.1	YT15
T02	内孔车刀	1	粗精车内轮廓	600/1 000	0.15/0.1	YT15
	ϕ3 mm 中心钻	1	定中心孔	500	手动	高速钢
	ϕ22 mm 钻头	1	钻ϕ22 通孔	500	手动	高速钢

表 5.4 数控加工工艺卡

工序	工步	加 工 内 容	刀具号	备注
05	1	夹持ϕ48×45 的外圆右端，车左端面	T01	手动
	2	倒外圆 *C*3	T01	
	3	打中心孔，钻孔ϕ22	ϕ3，ϕ22	手动
	4	粗加工内孔 15°锥面	T02	
	5	精加工内孔 15°锥面	T02	
10	1	工件调头装夹，车右端面，取总长至 43±0.026	T02	手动
	2	粗加工 *SR*22，ϕ24H8	T02	
	3	精加工 *SR*22，ϕ24H8 至要求尺寸	T02	

四、编写加工程序

编程前，需要进行数值计算，求出各轮廓段交点的 *Z* 坐标值，具体程序如下：
工序 1：加工程序（左端），如下表 5.5：

表 5.5 左端加工程序

程序段		程序说明
O0013;		程序名
N05	M03 S800 T0101;	换 1 号外圆刀，主轴正转，转速为 800 r/min
N10	G00 G42 X40.0 Z1.0;	刀尖半径补偿
N15	G01 X50.0 Z－4.0 F0.1;	倒 C3 角
N20	G00 G40 X100.0 Z100.0;	快速退刀，取消补偿
N25	T0100;	取消 1 号刀补
N30	T0202;	换 2 号刀
N35	G00 X22.0 Z1.0 S600;	刀具快速定位，内孔粗车转速 600 r/min

续表 5.5

程序段		程序说明
N40	G71 U1.0 R1.0；	粗车循环
N45	G71 P50 Q70 U－0.3 W0 F0.15；	
N50	G41 G00 X34.0 S1000；	刀具半径补偿
N55	G01 X32.0 Z0 F0.1；	
N60	X24.0 W－14.93；	
N65	X23.0 W－1.0；	
N70	G40 X22.0；	取消补偿
N75	G70 P55 Q75；	精车循环
N80	G00 Z100.0；	
N85	X100.0；	
N90	M05；	
N95	M30；	

工序 2：加工程序（右端），如下表 5.6：

表 5.6　右端加工程序

程序段		程序说明
O0014；		程序名
N05	M03 S600 T0202；	换 2 号内孔车刀，主轴正转，转速为 600 r/min
N10	G00 X22.0 Z1.0；	刀具快速定位
N15	G71 U1.0 R1.0；	粗车循环
N20	G71 P25 Q45 U－0.3 W0 F0.15；	
N25	G41 G00 X44.0 S1000；	精车转速 1 000 r/min，刀具半径补偿
N30	G01 Z0 F0.1；	
N35	G03 X24.0 W－18.44 R22.0；	加工 $R22$ 内圆球面
N40	G01 Z－30.0；	加工 $\phi 24$ 内圆柱面
N45	G40 X23.0；	精车轮廓结束段
N50	G70 P30 Q50；	精车循环
N55	G00 Z100.0；	快速退刀至安全换刀点
N60	X100.0；	
N65	M30；	

【知识拓展】

编写数控加工工艺文件是数控加工工艺设计的一项内容。它是对数控加工的具体说明，目的是让操作者更明确加工内容、装夹方式、各个加工部位所选用的刀具及其他技术问题。

数控加工工艺文件既是零件数控加工、产品验收的依据，也是操作者必须遵守、执行的规程，是必不可少的工艺资料档案。

一、原始资料

在编制数控加工工艺文件之前所需的原始资料有：

（1）零件设计图纸、技术资料，以及产品的装配图纸。

（2）零件的生产批量。

（3）产品验收的质量标准。

（4）现有的生产条件和资料。工艺装备、加工设备的规格和性能，加工设备的制造能力以及工人的技术水平。

随着数控加工的普及化，数控加工工艺文件也朝着标准化、规范化的方向发展。数控加工工艺文件主要有：数控编程任务书、工件安装和坐标原点设定卡、数控加工工序卡、数控刀具卡、数控加工走刀路线图、数控加工程序单。以下提供了常用的数控加工工艺文件格式，供读者参考，也可根据实际情况自行设计。

二、数控编程任务书

用来阐明数控加工工序的技术要求和工序说明，以及数控加工前应保证的加工余量。它是编程人员和工艺人员协调工作和编制数控程序的重要依据之一，详见表 5.7。

表 5.7　数控编程任务书

<table>
<tr><td rowspan="3">部门</td><td rowspan="3" colspan="2">数控编程任务书</td><td colspan="3">产品零件图号</td><td colspan="2">CZG03</td><td colspan="2">任务书编号</td></tr>
<tr><td colspan="3">零件名称</td><td colspan="2">操纵杆盖板</td><td colspan="2">04</td></tr>
<tr><td colspan="3">使用数控设备</td><td colspan="2">XH715D</td><td colspan="2">共×页　第×页</td></tr>
<tr><td rowspan="2" colspan="3">主要工序说明及技术要求：</td><td colspan="7">（1）编写 09 号图纸，操纵杆盖板零件的数控加工程序。
（2）数控加工前已铣削至尺寸 146 mm×100 mm×21 mm，邻边垂直度已保证。C 面已磨削，平面度已保证</td></tr>
<tr><td colspan="3">编程收到日期</td><td>××</td><td>经手人</td><td colspan="2">××</td></tr>
<tr><td>编制</td><td>××</td><td>审核</td><td>××</td><td>编程</td><td>××</td><td>审核</td><td>××</td><td>批准</td><td>××</td></tr>
</table>

三、工件安装和坐标原点设定卡

此卡主要表达数控加工零件的定位方式和夹紧方法，并应标明被加工零件的坐标原点设置位置和坐标方向，以及使用的夹具名称、编号等，见表 5.8。

表 5.8　工件安装和坐标原点设定卡

零件图号	CZG03	数控加工工件安装和坐标原点设定卡		工序号	1
零件名称	操纵杆盖板			装夹次数	第 1 次
百分表 Y X 1 2 3					
3	压板				
2	紧固螺钉				
1	镗铣工艺板				
序号	夹具名称	夹具图号	序号	夹具名称	夹具图号
编制（日期）	审核（日期）	批准（日期）			
××	××	××		共×页	第×页

四、数控加工工序卡

数控加工工序卡片与普通加工工序卡片有许多相似之处，不同的是数控加工工序卡中不仅要详细说明数控加工的工艺内容，还应该反映使用的刀具规格、切削参数、切削液等。它是操作人员编写加工程序及实际加工的主要指导性工艺资料。详见表 5.9。

表 5.9　数控加工工序卡

数控加工工序卡片		零件名称		材料		零件图号	
		操纵杆盖板		$45^{\#}$锻件		CZG03	
工序号	程序编号	夹具名称		使用设备		车间	
1	O0005	工艺板		XH715D 加工中心		数控车间	
工步号	工步内容	刀号	刀具规格（mm）	主轴转速 S（r/min）	进给速度 F（mm/min）	背吃刀量	备注
1	以 B 面为基准粗铣深度尺寸为（20±0.05）mm、（16±0.1）mm 的凸台和台阶	T01	ϕ18	800	120	1	

续表 5.9

数控加工工序卡片		零件名称		材料			零件图号
		操纵杆盖板		45#锻件			CZG03
工序号	程序编号	夹具名称		使用设备			车间
1	O0005	工艺板		XH715D 加工中心			数控车间
工步号	工步内容	刀号	刀具规格（mm）	主轴转速 S（r/min）	进给速度 F（mm/min）	背吃刀量	备注
2	精铣尺寸为（20±0.05）mm、（16±0.1）mm 的凸台和台阶	T01	ϕ18	1 100	200	0.5	
3	钻中心孔	T02	ϕ3	1 000	50		
4	钻 4×ϕ10H7 至ϕ9	T03	ϕ9	600	60		
5	扩 4×ϕ10H7 至ϕ9.85	T04	ϕ9.85	300	40		
6	锪 4×ϕ10 至尺寸	T05	ϕ10	400	50		
7	铰 4×ϕ10H7 至尺寸	T06	ϕ10H7	120	50		
编制	××	审核	××	批准	××	共×页	第×页

五、数控加工刀具卡

数控加工刀具卡上要反映刀具编号、刀具名称、刀杆（刀柄）型号、刀具长度、直径、补偿值、补偿号等，详见表 5.10。

表 5.10　数控加工刀具卡

零件名称		操纵杆盖板	零件图号	CZG03		程序编号	O0005	
工步号	刀具号	刀具名称	刀柄型号	刀具 直径(mm)	刀具 长度(mm)	半径补偿值(mm)	补偿号	备注
1	T01	立铣刀ϕ18	BT40-MW4-85	ϕ18		9	H01、D01	
2	T01	立铣刀ϕ18	BT40-MW4-85	ϕ18		9	H01、D01	
3	T02	中心钻ϕ3	BT40-Z10-45	ϕ3			H02	
4	T03	麻花钻ϕ9	BT40-M1-45	ϕ9			H03	
5	T04	扩孔钻ϕ9.85	BT40-M1-45	ϕ9.85			H04	
6	T05	立铣刀ϕ10	BT40-MW4-85	ϕ10		5	H05、D05	
7	T06	铰刀ϕ10H7	BT40-M1-45	ϕ10H7			H06	
编制	××	审核	××	批准	××	共×页	第×页	

六、数控加工走刀路线图

走刀路线图是编程人员进行数值计算、编制程序、审查程序和修改程序的主要依据。编制走刀路线时应遵循以下 3 个原则：

（1）能保证零件的加工精度和表面粗糙度要求。

（2）使走刀路线最短，减少刀具空行程时间，提高加工效率。

（3）要注意并防止刀具在运动过程中与夹具或工件发生意外碰撞等。

如表 5.11 所示。

表 5.11　数控加工走刀路线图

数控加工走刀路线图			零件图号	CZG03	工序号	1	工步号	2	程序号	O0005
机床型号	XH715D	程序段号	N100-N200	加工内容	精铣凸台				共×页	第×页
Y X									编程	××
									校对	××
									审核	××
符号	⊙	⊗	⊕	—◎→	→	◀—ψ—	---⊖-	→∘∘∘	⇒	
含义	抬刀	下刀	编程原点	起刀点	走刀方向	走刀线相交	爬斜坡	铰孔	行切	

七、数控加工程序单

数控加工程序单是编程人员根据工艺分析结果，采用数控机床规定的指令代码，按照走刀路线图的轨迹进行数据处理而编制的。它是记录数控加工工艺过程、工艺参数、位移数据等的综合清单，除了程序代码外还应包括必要的程序说明，如所使用的刀具规格、刀具号，镜像加工使用的对称轴，子程序的加工内容，加工暂停的说明等。具体的指令及编程格式随数控系统和机床种类的不同而有所差异。

【同步训练】

1. 已知零件毛坯为ϕ60 mm 的棒料，材料为45[#]钢，编制如习题图 5.1 所示零件的加工程序。

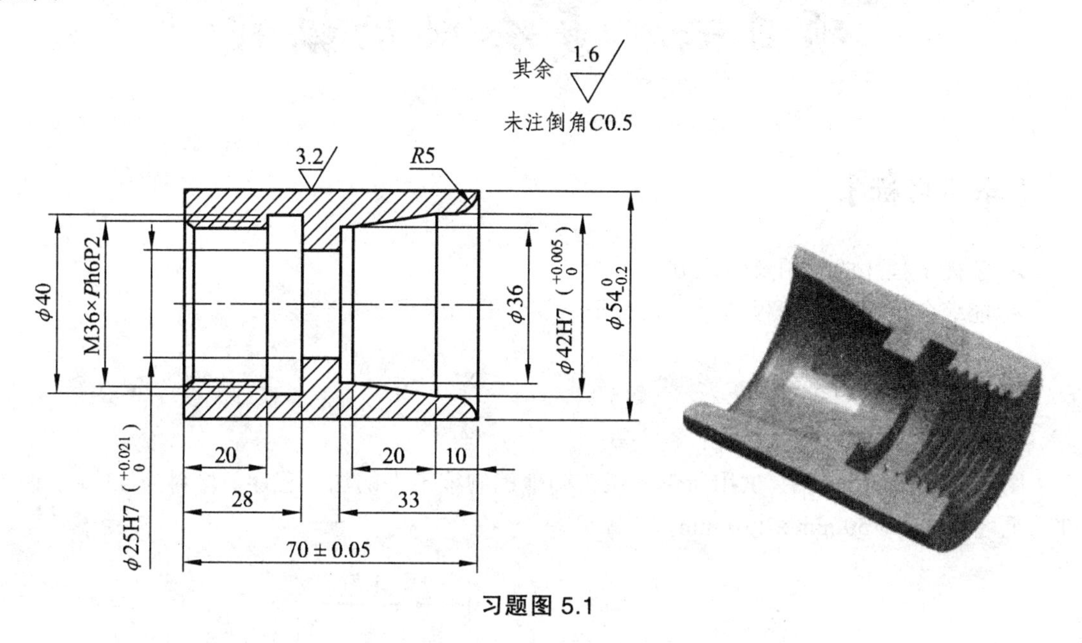

习题图 5.1

2. 已知零件毛坯为ϕ50 mm 的棒料，材料为45[#]钢，编制如习题图 5.2 所示零件的加工程序。

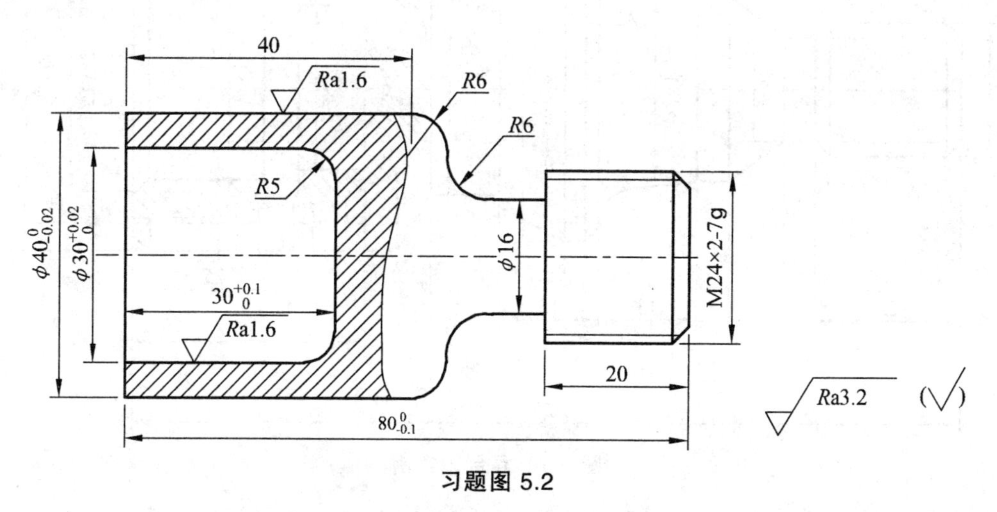

习题图 5.2

项目六　复合轴的编程

【学习目标】

➢ 掌握子程序的作用及使用方法。
➢ 能综合运用所学编程知识，编写复杂零件的加工程序。

【工作任务】

图 6.1 所示为复合轴，试用所学知识正确地编制该工件的加工程序。材料为 45#钢，该工件的毛坯尺寸为ϕ50 mm × 130 mm。

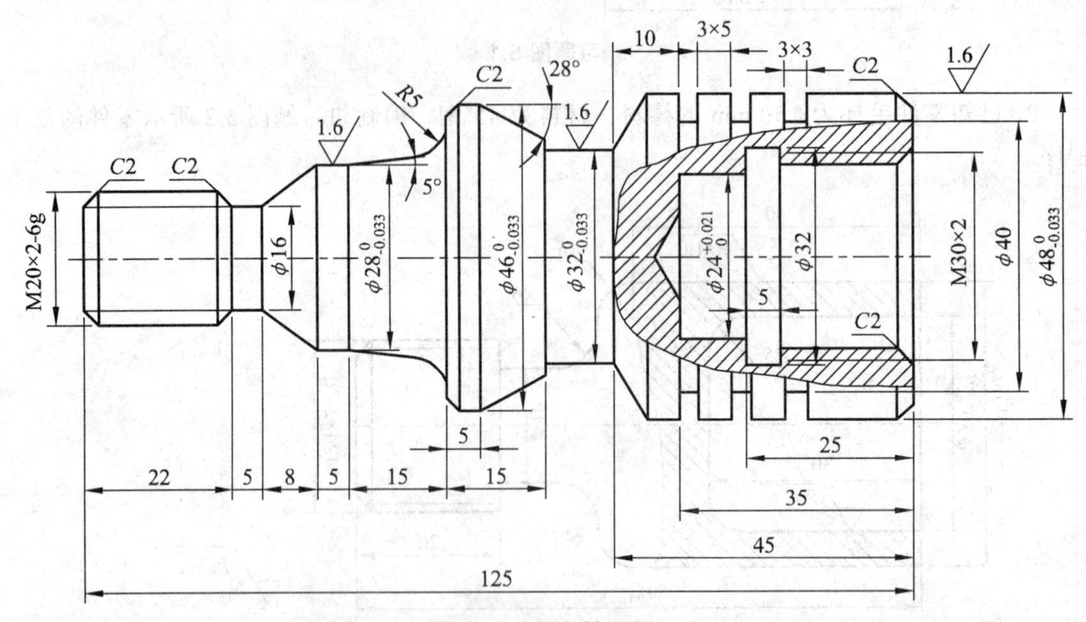

图 6.1　复合轴实例

【知识准备】

在编制加工程序时，有时会遇到一组程序段在一个程序中多次出现，或者在几个程序中都要使用它。把这部分程序段抽出来，单独编成一个程序，并给它命名，使其成为子程序。利用调用的子程序，可以减少不必要的重复编程，从而简化程序。

编程格式：M98 P△△△□□□□；

其中：△△△是子程序被重复调用的次数，最多调用 999 次；□□□□是子程序名。

例如：M98 P0051002，表示调用程序名为 O1002 的子程序 5 次。当调用次数位数少于 3 位时，前面的零可以省略；当调用次数为 1 时，可省略调用次数。

子程序结束，返回主程序的编程格式为：M99；

该指令一般书写在子程序的最后一行，作为子程序结束的标志，程序返回到调用子程序的主程序中。

下面是 M99 的几种用法：

（1）当子程序的最后程序段只用 M99 时，子程序结束，返回到调用程序段后面的一个程序段。如：

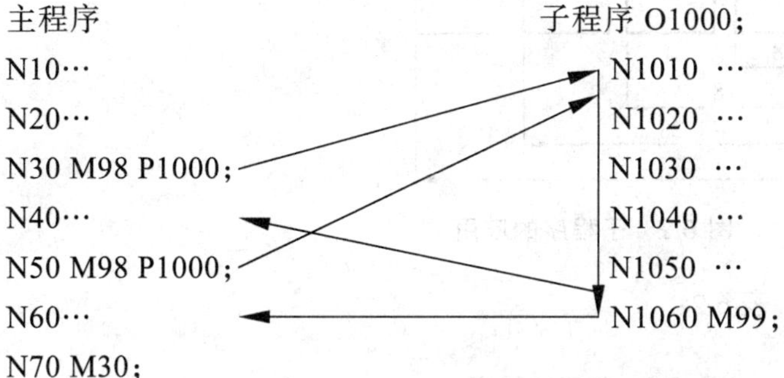

（2）一个程序段号在 M99 后由 P 指定时，系统执行完子程序后，将返回到由 P 指定的主程序段号上。如：

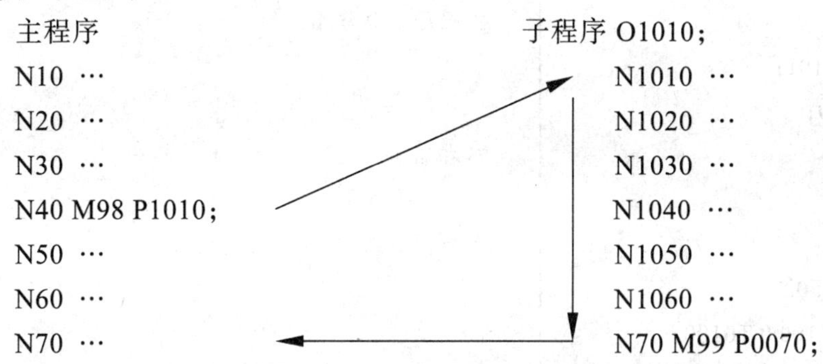

（3）若在主程序中插入"/M99 P n"，那么在执行该程序段后，程序返回到由 P 指定的第"n"号程序段。跳步功能是否执行，还取决于跳步选择开关的状态。如：

N10 …

N20 …

N30 …

N40 …

N50 …

N60 …

N70 M99 P0030；

N80 …

N90 M02；

当关闭跳步开关，程序执行到 N70 时将返回到 N30 段。

【例 6.1】 加工如图 6.2 所示的零件，已知毛坯尺寸为：ϕ32 mm×50 mm，1 号刀为外圆车刀，2 号刀为车断刀，刀宽为 2 mm。

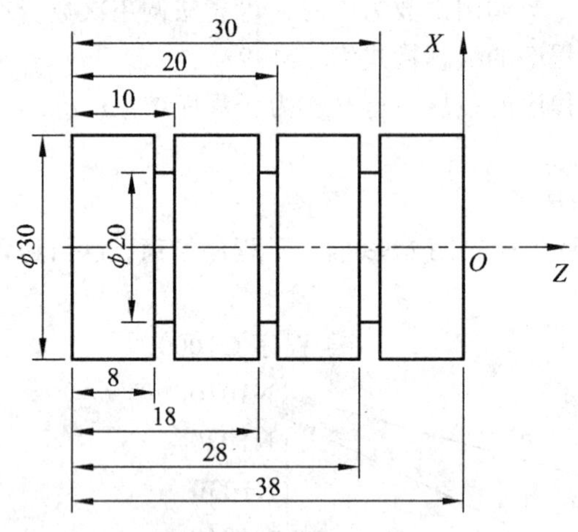

图 6.2 子程序的应用

编制的加工程序如下表 6.1，表 6.2：

表 6.1 加工主程序

程序段	程序说明
O0015;	主程序，程序名
N10 M03 S800 T0101;	
N20 G00 X35.0 Z0;	
N30 G01 X0 F0.2;	车右端面
N40 G00 Z2.0;	
N50 X30.0;	车外圆
N60 G01 Z－40.0 F0.2;	
N70 G00 X150.0 Z100.0 T0100;	
N80 M05;	
N90 M03 S300 T0202;	换切槽刀
N100 G00 X32.0 Z0;	
N110 M98 P30016;	调用切槽子程序（O0016）三次
N120 G00 W－10.0;	
N130 G01 X0 F0.1;	左端面切断
N140 G04 X2.0;	
N150 G00 X150.0 Z100.0 T0200;	
N160 M05;	
N170 M30;	

表 6.2 加工子程序

程序段		程序说明
O0016;		子程序，程序名
N10	G00 W－10.0;	每个槽间隔 10 mm
N20	G01 U－12.0 F0.1;	槽深
N30	G04 X1.0;	槽底延时 1 s
N40	G00 U12.0;	退出
N50	M99;	子程序结束，返回主程序

【项目实施】

一、工艺分析

根据图 6.1 所示工件图样的几何形状和尺寸要求，第一次装夹的加工内容为工件右端部分，包括：打中心孔，钻孔ϕ22 深 35、粗精加工内孔ϕ24、M30×2 螺纹底径ϕ28、倒角 C2、加工内沟槽 5×32、加工内螺纹 M30×2、加工外圆ϕ48 及外倒角 C2、切 3 个 3×ϕ40 槽；调头装夹的加工内容为工件左端部分，取总长 125、粗精加工螺纹外径、各倒角面、锥面、ϕ28、R5 圆弧面、ϕ46 至要求尺寸、切 5×ϕ16 螺纹退刀槽、倒角 C2、切 10×ϕ32 槽、加工外螺纹 M20×2。

二、工件的装夹方法及工艺路线的确定

（1）用三爪自定心卡盘夹持ϕ50×130 的毛坯左端，偏右端面，打中心孔，钻孔ϕ22 深 35。

（2）粗精加工内孔ϕ24、M30×2 螺纹底径ϕ28、倒角 C2。

（3）加工内沟槽 5×32。

（4）加工内螺纹 M30×2。

（5）加工外圆ϕ48 及外倒角 C2。

（6）切 3 个 3×ϕ40 槽。

（7）调头用三爪自定心卡盘夹持ϕ48，偏左端面，取总长 125。

（8）粗精加工螺纹外径、各倒角面、锥面、ϕ28、R5 圆弧面、ϕ46 至要求尺寸。

（9）切 5×ϕ16 螺纹退刀槽，倒角 C2，切 10×ϕ32 槽。

（10）加工外螺纹 M20×2。

三、填写数控加工刀具卡片和工艺卡片

填写表 6.3 所示的数控加工刀具卡，表 6.4 所示的数控加工工艺卡。

表 6.3　数控加工刀具卡

刀具号	刀具规格名称	数量	加工内容	主轴转速（r/min）	进给量（mm/r）	材料
	ϕ3 mm 中心钻	1	钻中心孔	1 500	手动	高速钢
	ϕ22 mm 钻头	1	手动钻ϕ22 孔深 35	500	手动	高速钢
T01	93°外圆车刀	1	粗精车工件外轮廓	600/1 000	0.2/0.1	YT15
T02	内孔镗刀	1	粗精镗内孔	800	0.15/0.1	YT15
T03	5 mm 内孔沟槽刀	1	车内孔沟槽	400	0.01	YT15
T04	内孔螺纹刀	1	车 M30×2 内螺纹	800		YT15
T05	3 mm 外圆切槽刀	1	切槽	500	0.1	YT15
T06	4 mm 外圆切槽刀	1	切槽	500	0.1	YT15
T07	外螺纹刀	1	加工外螺纹	800	0.1	YT15

表 6.4　数控加工工艺卡

工序	工步	加工内容	刀具号	备注
05	1	夹持ϕ50×130 毛坯左端，车削右端面	T01	手动
	2	打中心孔，钻孔ϕ22 深 35	ϕ22 钻头	手动
	3	粗加工内孔ϕ24、M30×2 螺纹底径ϕ28、倒角 *C*2	T02	
	4	精加工内孔ϕ24、M30×2 螺纹底径ϕ28、倒角 *C*2	T02	
	5	加工内沟槽 5×32	T03	
	6	加工内螺纹 M30×2	T04	
10	1	加工外圆ϕ48 及外倒角 *C*2	T01	
	2	切 3 个 3×ϕ40 槽	T05	
15	1	调头夹持ϕ48，车左端面，取总长 125	T01	
	2	粗加工螺纹外径、各倒角面、锥面、ϕ28、R5 圆弧面、ϕ46 至要求尺寸	T01	
	3	精加工螺纹外径、各倒角面、锥面、ϕ28、R5 圆弧面、ϕ46 至要求尺寸	T01	
	4	切 5×ϕ16 螺纹退刀槽，倒角 *C*2，切 10×ϕ32 槽	T06	
	5	加工外螺纹 M20×2	T07	

四、编写加工程序

（1）工序 05 加工程序，如下表 6.5：

表 6.5　工序 05 加工程序

程序段		程序说明
O0017；		程序名
N05	M03 S800 T0202；	主轴正转，转速为 800 r/min，换 2 号内孔镗刀
N10	G00 X22.0 Z1.0；	刀具快速定位
N15	G71 U1.0 R1.0；	粗加工循环
N20	G71 P25 Q50 U－0.3 W0 F0.15；	
N25	G41 G00 X34.0 S1000；	精车轮廓起始段，精车转速 1 000 r/min
N30	G01 X28.0 Z－2.0 F0.1；	
N35	Z－25.0；	
N40	X24.0；	
N45	Z－35.0；	
N50	G40 X22.0；	精车轮廓结束段
N55	G70 P25 Q50；	精加工
N60	G00 X100.0 Z100.0；	快速退刀至安全换刀点
N65	T0200 M05；	取消 2 号刀补
N70	M03 S400 T0303；	换 3 号内孔沟槽刀，主轴转速 400 r/min
N75	G00 X26.0 Z2.0；	
N80	Z－25.0；	
N85	G01 X32.0 F0.1；	切内孔沟槽
N90	G00 X26.0；	
N95	Z2.0；	
N100	X100.0 Z100.0 T0300 M05；	退刀至安全换刀点，取消 3 号刀补
N105	M03 S800 T0404；	换 4 号内孔螺纹刀，主轴转速 800 r/min
N110	G00 X26.0 Z4.0；	
N115	G92 X28.9 Z－22.0 F2.0；	五次下刀，循环加工内螺纹
N120	X29.5；	
N125	X30.1；	
N130	X30.5；	
N135	X30.6；	
N140	G00 Z100.0：	快速退刀至安全换刀点
N145	T0400 M05；	取消 4 号刀补，主轴停转
N150	M30；	程序结束并返回起始

（2）工序 10 加工程序，如下表 6.6，表 6.7：

表 6.6　工序 10 加工程序

程序段		程序说明
O0018;		程序名
N05	M03 S600 T0101;	换 1 号外圆车刀，主轴转速 600 r/min
N10	G00 X50.0 Z1.0;	快速定位到循环起点
N15	G71 U1.0 R1.0;	粗车循环，加工外圆ϕ48
N20	G71 P25 Q40 U0.5 W0 F0.2;	
N25	G42 G00 X42.0 S1000;	循环起始段
N30	G01 X48.0 Z−2.0 F0.1;	加工外倒角 *C*2
N35	Z−55.0;	加工ϕ48 圆柱面
N40	G40X50.0;	循环结束段
N45	G70 P25 Q40;	精加工
N50	G00 X100.0 Z100.0;	退刀到安全换刀点
N55	T0100;	取消 1 号刀补
N60	M03 S500 T0505;	换 5 号切槽刀，主轴转速 500 r/min
N65	G00 X50.0 Z−19.0;	定位
N70	M98 P30019;	调用 O0019 子程序三次，加工环形槽
N75	G00 X100.0 Z100.0;	快速退刀至安全换刀点
N80	T0500 M05;	取消 5 号刀补，主轴停转
N85	M30;	程序结束并返回起始

表 6.7　工序 10 加工子程序

程序段		程序说明
O0019;		子程序，程序名
N10	G01 U−10.0 F0.1;	槽深
N20	G04 X1.0;	槽底延时 1 s
N30	G00 U10.0;	退出
N40	G00 W−8.0;	每个槽间隔 8 mm
N50	M99;	子程序结束，返回主程序

注意：比较 O0019 与 O0016 号子程序的差异。

（3）工序 15 加工程序，如下表 6.8：

表 6.8　工序 15 加工程序

程序段		程序说明
O0020;		程序名
N05	M03 S600 T0101;	主轴正转，转速 600 r/min，换 1 号外圆车刀
N10	G00 X50.0 Z1.0;	刀具快速定位
N15	G71 U1.0 R1.0;	粗车循环，粗加工左端外轮廓
N20	G71 P25 Q100 U0.5 W0 F0.2;	
N25	G42 G00 X14.0 S1000;	精车循环起始段，精车转速 1 000 r/min
N30	G01 X20.0 Z−2.0F0.1;	
N35	Z−22.0;	
N40	X16.0Z−27.0;	
N45	X28.0W−8.0;	
N50	W−5.0;	
N55	X29.82W−10.44;	
N60	G02 X39.78 Z−55.0 R5.0;	
N65	G01 X42.0;	
N70	X46.0 W−2.0;	
N75	W−3.0;	
N80	X35.36 W−10.0;	
N85	X32.0 W−10.0;	
N90	X48.0W−5.0;	
N95	X49.0W−1.0;	
N100	G40 X50.0;	精车循环结束段
N105	G70 P25 Q100;	精车循环，精加工左端外轮廓
N110	G00 X100.0 Z100.0;	快速退刀至安全换刀点
N115	T0100;	取消 1 号刀补
N120	M03 S500 T0606;	换 6 号切槽刀，转速 500 r/min
N125	G00 X22.0 Z−27.0;	
N130	G01 X16.0 F0.1;	
N135	G00 X22.0;	
N140	Z−26.0;	
N145	G01 X16.0 F0.1;	
N150	G00 X22.0;	
N155	Z−23.0;	
N160	G01 X16.0 W−3.0;	
N165	G00 X48.0;	
N170	Z−74.0;	

续表 6.8

程序段		程序说明
N175	G01 X32.0；	
N180	G00 X35.0；	
N185	Z－77.0；	
N190	G01 X32.0；	
N195	G00 X35.0；	
N200	Z－80.0；	
N205	G01 X31.985；	
N210	Z－74.0；	
N215	G00 X100.0；	
N220	Z100.0；	退刀到安全换刀点
N225	T0600；	取消 6 号刀补
N230	T0707 M03 S800；	换 7 号外螺纹刀，主轴转速 800 r/min
N235	G00 X24.0 Z4.0；	定位到循环起点
N240	G92 X19.1 Z－24.0 F2.0；	五次下刀，循环车削外螺纹
N245	X18.5；	
N250	X17.9；	
N255	X17.5；	
N260	X17.4；	
N265	G00 X100.0；	
N270	Z100.0；	快速退刀至安全换刀点
N275	T0700 M05；	取消 7 号刀补，主轴停转
N280	M30；	程序结束并返回起始

【知识拓展】

刀具的选择是数控车削加工工艺设计的重要内容之一。数控车削加工对刀具的要求较普通车削高，不仅要求其精度高、刚性好、切削性能好、耐用度高，而且需要安装调整方便。根据刀头与刀体的连接方式，车刀主要分为焊接式车刀与机械夹紧（机夹）式可转位车刀两大类。刀具选择是否合理不仅影响机床的生产效率，更直接影响零件的加工质量。

一、常用数控车刀的种类和用途

常用数控车刀的种类和用途见表 6.9。

表 6.9　常用数控车刀的种类和用途

常用焊接车刀	外圆精车刀	外圆粗车刀	端面车刀	切槽车刀	螺纹车刀	内孔车刀
常用机夹可转位车刀	外圆右偏精车刀	外圆右偏粗车刀	45°端面车刀	外圆切槽车刀	外圆螺纹车刀	
内孔车刀	中心钻	麻花钻	粗镗孔车刀	精镗孔车刀		

二、机夹可转位车刀

数控车床一般使用标准的机夹可转位车刀，如图 6.3 所示。其主要目的是减少换刀时间和对刀方便，便于实现标准化。

图 6.3　机夹可转位车刀

机夹可转位车刀结构及加工形式，如图 6.4 所示。刀具材料主要是各种硬质合金，硬质合金刀片的应用是数控车床操作者必须了解的。

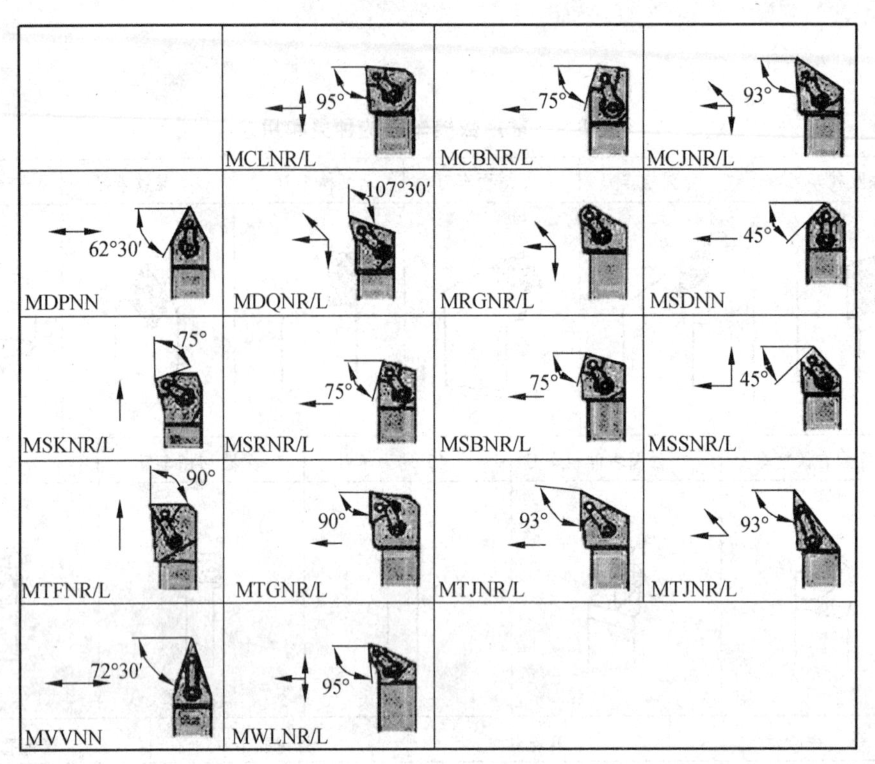

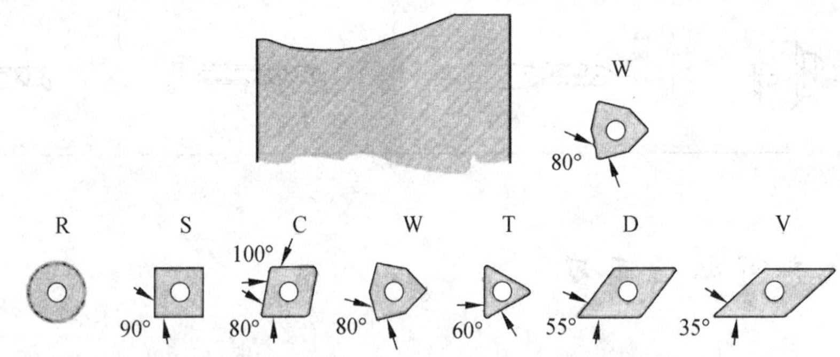

图 6.4　常用硬质合金车刀刀片及加工形式

按 ISO 1832—1985 的规定，硬质合金可转位刀片的型号是由 10 位字符串组成的，排列如下：

1	2	3	4	5	6	7	8	—	9	10

其中：1——刀片的几何形状及夹角。

2——刀片主切削刃后角（法后角）。

3——公差。表示内接圆 d 与厚度 s 的精度级别。

4——刀片形状、固定方式或断屑槽。

5——刀片边长、切削刃长。

6——刀片厚度。

7——修光刀，刀尖圆角半径 r 或主偏角 κ_r 或修光刃后角 α_n。

8——切削刃状态。尖角切削刃或倒棱切削刃。

9——进刀方向或倒刃宽度。

10——各刀具公司的补充符号或倒刃角度。

【例 6.2】 车刀可转位刀片 CNMG120408ENUB 公制型号所表示的含义如下：

C——80°菱形刀片形状；N——法后角为 0°；M——刀尖转位尺寸允差 (± 0.08 ~ ± 0.18) mm，内接圆允差 (± 0.05 ~ ± 0.13) mm，厚度允差 ± 0.13 mm；G——圆柱孔双面断屑槽；12——内接圆直径 12 mm；04——厚度 4.76 mm；08——刀尖圆角半径 0.8 mm；E——倒圆刀刃；N——无切削方向；UB——半精加工。

三、机夹可转位车刀的选择

1. 刀片材料选择

选择刀片材料，主要依据被加工工件的材料、被加工表面的精度要求、切削载荷的大小以及切削过程中有无冲击和振动等。

2. 刀片尺寸选择

刀片尺寸的大小取决于必要的有效切削刃长度，有效切削刃长度与背吃刀量和主偏角有关，使用时可参考相关刀具手册选取。

3. 刀片形状选择

刀片形状主要依据被加工工件的表面形状、切削方法、刀具寿命和刀片的转位次数等因素来选择。被加工表面形状与适用的刀片、刀片型号组成见国家标准 GB/T 2076—1987《切削刀具可转位刀片型号表示规则》。

【同步训练】

1. 已知零件毛坯为ϕ30 mm 的棒料，材料为 45#钢，编制如习题图 6.1 所示零件的加工程序。

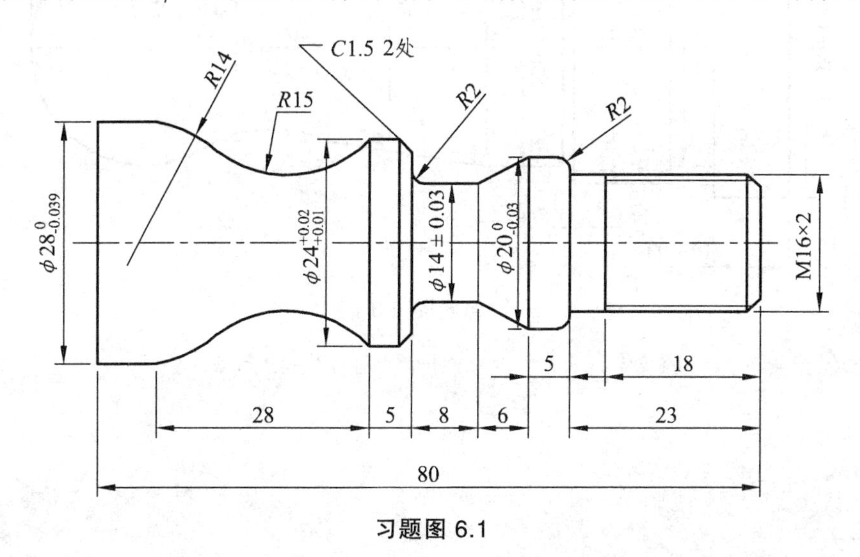

习题图 6.1

2. 已知零件毛坯为ϕ60 mm 的棒料，材料为$45^{\#}$钢，编制如习题图 6.2 所示零件的加工程序。

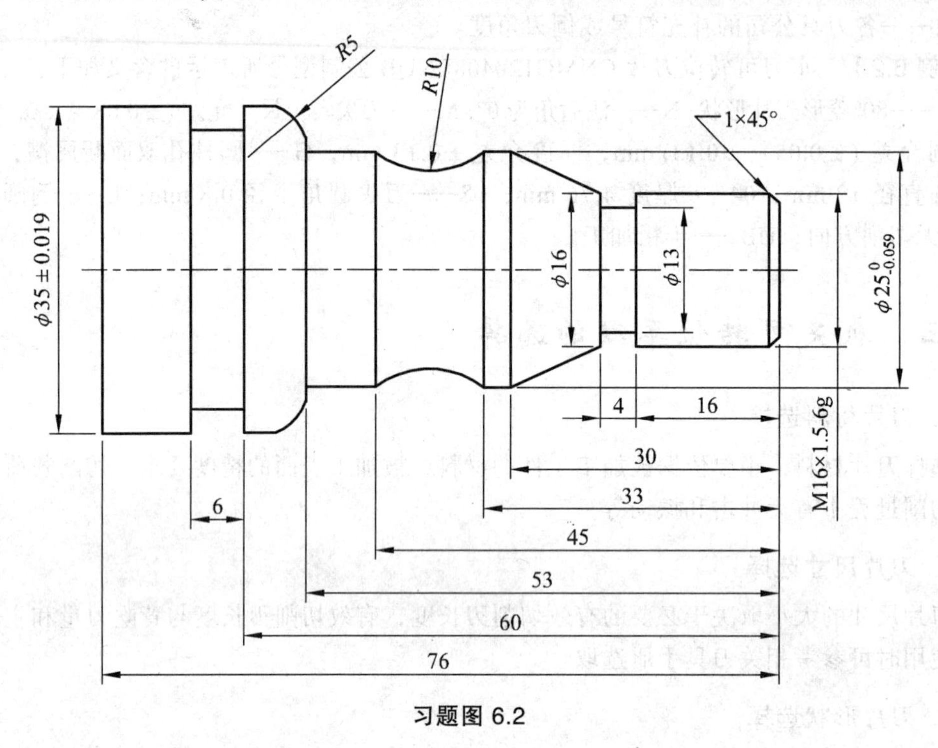

习题图 6.2

3. 已知零件毛坯为ϕ40 mm 的棒料，材料为$45^{\#}$钢，编制如习题图 6.3 所示零件的加工程序。

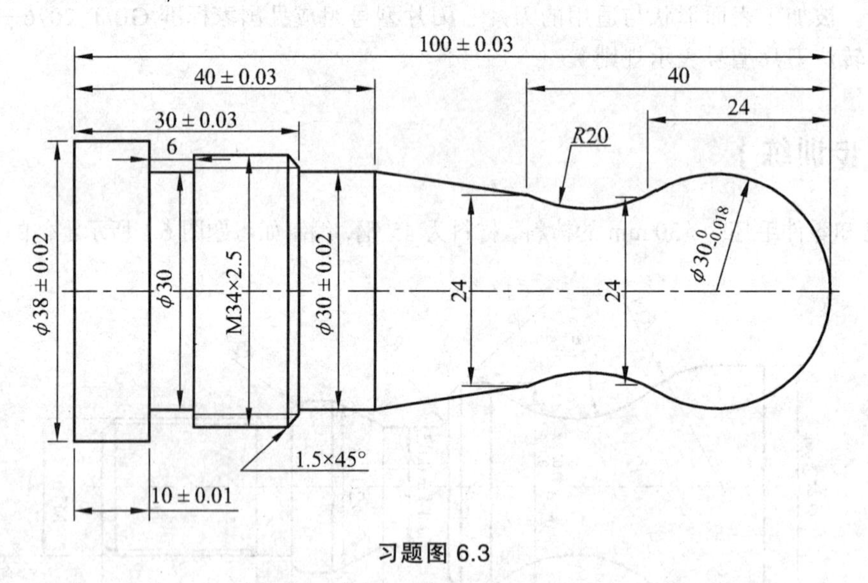

习题图 6.3

项目七　公式曲线的编程

【学习目标】

- 掌握 Fanuc 0i 系统 B 类宏程序的编写规范。
- 能编制常见公式曲线的车削程序。
- 了解自动编程的优点及应用范围。

【工作任务】

图 7.1 所示为椭圆轴零件，轮廓表面由 ϕ30 mm 外圆、ϕ40 mm 外圆、锥面、沟槽和椭圆（$a=30$，$b=20$）构成，毛坯尺寸：$\phi 42 \times 110$ mm。试用宏程序进行加工编程。

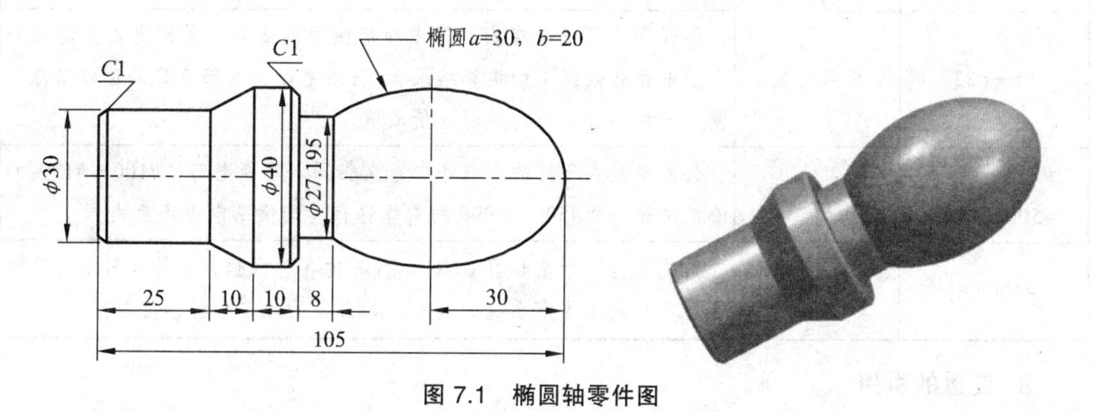

图 7.1　椭圆轴零件图

【知识准备】

将一组命令所构成的功能，像子程序一样事先存入存储器中，用一个命令作为代表，执行时只需写出这个代表命令，就可以执行该功能。这一组命令称为用户宏主体（或用户宏程序），简称用户宏（Custom Macro）指令；这个代表命令称为用户宏命令，也称为宏调用命令。用户宏程序分为 A 类和 B 类两种。在一些较老的 Fanuc 系统（Fanuc-OMD）中采用的 A 类宏程序，现在使用较少，目前的数控系统一般采用 B 类宏程序。在实际编程加工中，B 类宏程序更方便、更实用，因此本项以 Fanuc 0i 系统为例来介绍 B 类宏程序的编程方法。

在实际生产加工中，有时会遇到椭圆等二次曲线零件的加工，而一般的数控系统没有椭圆、抛物线等插补指令，编程比较麻烦。由于用户宏程序允许使用变量，变量间可以运算、程序运行也可跳转，使得编程更加简便。

一、变　量

用一个可赋值的代号代替具体的数值，这个代号就称为变量。使用用户宏程序的方便之处主要在于可以用变量代替具体数值，因而在加工同一类零件时，只需将实际的值赋予变量即可，不需要对每一个零件都编写一个程序。

1. 变量的表示

变量由变量符号“#”和变量号（阿拉伯数字）组成，如#1、#100 等。变量也可以由变量符号“#”和表达式组成，如#[#1 + 10]。

2. 变量的类型

变量根据变量号分为 4 种类型，见表 7.1。

表 7.1　变量的类型

变量号	变量类型	功　能
#0	空变量	这个变量总为空，不能赋值，不能写，只能读
#1 ~ #33	局部变量	局部变量是一个在宏程序中局部使用的变量。局部变量只能在宏程序中存储数据（如运算结果）。当断电时，局部变量的值被清除。调用宏程序时，可对局部变量赋值
#100 ~ #199 #500 ~ #999	公共变量	公共变量在不同的宏程序中意义相同。当断电时，#100 ~ #199 的值被清除；而#500 ~ #999 的数据保存，即使断电也不丢失
#1000 ~	系统变量	系统变量用于读和写 CNC 运行时的各种数据，是具有固定用途的变量。它的值决定系统的状态，如刀具的位置和补偿值等

3. 变量的引用

普通程序总是将一个具体的数值赋给一个地址，例如 G01 X120 F0.2；为了使程序更具通用性和灵活性，将跟随在地址后的数值用变量来代替，即引入了变量，如 G01 X#1 F#3。

二、变量的算术和逻辑运算

在宏程序编写中，有些值需用运算式编写，由系统自动运算完成取值，运算可以在变量中执行。运算符右边的表达式可以含有常量、逻辑运算、函数或运算符组成的变量。表达式中的变量 #j 和 #k 也可是常数。左边的变量也可以用表达式赋值。在将程序输入系统时，需输入数控系统规定的运算符，数控系统方可识别运算。Fanuc 0i 系统的运算符见表 7.2。

表 7.2 算术和逻辑运算符

功能	运算符	格式	备注/示例
定义、转换	=	#i = #j	#100 = #i，#100 = 20.0
加法	+	#i = #j + #k	#100 = #101 + #102
减法	−	#i = #j − #k	#101 = #80 − #103
乘法	*	#i = #j*#k	#102 = #1*#2
除法	/	#i = #j/#k	#103 = #101/25.0
正弦	SIN	#i = SIN[#j]	#100 = SIN[#101]
反正弦	ASIN	#i = ASIN[#j]	
余弦	COS	#i = COS[#j]	#100 = COS[38.3 + 24.8]
反余弦	ACOS	#i = ACOS[#j]	
正切	TAN	#i = TAN[#j]	#100 = TAN[#1/#2]
反正切	ATAN	#i = ATAN[#j]	
平方根	SQRT	#i = SQRT[#j]	#105 = SQRT[#100]
绝对值	ABS	#i = ABS[#j]	#106 = ABS[− #102]
舍入	ROUND	#i = ROUND[#j]	#107 = ROUND[3.414]
上取整	FIX	#i = FIX[#j]	#108 = FIX[3.4]
下取整	FUP	#i = FUP[#j]	#109 = FUP[3.4]
自然对数	LN	#i = LN[#j]	#110 = LN[#3]
指数函数	EXP	#i = EXP[#j]	#111 = EXP[#12]
OR（或）	OR	#i = #jOR#k	逻辑运算一位一位地按二进制执行
XOR（异或）	XOR	#i = #jXOR#k	
AND（与）	AND	#i = #jAND#k	
将 BCD 码转换成 BIN 码	BIN	#i = BIN[#j]	用于与 PMC 间信号的交换
将 BIN 码转换成 BCD 码	BCD	#i = BCD[#j]	

三、转向语句

在一个程序中，如果有相同轨迹的指令，可通过转向语句改变程序的流向，让其反复运算执行，即可达到简化编程的目的。Fanuc 0i 系统有 3 种转向语句可供使用：

1. 无条件转移（GOTO 语句）

编程格式：GOTO *n*;　　　　*n* 是程序段号（1 ~ 999 9）

说明：执行该段语句时，程序无条件转移到顺序号为 *n* 的程序段执行。

2. 条件转移（IF 语句）

编程格式：IF[条件表达式] GOTO *n*;　　　　*n* 是程序段号（1 ~ 999 9）

说明：如果指定的条件表达式成立时，程序转移到标有顺序号 *n* 的程序段执行；如果指定的条件表达式不成立时，则顺序执行下一个程序段。条件转移语句如图 7.2 所示。

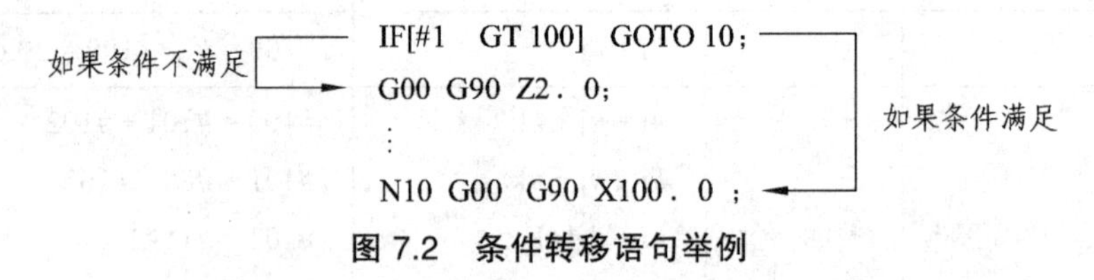

图 7.2 条件转移语句举例

该语句中的条件表达式必须包括运算符。条件式运算符见表 7.3。

表 7.3 条件式运算符

符　号	含　义	示　例
EQ	等于（=）	[#1 EQ 1.2]
NE	不等于（≠）	
GT	大于（>）	[#2 GE 30]
GE	大于或等于（≥）	
LT	小于（<）	[#100 LE #102]
LE	小于或等于（≤）	

3. 循环（WHILE 语句）

编程格式：WHILE [条件表达式] Do*m*；（*m* = 1、2、3⋯）

⋮

END*m*

说明：在 WHILE 后指定一个条件表达式，当指定的条件表达式成立时，执行 DO 到 END 之间的程序段内容；当指定的条件表达式不成立时，则执行 END 后的程序段内容。

四、圆曲线宏程序编程思路

非圆曲线的加工，常采用直线或圆弧逼近法编程，即采用若干小段圆弧或直线逼近非圆曲线轮廓。

采用直线段逼近非圆曲线，各直线段间的连接处存在尖角。由于在尖角处刀具不能连续地对零件切削，零件表面会出现硬点或切痕，使加工表面质量变差。采用圆弧段逼近的方式，可以大大减少程序段的数目，提高加工表面质量，但计算比较繁琐。在实际的手工编程中，主要采用直线逼近法，即用直线段逼近非圆曲线，目前常用的有等间距法、等步长法和等误差法等。应用这些方法加工非圆曲线时，只要步距足够小，在零件上所形成的最大误差（δ）就会小于所要求的允许误差，从而加工出图样所要求的非圆曲线轮廓，如图 7.3 所示。

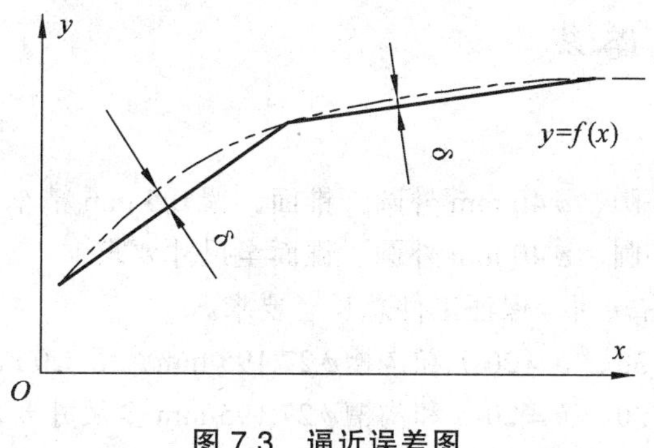

图 7.3 逼近误差图

此处主要对等间距法逼近非圆曲线的加工编程进行介绍。等间距法就是将某一坐标轴划分成相等的间距。如图 7.4 所示，沿 X 轴方向取 Δx 为等间距长，根据已知曲线的方程 $y=f(x)$，可由 x_i 求得 y_i，$y_{i+1}=f(x_i+\Delta x)$。如此求得的一系列点就是节点坐标值。

在数控车床上加工如图 7.5 所示的椭圆时，可采用相同的思路，其中 a 为椭圆的长半轴，b 为椭圆的短半轴。沿 Z 轴方向取 Δz 为等间距长，根据已知椭圆曲线的标准方程 $\frac{z^2}{a^2}+\frac{x^2}{b^2}=1$，可得：

$$x=\frac{b}{a}\sqrt{a^2-z^2}$$

可由 z_i 求得 x_i，z_n 求得 x_n。如此求出一系列节点坐标值，用直线插补指令 G01 将各点依次连接就能得到椭圆的近似轮廓。

由椭圆方程可知，所求节点的坐标值都是相对于椭圆中心计算的。因此在编程加工时须把各点的坐标转换到工件坐标系下。X 值应转换为直径量，Z 值应根据椭圆中心到工件坐标原点的距离进行转换。

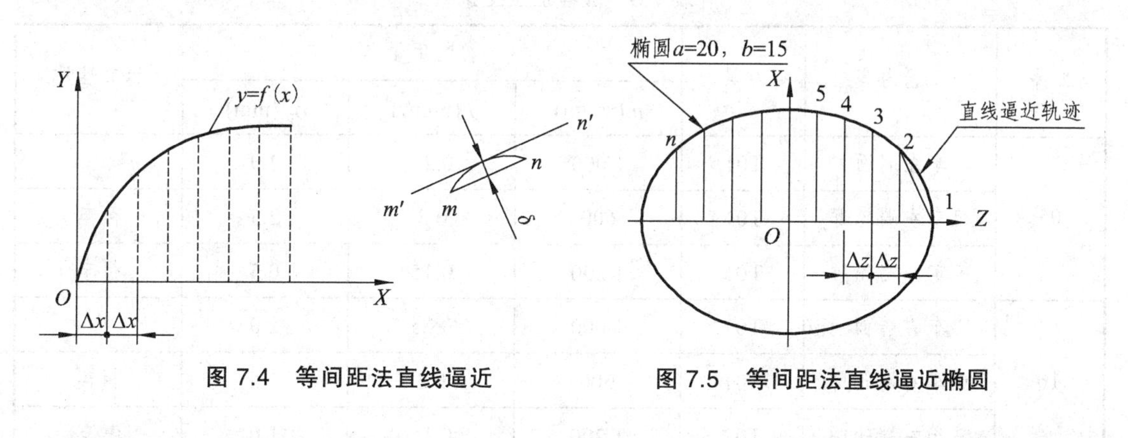

图 7.4 等间距法直线逼近

图 7.5 等间距法直线逼近椭圆

【项目实施】

根据图 7.1 所示零件的特征，工件的装夹采用三爪自定心卡盘。用粗精车循环指令编程加工零件左端的外圆、锥面，然后工件掉头，用软爪装夹 ϕ 30 mm 外圆，粗精车右端的椭圆及沟槽。

一、加工工艺路线

（1）车左端面。

（2）粗车ϕ30 mm 外圆、ϕ40 mm 外圆、锥面，留 0.5 mm 精车余量。

（3）精车ϕ30 mm 外圆、ϕ40 mm 外圆、锥面至尺寸要求。

（4）工件掉头，车右端面，保证工件总长至要求。

（5）粗车椭圆（$a=30$，$b=20$）和沟槽ϕ27.195 mm，留 1.0 mm 精车余量。

（6）精车椭圆（$a=30$，$b=20$）和沟槽ϕ27.195 mm 至尺寸要求。

二、填写数控加工刀具、量具卡及加工工艺卡

填写表 7.4 所示的数控加工刀具、量具卡，表 7.5 所示的数控加工工艺卡。

表 7.4　刀具、量具卡

零件图号	007		机床型号	CK6140
零件名称	椭圆零件		系统型号	Fanuc-0i
刀　具　表			量　具　表	
刀具号	刀补号	刀具名称	量具名称	规格
T01	01	90°外圆粗车刀	游标卡尺	0 ~ 150 mm/0.02 mm
T02	02	93°外圆仿形精车刀	千分尺	25 ~ 50 mm/0.01 mm
			曲线样板	

表 7.5　数控加工工艺卡

工序	工艺内容	刀具	切削用量			加工性质
			n (r/min)	f (mm/r)	a_p (mm)	
05	车左端面	T01	1 000	0.25	2.0	
	粗车左端轮廓	T01	600	0.3	2.5	粗车
	精车左端轮廓	T02	1 200	0.15	0.5	精车
10	车右端面	T01	1 000	0.25	2.0	
	粗车右端轮廓	T01	600	0.3	2.5	粗车
	精车右端轮廓	T02	1 200	0.15	1.0	精车

三、编制加工程序

椭圆零件的加工程序如下：

（1）工序 05——椭圆零件左端加工程序，如下表 7.6：

表 7.6　椭圆零件左端加工程序

程序段	程序说明
O0021；	程序名
N10　M03 S1000 T0101；	换 1 号粗车刀
N20　G00 X44.0 Z2.0；	刀具快速定位
N30　G94 X－1.0 Z0 F0.25；	车左端面（G94 单一循环）
N40　G00 X42.0；	刀具快速回退至粗车循环起点
N50　G71 U2.5 R1.0；	左端外形粗车循环
N60　G71 P70 Q130 U0.5 W0.1 F0.3 S600；	
N70　G00 X26.0 S1200；	循环加工起始段
N80　G42 G01 X28.0 Z0 F0.15；	建立刀尖圆弧半径右补偿
N90　X30.0 Z－1.0；	倒角 $C1$ mm
N100　Z－25.0；	车 ϕ30 mm 外圆
N110　X40.0 Z－35.0；	车锥面
N120　Z－46.0；	车 ϕ40 mm 外圆
N130　G40 X42.0；	退刀并取消刀具补偿
N140　G00 X100.0 Z100.0；	快速回退至安全换刀点
N150　T0100；	取消 1 号刀刀补
N160　T0202；	换 2 号精车刀，建立 2 号刀补
N170　G00 X42.0 Z2.0；	刀具快速定位
N180　G70 P70 Q130；	精加工，主轴转速为 1 200 r/min
N190　G00 X100.0 Z100.0；	快速退刀至安全换刀点
N200　T0200 M05；	取消 2 号刀刀补，主轴停转
N210　M30；	程序结束并返回起始

（2）工序 10——椭圆零件右端加工程序，如下表 7.7：

表 7.7　椭圆零件左端加工程序

程序段	程序说明
O0021；	程序名
N10　T0101 M03 S1000；	1 号粗车刀
N20　G00 X44.0 Z2.0；	刀具快速定位
N30　G94 X－2.0 Z0 F0.25；	车右端面
N40　G00 X45.0；	刀具快速定位
N50　G73 U21.0 W0 R9.0；	右端外形粗车循环
N60　G73 P70 Q200 U1.0 W0.1 F0.3 S600；	
N70　G00 X－2.0 S1200；	循环加工起始段

续表 7.7

程序段		程序说明
N80	G01 G42 Z0 F0.15;	建立刀尖圆弧半径右补偿
N90	#1 = 30;	椭圆长半轴
N100	#2 = 20;	椭圆短半轴
N110	#3 = 30;	椭圆 Z 向起始值（相对椭圆中心）
N120	#4 = −22;	椭圆 Z 向终止值（相对椭圆中心）
N130	#5 = #2*SQRT[#1*#1 − #3*#3] / #1;	计算椭圆拟合点的 X 值
N140	G01 X[2*#5] Z[#3 − 30];	直线逼近
N150	#3 = #3 − 0.1;	Z 向值等距变化更新
N160	IF[#3 GE #4] GOTO 130;	条件式判定构成循环
N170	G01 Z − 60.0;	车沟槽
N180	X38.0;	车端面
N190	X42.0 Z − 62.0;	倒角 C1 mm
N200	G40 X45.0;	退刀并取消刀具补偿
N210	G00 X100.0 Z100.0;	快速回退至安全换刀点
N220	T0100;	取消 1 号刀刀补
N230	T0202;	换 2 号精车刀，建立 2 号刀补
N240	G00 X45.0 Z2.0;	刀具快速定位
N250	G70 P70 Q200;	精加工
N260	G00 X100.0 Z100.0;	快速退刀至安全换刀点
N270	T0200 M05;	取消 2 号刀刀补，主轴停转
N280	M30;	程序结束

【知识拓展】

一、CAD/CAM 技术

CAD/CAM 技术是先进制造技术中的重要组成部分。其中，CAD 是 Computer Aided Design 的英文缩写，指计算机辅助设计。狭义的计算机辅助设计是指采用计算机开展机械产品设计的技术，主要应用于计算机辅助绘图（Computer Aided Drafting）。广义的计算机辅助设计指借助计算机进行设计、分析、绘图等工作，包括几何建模、装配及干涉分析 DFA、制造性分析 DM、产品模型的计算机辅助分析 CAE 等。CAD 技术是一项集计算机图形学、数据库、网络通信等计算机及其他学科于一体的高新技术，也是提高设计水平、缩短产品开发周期、增强行业竞争能力的关键技术。CAD 在机械制造行业的应用最早，也最为广泛。采用 CAD 技术进行产品设计不但可以使设计人员“甩掉图板”，更新传统的设计思想，实现设计自动化，降低产品的成本，提高企业及其产品在市场上的竞争能力，还可以使企业由原来的串行式作业转变为并行式作业，建立一种全新的设计和生产管理体制，缩短产品的开发周期，提高劳动生产率。

CAM 即 Computer Aided Manufacturing，指计算机辅助制造。狭义的 CAM 指计算机辅助编程，即一个从零件图纸到获得数控加工程序的全过程。其主要任务是计算加工走刀中的刀位点（Cutter Location Point），包括 3 个主要阶段：首先是工艺处理，即分析零件图，确定加工方案，设计走刀路径等；然后是数学处理，即计算刀具路径上全部坐标数据；最后是自动生成加工程序，即按数控机床配置的数控系统指令格式编制出全部程序。广义上的 CAM 则还包括计算机辅助工艺规程编制 CAPP（Computer Aided Program Planning）和计算机辅助质量控制 CAQ（Computer Aided Quality）。

CAD/CAM 技术是计算机辅助设计和计算机辅助制造的集成技术。CAD/CAM 将设计和工艺通过计算机有机结合起来，直接面向制造，减少中间环节。在工业发达国家，CAD/CAM 的应用迅速普及，从军事工业向民用工业迅速扩展，由大型企业向中小企业推广，由高新技术领域的应用向日用家电、轻工产品的设计和制造中普及。如今世界各大航空、航天及汽车等制造业巨头不但广泛采用 CAD/CAM 技术进行产品设计，而且还投入大量的人力、物力及资金进行 CAD/CAM 软件的开发，以保持技术上的领先地位和国际市场上的优势。20 世纪 90 年代以来，我国制造业在 CIMS 和 CAD/CAM 应用工程的推动下，发展相当迅速，越来越多的设计单位和企业采用 CAD/CAM 技术来提高设计效率、产品质量和改善劳动条件。我国从国外引进的 CAD 软件有好几十种，国内的一些科研机构、高校和软件公司也都立足国内，开发出了自己的 CAD/CAM 技术软件并投放市场，呈现出一派欣欣向荣的景象。

二、CAD/CAM 技术特点

目前 CAD/CAM 软件具备以下技术特点：

1. 产品开发的集成

一个完全集成的 CAD/CAM 软件，能辅助工程师从概念设计到功能工程分析再到制造的整个产品开发过程，如图 7.6 所示。

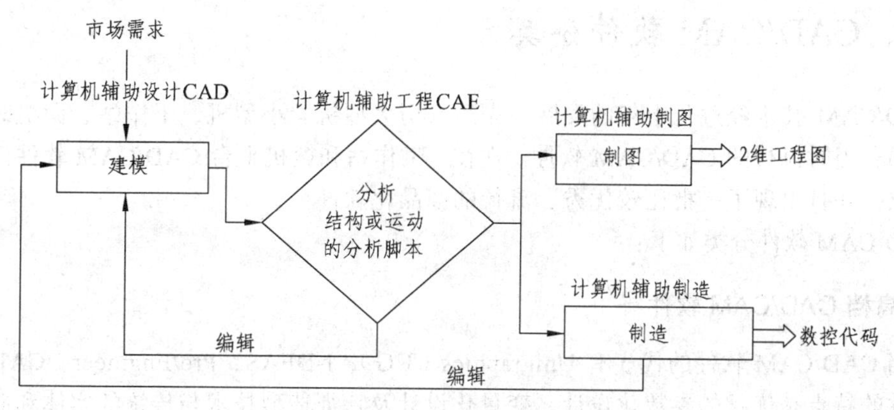

图 7.6　CAD/CAM 工作流程

2. 相关性

通过应用主模型方法，使从设计到制造所有的应用相关联，如图 7.7 所示。

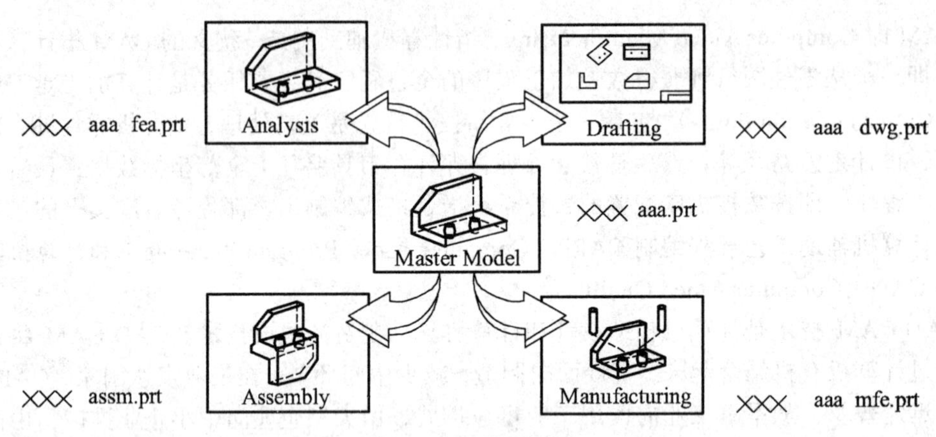

图 7.7 主模型方法

3. 并行协作

通过使用主模型，产品数据管理（PDM），产品可视化（PV）以及杠杆运用 Internet 技术，支持扩展企业范围的并行协作，如图 7.8 所示。

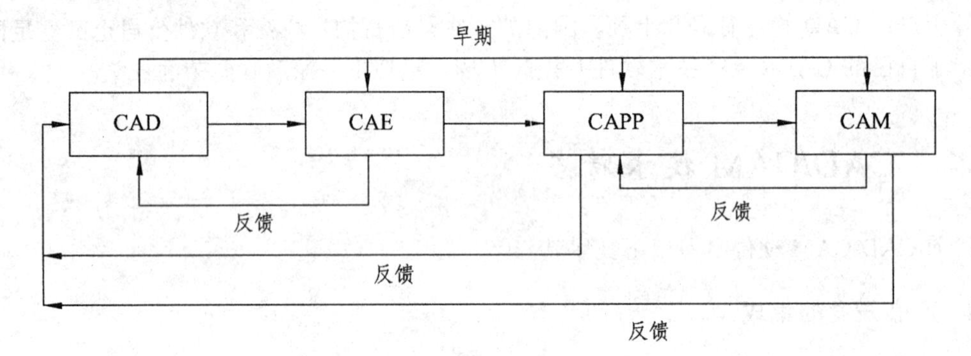

图 7.8 并行协作

三、CAD/CAM 软件分类

CAD/CAM 技术经过几十年的发展，先后经历大型机、小型机、工作站、微机时代，每个时代都有当时流行的 CAD/CAM 软件。现在，工作站和微机平台 CAD/CAM 软件已经占据主导地位，并且出现了一批比较优秀、流行的商品化软件。

CAD/CAM 软件分类如下：

1. 高档 CAD/CAM 软件

高档 CAD/CAM 软件的代表有 Unigraphics（UG）、I-DEAS、Pro/Engineer、CATIA 等。这类软件的特点是优越的参数化设计、变量化设计及特征造型技术与传统的实体和曲面造型功能结合在一起，加工方式完备，计算准确，实用性强。它可以从简单的 2 轴加工到以 5 轴联动方式来加工极为复杂的工件表面，并可以对数控加工过程进行自动控制和优化，同时提供了二次开发工具，允许用户扩展其功能，是航空、汽车、造船行业的首选 CAD/CAM 软件。

2. 中档 CAD/CAM 软件

Cimatron 是中档 CAD/CAM 软件的代表。这类软件实用性强，提供了比较灵活的用户界面，优良的三维造型、工程绘图，全面的数控加工，各种通用、专用数据接口以及集成化的产品数据管理。

3. 相对独立的 CAM 软件

相对独立的 CAM 系统有 Mastercam、Surfcam 等。这类软件主要通过中性文件从其他 CAD 系统获取产品几何模型。这种 CAM 系统包括交互工艺参数输入模块、刀具轨迹生成模块、刀具轨迹编辑模块、三维加工动态仿真模块和后置处理模块，主要应用于中小企业的模具行业。

4. 国内 CAD/CAM 软件

国内 CAD/CAM 软件的代表有 CAXA、金银花系统等。这类软件是面向机械制造业自主开发的中文界面、三维复杂形面 CAD/CAM 软件。具备机械产品设计、工艺规划设计和数控加工程序自动生成等功能。这些软件价格便宜，主要面向中小企业，符合我国国情和标准，所以受到了广泛的欢迎，赢得了越来越大的市场份额。

四、典型 CAD/CAM 软件

目前，国内外都涌现出多种 CAD/CAM 软件。根据市场占有率和实际应用情况，现对几类常用的典型 CAD/CAM 软件进行介绍。

（一）常用国外软件

1. Pro/Engineer

Pro/Engineer 系统是美国参数技术公司（Parametric Technology Corporation，简称 PTC）的产品。PTC 公司提出的单一数据库、参数化、基于特征、全相关的概念改变了机械 CAD/CAE/CAM 的传统观念。这种全新的概念已成为当今世界机械 CAD/CAE/CAM 领域的新标准。利用该概念开发出来的第三代机械 CAD/CAE/CAM 产品——Pro/Engineer 软件，能将设计至生产全过程集成到一起，让所有的用户能够同时进行同一产品的设计制造工作，即实现所谓的并行工程。

Pro/Engineer 系统主要功能如下：

（1）真正的全相关性，任何地方的修改都会自动反映到所有相关地方。

（2）具有真正管理并发进程、实现并行工程的能力。

（3）具有强大的装配功能，能够始终保持设计者的设计意图。

（4）容易使用，可以极大地提高设计效率。

Pro/Engineer 系统用户界面简洁，概念清晰，符合工程人员的设计思想与习惯。整个系统建立在统一的数据库上，具有完整而统一的模型。Pro/Engineer 建立在工作站上，系统独立于硬件，便于移植。

2. Unigraphics（UG）

UG 是 Unigraphics Solutions 公司的拳头产品。该公司首次突破传统 CAD/CAM 模式，为用户提供了一个全面的产品建模系统。在 UG 中，优越的参数化和变量化技术与传统的实体、线框和表面功能结合在一起。这一结合被实践证明是强有力的，并被大多数 CAD/CAM 软件厂商采用。

UG 最早应用于美国麦道飞机公司。它是从二维绘图、数控加工编程、曲面造型等功能发展起来的软件。20 世纪 90 年代初，美国通用汽车公司选中 UG 作为全公司的 CAD/CAE/CAM/CIM 主导系统。这进一步推动了 UG 的发展。1997 年 10 月，Unigraphics Solutions 公司与 Intergraph 公司签约，合并了后者的机械 CAD 产品，将微机版的 Solidedge 软件统一到 Parasolid 平台上。由此形成了一个从低端到高端，兼有 Unix 工作站版和 Windows NT 微机版的较完善的企业级 CAD/CAE/CAM/PDM 集成系统。

3. SolidWorks

SolidWorks 是生信国际有限公司推出的基于 Windows 的机械设计软件。生信公司是一家专业化的信息高速技术服务公司，在信息和技术方面一直保持与国际 CAD/CAE/CAM/PDM 市场同步。该公司提倡的“基于 Windows 的 CAD/CAE/CAM/PDM 桌面集成系统”是以 Windows 为平台，以 SolidWorks 为核心的各种应用的集成，包括结构分析、运动分析、工程数据管理和数控加工等，为中国企业提供了梦寐以求的解决方案。

SolidWorks 是微机版参数化特征造型软件的新秀。该软件旨在以工作站版的相应软件价格的 1/4 ~ 1/5，向广大机械设计人员提供用户界面更友好、运行环境更大众化的实体造型实用功能。

SolidWorks 是基于 Windows 平台的全参数化特征造型软件。它可以十分方便地实现复杂三维零件实体造型、复杂装配和生成工程图，图形界面友好，用户上手快。该软件可以应用于以规则几何形体为主的机械产品设计及生产准备工作中，其价位适中。

4. Cimatron

Cimatron CAD/CAM 系统是以色列 Cimatron 公司的 CAD/CAM/PDM 产品，是较早在微机平台上实现三维 CAD/CAM 全功能的系统。该系统提供了比较灵活的用户界面，优良的三维造型、工程绘图，全面的数控加工，各种通用、专用数据接口以及集成化的产品数据管理。

Cimatron CAD/CAM 系统自从 20 世纪 80 年代进入市场以来，在国际上的模具制造业备受欢迎。近年来，Cimatron 公司为了在设计制造领域发展，着力增加了许多适合设计的功能模块，每年都有新版本推出，市场销售份额增长很快。1994 年，北京宇航计算机软件有限公司（BACS）开始在国内推广 Cimatron 软件，从 8 版本起进行了汉化，以满足国内企业不同层次技术人员的应用需求。用户覆盖机械、铁路、科研、教育等领域，市场前景看好。

（二）常用国内软件

1. 高华 CAD

高华 CAD 是由北京高华计算机有限公司推出的 CAD 产品。该公司是由清华大学和广东科龙（容声）集团联合创建的一个专门从事 CAD/CAM/PDM/MIS 集成系统的研发、推广、应用、销售和服务的专业化高技术企业。公司与国家 CAD 支撑软件工程中心紧密结合，坚持走自主版权的民族软件产业的发展道路，以“用户的需要就是我们的需要”为承诺，在科研成果商品化方向取得了可喜的成绩。

高华 CAD 系列产品包括计算机辅助绘图支撑系统 GHDrafting、机械设计及绘图系统 GHMDS、工艺设计系统 GHCAPP、三维几何造型系统 GHGEMS、产品数据管理系统 GHPDMS 及自动数控编程系统 GHCAM。其中 GHMDS 是基于参数化设计的 CAD/CAE/CAM 集成系统。它具有全程导航、图形绘制、明细表的处理、全约束参数化设计、参数化图素拼装、尺寸标注、标准件库、图像编辑等功能模块。GHGEMS5.0 曾获第二届全国自主版权 CAD 支撑软件测评第一名。

2. CAXA 制造工程师

CAXA 制造工程师是面向机械制造业自主开发的中文界面、三维复杂形面 CAD/CAM 软件。CAXA 制造工程师是具有卓越工艺性的数控编程软件，是数控加工编程精品，具有精（精品风范、顶尖利器）、稳（稳定可靠、百炼成金）、易（工艺卓越、易学易用）、快（事半功倍、高效快捷）等特性。它为数控加工行业提供了从造型、设计到加工代码生成、加工仿真、代码校验等一体化的解决方案，是数控机床真正的“大脑”。CAXA 制造工程师从 1996 年开始推出 1.0 版，现 2008 版也已上市。

3. 金银花系统

金银花（Lonicera）系统是由广州红地技术有限公司开发的基于 STEP 标准的 CAD/CAM 系统。该系统是国家科委 863/CIMS 主题在“九五”期间科技攻关的最新研究成果。

该软件主要应用于机械产品设计和制造中，它可以实现设计/制造一体化和自动化。该软件起点高，以制造业最高国际标准 ISO 10303（STEP）为系统设计的依据。该软件采用面向对象的技术，使用先进的实体建模、参数化特征造型、二维和三维一体化、SDAI 标准数据存取接口的技术，具备机械产品设计、工艺规划设计和数控加工程序自动生成等功能，同时还具有多种标准数据接口，如 STEP、DXF 等，支持产品数据管理（PDM）。目前，金银花系统的系列产品包括：机械设计平台 MDA、数控编程系统 NCP、产品数据管理 PDS、工艺设计工具 MPP。

机械设计平台 MDA（Mechanical Design Assistant）是金银花系列软件之一，是二维和三维一体化设计系统。目前，MDA1.7 版已投放市场，MDA99 版也已发布。“金银花”MDA 在国内率先实现商品化，并向国外三维 CAD 软件发出了强有力的挑战。

【同步训练】

试对习题图 7.1 所示抛物线孔进行编程。其中抛物线方程为：$Z=X^2/16$。

提示：注意数控车床默认 X 方向为直径值，首先应换算成直径编程形式为 $Z=X^2/64$，则 $X=\mathrm{sqrt}[Z]/8$。可采用端面切削方式，编程零点放在工件右端面中心，工件预钻有 ϕ30 底孔。

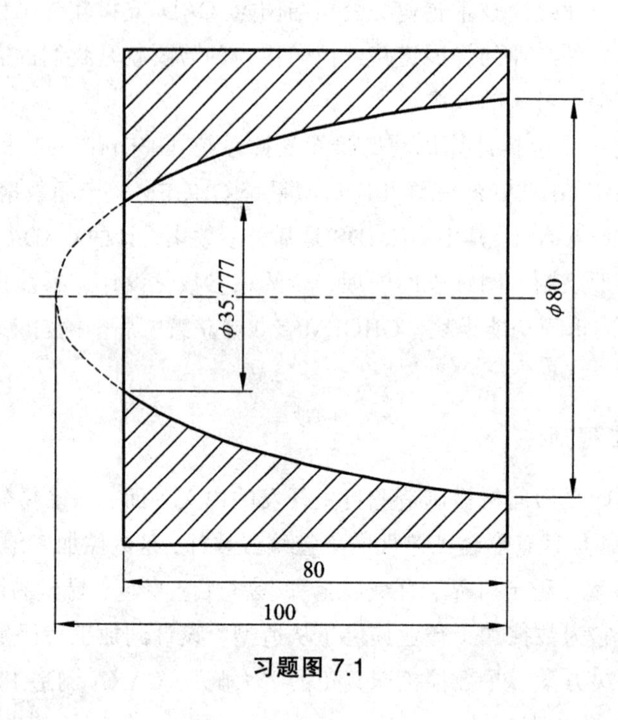

习题图 7.1

项目八　综合实例

【学习目标】

- 能系统应用 Fanuc 系统完成配合件的编程。
- 能完成轴套类配合件加工工艺的制订。

【工作任务】

图 8.1 所示为两锥面配合零件，材料 45[#]钢，轴件棒料毛坯尺寸为：$\phi 50$ mm × 120 mm，外锥面配合件的棒料毛坯尺寸为：$\phi 50$ mm × 75 mm。

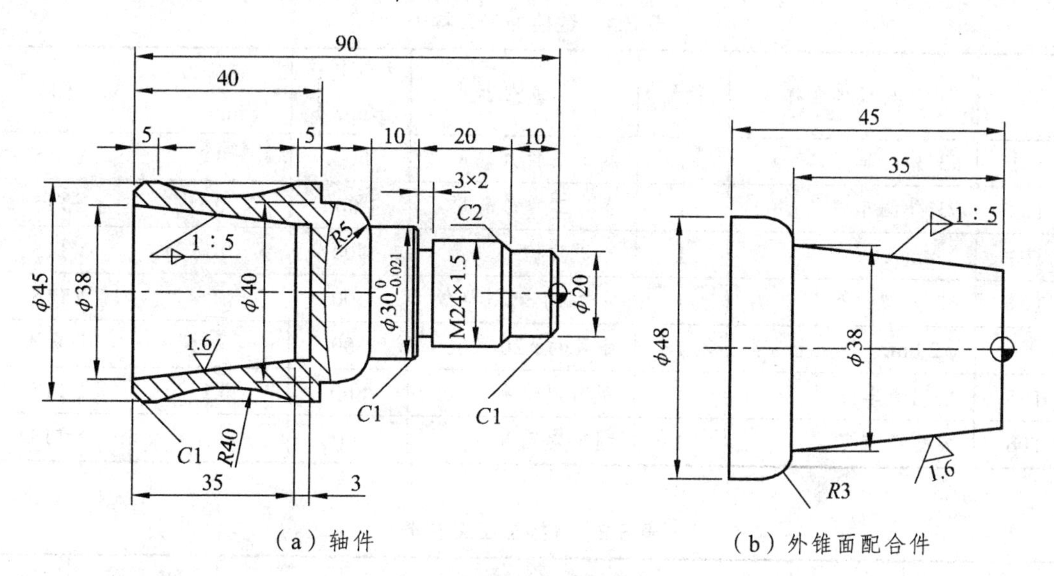

图 8.1　配合类零件车削加工

【项目实施】

一、工艺分析

根据工件图样的几何形状和尺寸要求，第一次装夹左端加工内容为：粗精车外轮廓、切槽、车削螺纹和切断工件 5 个工步完成。第二次调头装夹的加工内容为：手动钻$\phi 20$底孔、粗精车内锥孔。第三次装夹的加工内容为：粗精车锥面配合件的 1∶5 锥面、*R*3 圆弧、ϕ48 外圆。

二、工件的装夹方法及工艺路线的确定

（1）用三爪自定心卡盘夹持ϕ50×120 的毛坯左端，依次粗精车右端面、ϕ20 外圆、M24 螺纹牙顶圆、ϕ30 外圆、*R*5 圆弧、ϕ40 外圆、ϕ45 外圆、*R*40 圆弧、ϕ45 外圆至要求尺寸。

（2）车削 3 mm×2 mm 沟槽。

（3）车削 M24×1.5 外螺纹。

（4）工件调头装夹，手动操作机床钻ϕ20 底孔，粗精车 1∶5 锥面及ϕ31 内圆，倒 *C*1 角。

（5）用三爪自定心卡盘夹持ϕ50×75 的毛坯面，粗精车 1∶5 锥面、*R*3mm 圆弧、ϕ48 mm 外圆。

三、填写数控加工刀具卡片和工艺卡片

填写表 8.1 所示的数据加工刀具卡，表 8.2 所示的数控加工工艺卡。

表 8.1　数控加工刀具卡

刀具号	刀具规格名称	数量	加工内容	主轴转速（r/min）	进给量（mm/r）	材料
T01	93°外圆车刀	1	粗车工件外轮廓	800	0.2	YT15
T02	93°外圆车刀	1	精车工件外轮廓	1 000	0.1	YT15
T03	3 mm 切槽刀	1	车退刀槽	400	0.15	YT15
T04	60°外螺纹车刀	1	车 M24×1.5 螺纹	500		YT15
	ϕ20 mm 中心孔钻头	1	手动钻ϕ20 底孔	500	手动	高速钢
T05	内孔粗车刀	1	粗车内轮廓	800	0.15	YT15
T06	内孔精车刀	1	精车内轮廓	1 000	0.1	YT15

表 8.2　数控加工工艺卡

工序	工步	加工内容	刀具号	备注
05	1	夹持ϕ50×120 毛坯左端，车削右端面	T01	手动
	2	粗车ϕ20 外圆、M24 螺纹牙顶圆、ϕ30 外圆、*R*5 圆弧、ϕ40 外圆、ϕ45 外圆、*R*40 圆弧、ϕ45 外圆	T01	
	3	精车ϕ20 外圆、M24 螺纹牙顶圆、ϕ30 外圆、*R*5 圆弧、ϕ40 外圆、ϕ45 外圆、*R*40 圆弧、ϕ45 外圆	T02	
	4	切 3×2 退刀槽	T03	
	5	车螺纹 M24×1.5 至要求尺寸	T04	

续表 8.2

工序	工步	加工内容	刀具号	备注
15	1	调头装夹，手动操作钻ϕ20底孔	ϕ20钻头	手动
	2	粗车1：5锥面及ϕ31内圆，倒C1角	T05	
	3	精车1：5锥面及ϕ31内圆，倒C1角	T06	
20	1	夹持锥面配合件毛坯ϕ50×75左端，车右端面	T01	手动
	2	粗车1：5锥面及ϕ31内圆，倒C1角	T01	
	3	精车1：5锥面及ϕ31内圆	T02	

四、编写加工程序

（1）工序05——加工程序（轴件外圆），如下表8.3：

表 8.3　轴件外圆加工程序

程序段	程序说明
O0022;	程序名
N05　M03 S800;	主轴正转，转速800 r/min
N10　T0101;	选1号粗车刀，建立1号刀补
N15　G00 X51.0 Z2.0;	刀具快速定位
N20　G71 U2.0 R1.0;	指定背吃刀量2 mm，退刀量1.0 mm
N25　G71 P30 Q105 U0.5 W0 F0.2;	指定循环起止段号、精车余量、进给量
N30　G00 X16.0;	循环起始段
N35　G01 G42 Z1.0 F0.1;	刀尖圆弧半径补偿
N40　X20.0 Z−1.0;	倒C1角
N45　Z−10.0;	加工ϕ20外圆
N50　X23.8 Z−12.0;	倒C2角
N55　Z−30.0;	加工M24螺纹牙顶圆
N60　X28.0;	加工端面
N65　X30.0 Z−31.0;	倒C1角
N70　Z−40.0;	加工ϕ30外圆
N75　G03 X40.0 Z−45.0 R5.0;	加工R5圆弧
N80　G01 Z−50.0;	加工ϕ40外圆
N85　X45.0;	加工端面
N90　Z−55.0;	加工ϕ45外圆
N95　G02 X45.0 Z−85.0 R40.0;	加工R40圆弧
N100　G01 Z−95.0;	加工ϕ45外圆
N105　G40 X51.0;	循环结束段，取消刀尖半径补偿

续表 8.3

程序段		程序说明
N110	G00 X100.0 Z100.0;	快速退刀至安全换刀点
N115	M05;	主轴停止
N120	T0100;	取消 1 号刀补
N125	M03 S1000;	主轴正转，转速 1 000 r/min，用于精加工
N130	T0202;	换 2 号精车刀
N135	G00 X51.0 Z2.0;	精加工定位
N140	G70 P30 Q105;	精加工循环
N145	G00 X100.0 Z100.0;	快速退刀至安全换刀点
N150	M05;	主轴停止
N155	T0200;	取消 2 号刀补
N160	M03 S400;	主轴正转，转速 400 r/min，用于切槽
N165	T0303;	换 3 号切槽刀
N170	G00 X32.0;	
N175	Z－30.0;	
N180	G01 X20.0 F0.15;	加工螺纹退刀槽
N185	G04 X2.0;	在槽底暂停 2 s
N190	G01 X32.0;	径向退刀
N195	G00 X100.0 Z100.0;	快速退刀至安全换刀点
N200	M05;	主轴停止
N205	T0300;	取消 3 号刀补
N210	M03 S500;	主轴正转，转速 500 r/min，用于加工螺纹
N215	T0404;	换 4 号螺纹车刀
N220	G00 X25.0 Z－8.0;	快速定位到循环起点
N225	G92 X23.2 Z－28.0 F1.5;	
N230	X22.6;	四次下刀
N235	X22.2;	循环加工 M24×1.5 螺纹至要求尺寸
N240	X22.04;	
N245	G00 X100.0 Z100.0;	快速退刀至安全换刀点
N250	M05;	主轴停止
N255	T0400;	取消 4 号刀补
N260	M03 S400;	主轴正转，转速 400 r/min，用于切断
N265	T0303;	换 3 号切断刀
N270	G00 X47.0 Z－93.0;	左刀尖定位
N275	G01 X－1.0 F0.15;	工件切断
N280	G00 X100.0 Z100.0;	快速退刀至安全换刀点
N285	T0300 M05;	取消 3 号刀补，主轴停止
N290	M30;	程序结束并返回起始

（2）工序 10——加工程序（轴件内锥孔），如下表 8.4：

表 8.4　轴件内锥孔加工程序

程序段	程序说明
O0023;	程序名
N05　M03 S800;	主轴正转，转速 800 r/min
N10　T0505;	换 5 号内孔粗车刀
N15　G00 X18.0 Z2.0;	刀具快速定位
N20　G71 U2.0 R1.0;	内锥孔粗车循环
N25　G71 P30 Q50 U − 0.5 W0 F0.15;	
N30　G00 X38.0;	循环起始段
N35　G01 G41 Z0 F0.1;	建立刀尖圆弧半径补偿
N40　X31.0 Z − 35.0;	车 1∶5 锥面
N45　Z − 38.0;	车ϕ31 内圆
N50　G40 X18.0;	循环结束段，取消刀尖半径补偿
N55　G00 X100.0 Z100.0;	快速退刀至安全换刀点
N60　M05;	主轴停止
N65　T0500;	取消 5 号刀补
N70　M03 S1000;	主轴正转，转速 1 000 r/min，用于内孔精加工
N75　T0606;	换 6 号内孔精车刀
N80　G00 X18.0 Z2.0;	定位到循环起点
N85　G70 P30 Q50;	内锥孔精车循环
N90　G00 X100.0 Z100.0;	快速退刀至安全换刀点
N95　M05;	主轴停止
N100　T0600;	取消 6 号刀补
N105　M03 S800;	主轴正转，转速 800 r/min，用于倒 *C*1 角
N110　T0202;	换 2 号外圆精车刀
N115　G00 X41.0 Z1.0;	定位到倒角延长线起点
N120　G01 X47.0 Z − 2.0 F0.15;	倒 *C*1 角
N125　G00 X100.0 Z100.0;	快速退刀至安全换刀点
N130　T0200 M05;	取消 2 号刀补，主轴停止
N135　M30;	程序结束并返回起始

（3）工序 20——加工程序（外锥面配合件），如下表 8.5：

表 8.5　外锥面配合件加工程序

程序段	程序说明
O0024;	程序名
N05　M03 S800;	主轴正转，转速为 800 r/min

续表 8.5

程序段		程序说明
N10	T0101;	换 1 号外圆刀
N15	G00 X51.0 Z2.0;	快速定位到循环起点
N20	G71 U2.0 R1.0;	外形粗车循环
N25	G71 P30 Q60 U0.5 W0 F0.2;	
N30	G00 X31.0;	循环起始段
N35	G01 G42 Z0 F0.1;	建立刀尖圆弧半径补偿
N40	X38.0 Z－35.0;	车 1∶5 外锥面
N45	X42.0;	车端面
N50	G03 X48.0 Z－38.0 R3.0;	车 $R3$ 圆弧
N55	Z－48.0;	车ϕ48 外圆
N60	G40 X51.0;	循环结束段，取消刀尖半径补偿
N65	G00 X100.0 Z100.0;	快速退刀至安全换刀点
N70	M05;	主轴停止
N75	T0100;	取消 1 号刀补
N80	M03 S1000;	主轴正转，转速 1 000 r/min，精车外锥面
N85	T0202;	换 2 号外圆精车刀
N90	G00 X51.0 Z2.0;	快速定位到循环起点
N95	G70 P30 Q60;	外形精车循环
N100	G00 X100.0 Z100.0;	快速退刀至安全换刀点
N105	T0200 M05;	取消 2 号刀补，主轴停止
N110	M30;	程序结束并返回起始

【同步训练】

已知零件毛坯为ϕ40 mm 的棒料，材料为 45#钢，编制如习题图 8.1、8.2、8.3 所示零件的加工程序。

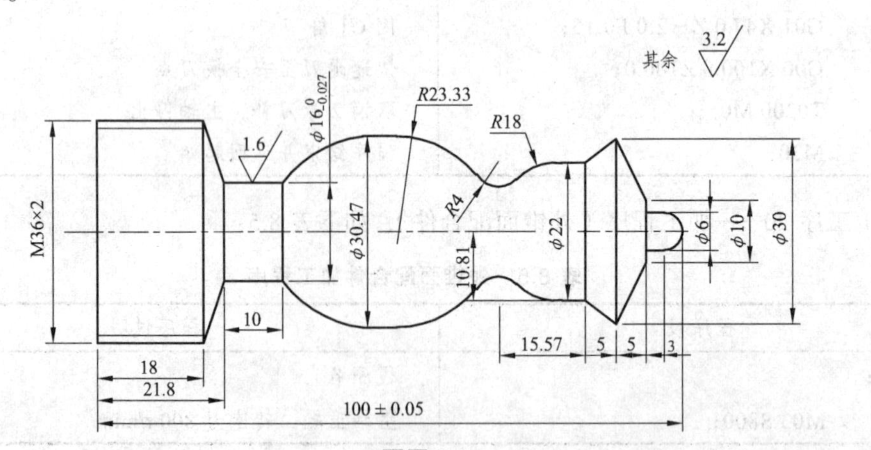

习题图 8.1

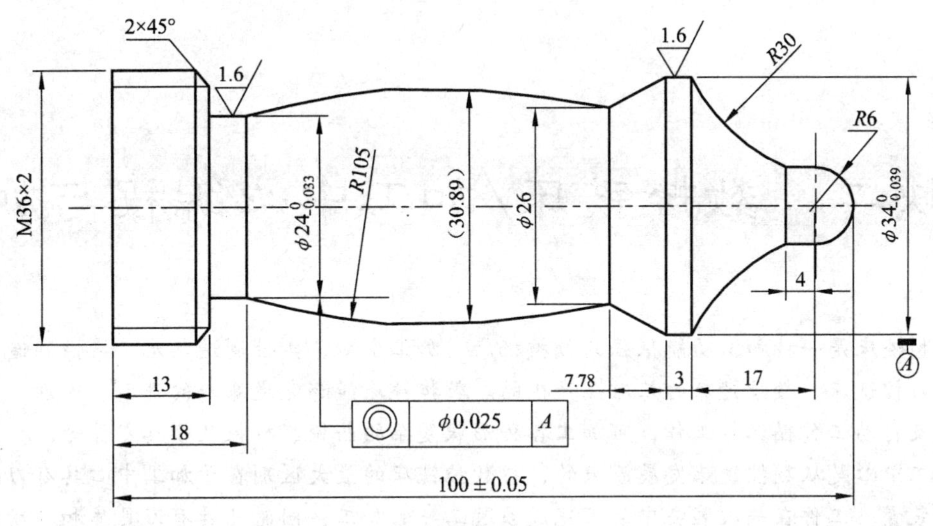
2×45°
1.6
1.6
R30
R6
M36×2
$\phi24^{0}_{-0.033}$
R105
（30.89）
$\phi26$
$\phi34^{0}_{-0.039}$
4
A
13
18
7.78
3
17
$\phi0.025$
A
100±0.05

习题图 8.2

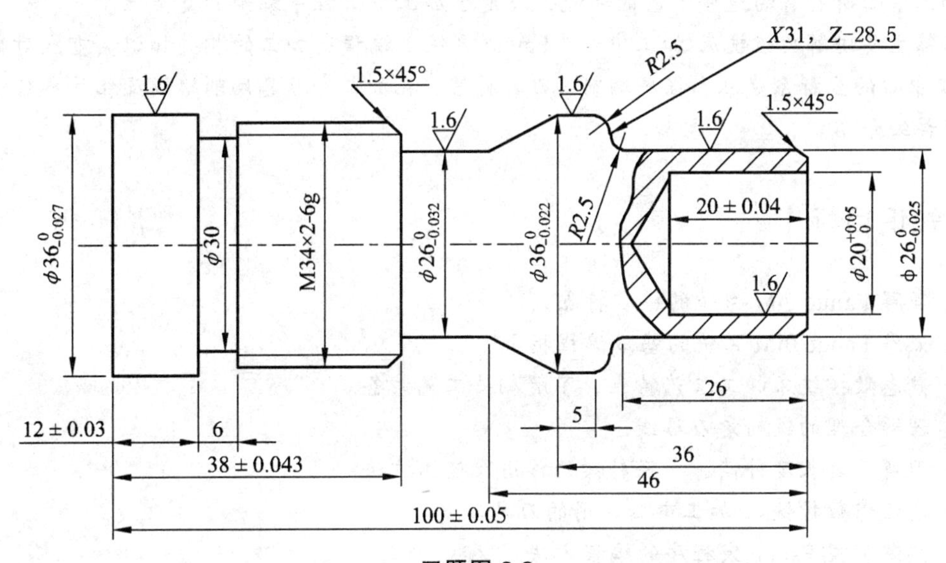
X31，Z-28.5
R2.5
1.6
1.5×45°
1.6
1.6
1.6
1.5×45°
$\phi36^{0}_{-0.027}$
$\phi30$
M34×2-6g
$\phi26^{0}_{-0.032}$
$\phi36^{0}_{-0.022}$
R2.5
20±0.04
$\phi20^{+0.05}_{0}$
$\phi26^{0}_{-0.025}$
1.6
26
5
12±0.03
6
38±0.043
36
46
100±0.05

习题图 8.3

模块二　数控铣床/加工中心编程与加工

数控铣床是一种加工功能很强的数控机床。加工中心、柔性制造单元、柔性制造系统等都是在数控铣床、数控镗床的基础上产生的。数控铣床能够完成基本的铣削、镗削、钻削、攻螺纹及自动工作循环等工作，可加工各种形状复杂的凸轮、样板及模具零件等。

加工中心是从数控铣床发展而来的，与数控铣床的最大区别在于加工中心具有刀库及自动换刀装置，工件在一次装夹中便可完成多道工序的加工，同时还具有刀具库和自动换刀功能。加工中心所具有的这些丰富的功能，决定了加工中心程序编制的复杂性。

本篇主要讲解数控铣床/加工中心（Fanuc 系统）编程及加工的相关知识。重点对数控铣床/加工中心的坐标系建立、程序编制、刀具补偿、孔加工、刀具切削路线及相关参数等方面进行了详细介绍。

【知识目标】

- 理解 Fanuc 0iM 系统的编程特点。
- 熟悉 Fanuc 0iM 系统的基本编程指令。
- 熟悉数控铣床加工工艺特点，了解相关工艺装备。
- 理解合理的铣削走刀路线。
- 理解刀具长度补偿、半径补偿的作用及使用方法。
- 能认识数控铣床/加工中心常用的刀具。
- 熟练掌握 Fanuc 宏程序的编程方法。
- 掌握数控铣床/加工中心坐标系及其建立方法。
- 掌握安全、合理的刀具切削路线。
- 掌握数控车削加工切削用量的合理选择。

【能力目标】

- 能熟练使用 Fanuc 0iM 指令系统完成中等复杂零件的程序编制。
- 熟练掌握坐标系的建立与调整。
- 能正确合理地使用刀具补偿。
- 能正确编制非圆曲线的加工程序。
- 具备制订合理加工工艺的能力。
- 能熟练操作数控铣床/加工中心，独立完成零件加工。

项目九　数控铣床编程基础

【学习目标】

- ➢ 了解数控铣削加工工艺特点及应用范围。
- ➢ 了解加工中心加工工艺特点及应用范围。
- ➢ 掌握数控铣床/加工中心坐标系建立的方法。
- ➢ 领会数控铣床/加工中心安全操作规程。

【工作任务】

- ➢ 认知数控铣床坐标系统。
- ➢ 了解数控铣床加工零件的一般过程。

【知识准备】

一、数控铣床加工基础

数控铣床是一种加工功能很强的数控机床。加工中心、柔性制造单元、柔性制造系统等都是在数控铣床、数控镗床的基础上产生的。数控铣床能够完成基本的铣削、镗削、钻削、攻螺纹及自动工作循环等工作，可加工各种形状复杂的凸轮、样板及模具零件等。

（一）数控铣床加工特点

数控铣削加工除了具有普通铣床加工的特点外，还有如下特点：

（1）零件加工的适应性强、灵活性好，能加工轮廓形状特别复杂或难以控制尺寸的零件，如模具类零件、壳体类零件等。

（2）能加工普通机床无法加工或很难加工的零件，如用数学模型描述的复杂曲线零件以及三维空间曲面类零件。

（3）能加工一次装夹定位后，需进行多道工序加工的零件。

（4）加工精度高、加工质量稳定可靠。

（5）生产自动化程度高，可以减轻操作者的劳动强度，有利于生产管理自动化。

（6）生产效率高。

（7）对刀具的要求较高，应具有良好的抗冲击性、韧性和耐磨性。在干式切削状况下，要求有良好的红硬性。

（二）数控铣床加工对象

数控铣削主要包括平面铣削与轮廓铣削，也可以对零件进行钻、扩、铰、锪和镗孔加工与攻螺纹等。其主要适合于下列几类零件的加工。

1. 平面类零件

平面类零件是指加工面平行或垂直于水平面，以及加工面与水平面的夹角为一定值的零件，这类加工面可展开为平面。

图 9.1 所示的 3 个零件均为平面类零件。其中，曲线轮廓面 *A* 垂直于水平面，可采用圆柱立铣刀加工。凸台侧面 *B* 与水平面成一固定角度，可以采用成型铣刀来加工。对于斜面 *C*，当工件尺寸不大时，可用专用夹具（如斜板）垫平后加工。

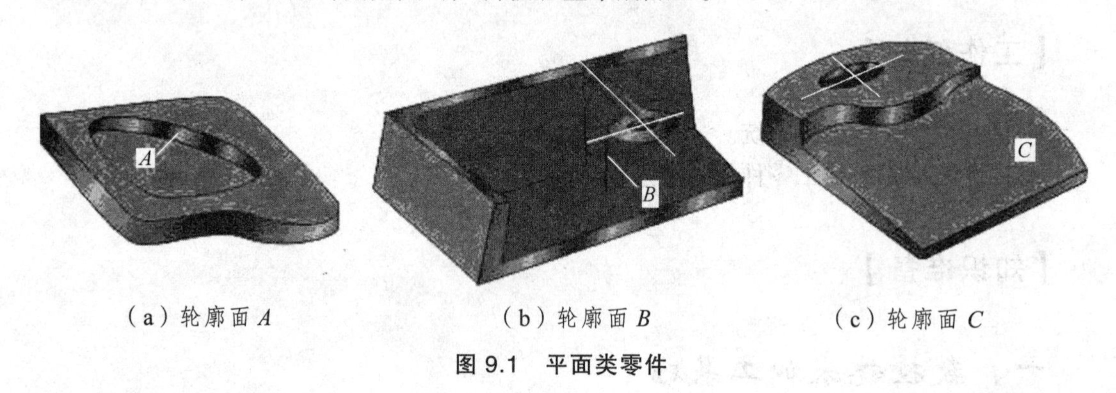

（a）轮廓面 *A*　　（b）轮廓面 *B*　　（c）轮廓面 *C*

图 9.1　平面类零件

2. 曲面类零件

1）直纹曲面类零件

直纹曲面类零件是指由直线依某种规律移动所产生的曲面类零件。图 9.2 所示零件的加工面就是一种直纹曲面，当直纹曲面从截面 *a* 至截面 *b*、*c*、*d* 变化时，其与水平面间的夹角也在变化。

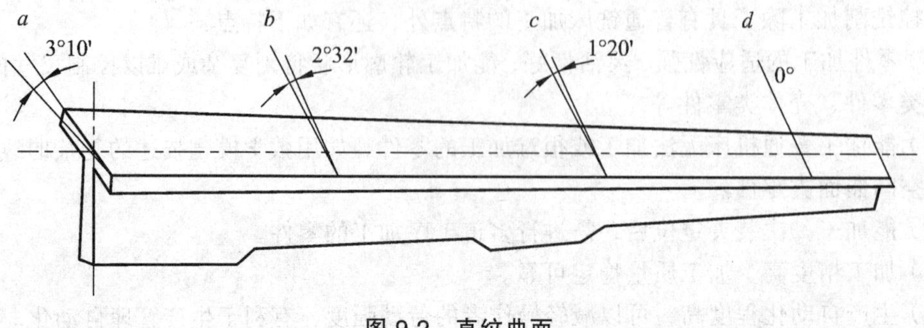

图 9.2　直纹曲面

需注意一点，直纹曲面类零件的加工面不能展开为平面。这类零件可在三坐标数控铣床上采用行切加工法实现近似加工，也可在四坐标或五坐标数控铣床上加工。

2）立体曲面类零件

加工面为空间曲面的零件称为立体曲面类零件。这类零件的加工面不能展成平面，一般使用球头铣刀切削，加工面与铣刀始终为点接触。

3. 箱体类零件

箱体类零件一般是指具有 1 个以上孔系，内部有一定型腔或空腔，在长、宽、高方向有一定比例的零件。这类零件在机械、汽车、飞机制造等各个行业均得到广泛运用。如汽车的发动机缸体、变速箱体；机床的床头箱、主轴箱；柴油机缸体、齿轮泵壳体等。图 9.3 所示为控制阀壳体，图 9.4 所示为热力机车主轴箱体。

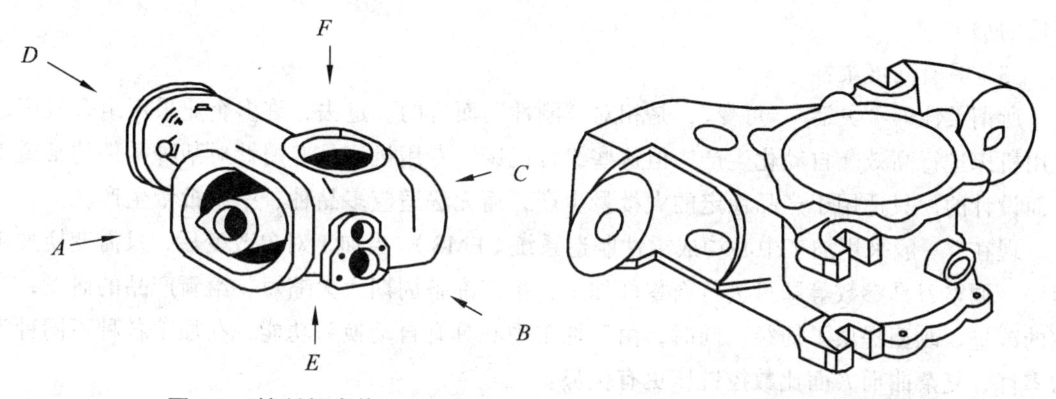

图 9.3 控制阀壳体　　　图 9.4 热力机车主轴箱体

箱体类零件一般都需要进行多工位孔系、轮廓及平面加工，公差要求较高，特别是形位公差要求较为严格，通常要经过铣、钻、扩、镗、铰、锪，攻丝等工序，需要刀具较多，在普通机床上加工难度大，工装套数多，费用高，加工周期长，需多次装夹、找正，手工测量次数多，加工时必须频繁地更换刀具，工艺难以制定，更重要的是精度难以保证。这类零件在数控铣床上或加工中心上加工，一次装夹可完成普通机床 60% ~ 95% 的工序内容，零件各项精度一致性好，质量稳定，同时节约加工成本，缩短生产周期。

二、加工中心加工基础

加工中心是从数控铣床发展而来的，与数控铣床的最大区别在于加工中心具有刀库及自动换刀装置，可在一次装夹中通过自动换刀装置改变主轴上的加工刀具，实现多工序集中加工。

加工中心一般分为立式、卧式和复合加工中心等。立式加工中心的主轴垂直于工作台，主要适用于加工板材类、壳体类工件，也可用于模具加工。卧式加工中心的主轴轴线与工作台台面平行，它的工作台大多为由伺服电动机控制的数控回转台，在工件一次装夹中，通过工作台旋转可实现多个加工面的加工，适用于箱体类工件加工。复合加工中心主要是指在一台加工中心上有立、卧两个主轴或主轴可偏摆，因而可在工件一次装夹中实现5个面的加工，通常也称之为万能加工中心。

（一）加工中心的特点

与普通机床加工相比，加工中心具有许多显著的工艺特点。

（1）工艺范围宽，能加工复杂曲面。

与数控铣床一样，加工中心也能实现多坐标轴联动而容易实现许多普通机床难以完成或无法加工的空间曲线、曲面的加工，大大增加了机床的工艺范围。

（2）工序集中，一机多用。

加工中心具备了多台普通机床的功能，可自动换刀，一次装夹后，几乎可完成全部加工部位的加工。

（3）具有高度柔性。

所谓柔性即“灵活”“可变”，是相对“刚性”而言的。过去，许多企业采用组合机床、专用机床进行高效、自动化生产，但这些组合机床、专用机床是专门针对某种零件的某道工序而设计的，只适用于产品稳定的大批量生产，而无法适应多品种、中小批量生产。

现在，一般采用加工中心构成柔性制造系统（FMS），当加工对象改变后，只需变换加工程序、调整刀具参数等即可进行新零件加工，生产准备周期大大缩短，给新产品的研发，产品的改进、改型提供了捷径。同时，由于加工中心具有自动换刀功能，在加工各种不同种类的零件、复杂曲面方面比数控铣床更有优势。

（4）加工精度高，表面质量好。

加工的零件一致性好，质量稳定，加工中心的脉冲当量一般为1 μm，高精度的加工中心可达0.1 μm。其运动分辨率远高于普通机床。加工中心多采用半闭环甚至全闭环的位置补偿功能，有较高的定位精度和重复定位精度，在加工过程中产生的尺寸误差能及时得到补偿，能获得较高的尺寸精度。

（5）生产率高。

加工中心刚度高、功率大，主轴转速和进给速度范围大且为无级变速，所以每道工序都可选择较大而合理的切削用量，减少了切削加工时间。加工中心加工时能在一次装夹中加工出很多待加工的部位，省去了通用机床加工时原有的不少中间工序（如划线、检验等）。并且加工中心具有自动变速、自动换刀和其他辅助操作自动化等功能，使辅助时间大为缩短。所以，它比普通机床的生产效率高3～4倍甚至更高，对复杂型面零件的加工，其生产效率可提高十几倍甚至几十倍。

（6）便于实现计算机辅助制造。

计算机辅助设计与制造（CAD/CAM）已成为航空航天、汽车、船舶及各种机械工业实现现代化的必由之路。而将计算机辅助设计出来的产品图纸及数据变为实际产品的最有效途径，就是采取计算机辅助制造技术直接制造出零部件。加工中心等数控设备及其加工技术正是计算机辅助制造系统的基础。

（二）加工中心的加工对象

加工中心是一种工序集中、工艺范围较广的数控加工机床，能进行铣削、镗削、钻削和螺纹加工等多项工作，并特别适合于箱体类和孔系零件的加工。加工工艺范围如图 9.5 ~ 图 9.8 所示。

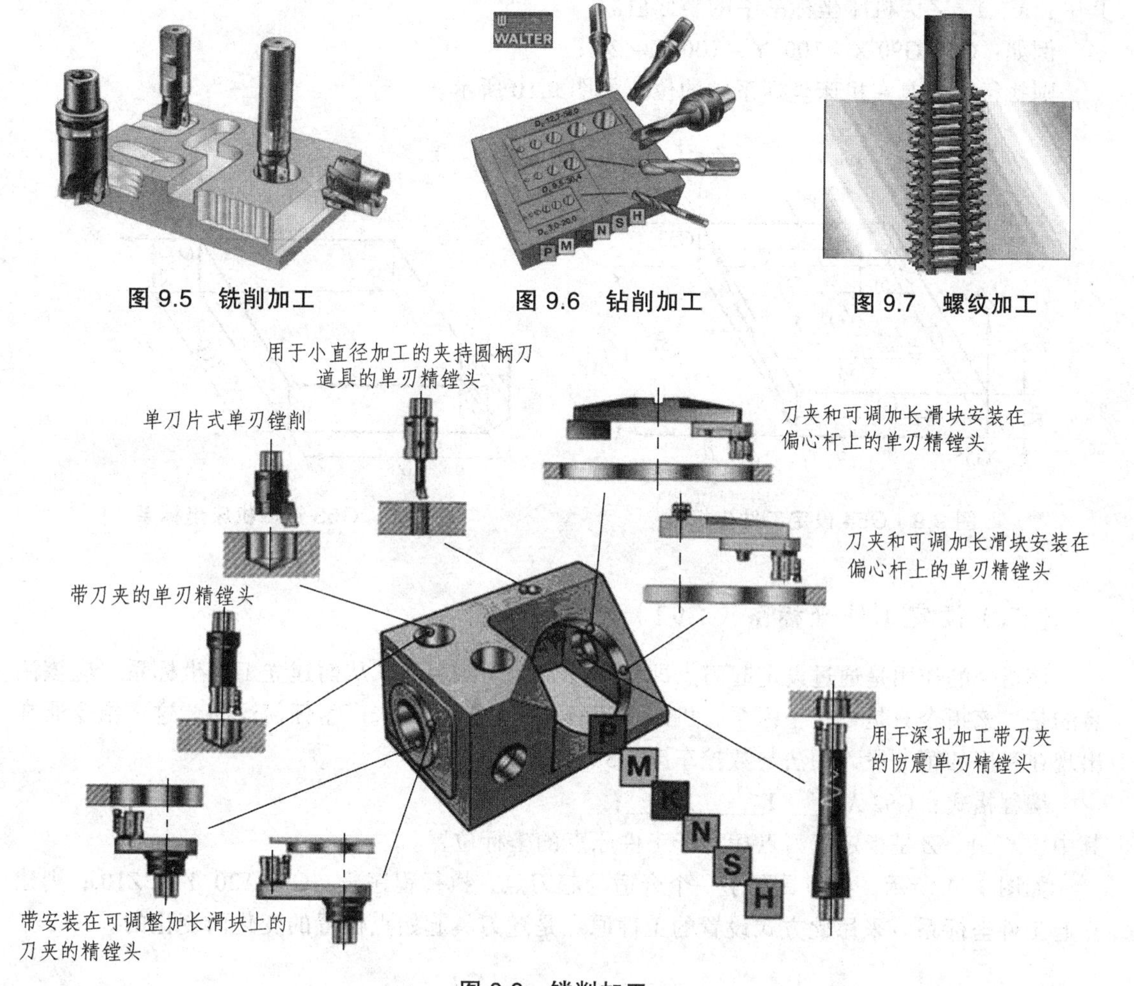

图 9.5　铣削加工

图 9.6　钻削加工

图 9.7　螺纹加工

图 9.8　镗削加工

三、坐标系设定指令

（一）选择工件坐标系（G54 ~ G59）

使用以上指令设定对刀参数值（即设定工件原点相对于机床坐标系的坐标值）。一旦指定了 G54 ~ G59 之一，则该工件坐标系原点即为当前程序原点，后续程序段中的工件绝对坐标均为相对此程序原点的值。该数据输入机床存储器后，在机床重新开机时仍然存在。

编程格式： G54 G90 G00/G01 *X*____ *Y*____ *Z*____；

如图 9.9 所示，在系统内设定了两个工件坐标系：G54（X－50. Y－50. Z－10.），G55（X－100. Y－100. Z－20.）。此时，建立了原点在 *O*′的 G54 工件坐标系和原点在 *O*″的 G55 工件坐标系。

（二）选择机床坐标系（G53）

该指令使刀具快速定位到机床坐标系中的指定位置。

编程格式： G53 G90 *X*____ *Y*____ *Z*____；

其中：*X*、*Y*、*Z* 为机床坐标系中的坐标值。

例如：G53 G90 X－100. Y－100. Z－20.；

则执行后刀具在机床坐标系中的位置如图 9.10 所示。

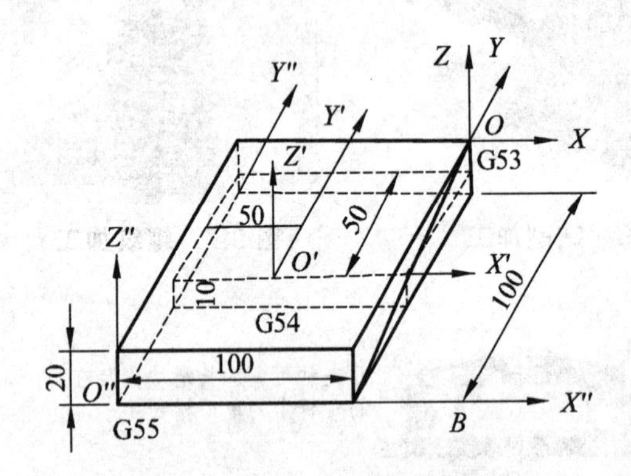

图 9.9　G54 设定工件坐标系

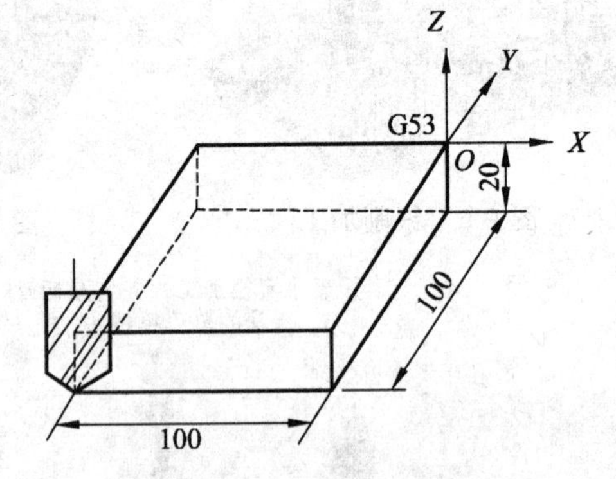

图 9.10　G53 选择机床坐标系

（三）设定工件坐标系（G92）

该指令的作用是通过设定起刀点即程序开始运动的起点，从而建立工件坐标系。应该注意的是，该指令只是设定坐标系，机床（刀具或工作台）并未产生任何运动。这一指令通常出现在程序的第一段，用法与数控车床 G50 相似。

编程格式： G92 *X*____ *Y*____ *Z*____；

其中：*X*、*Y*、*Z* 是指定起刀点相对于工件原点的坐标位置。

如图 9.11 所示，将刀具置于一个合适的起刀点，执行程序段：G92 *X*20. *Y*10. *Z*10.；则建立起工件坐标系。采用此方式设置的工件原点是随刀具起始点位置的变化而变化的。

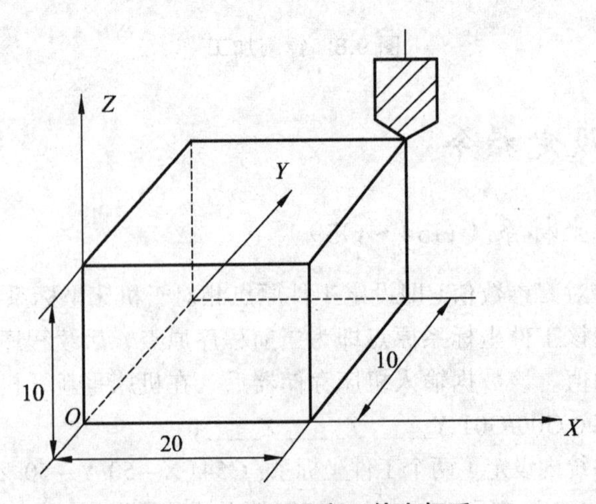

图 9.11　G92 设定工件坐标系

注意：

G92 指令与 G54 ~ G59 指令都是用于设定工件坐标系的，但它们在使用中是有区别的。G92 指令通过程序（起刀点的位置）来设定工件坐标系；G92 所设定的工件坐标原点与当前刀具所在位置有关，这一加工原点在机床坐标系中的位置随当前刀具位置的不同而改变。G54 ~ G59 指令是通过执行程序前在系统中设定工件坐标系。一经设定，加工坐标原点在机床坐标系中的位置是不变的，它与刀具的当前位置无关。

另外，在采用 G54 方式时，通过 G92 指令编程后，也可建立一个新的工件坐标系，如图 9.12 所示。在 G54 方式时，当刀具定位于 *XOY* 坐标平面中的（200，160）点时，执行程序段：G92 *X*100. *Y*100.；就由向量 *A* 偏移产生了一个新的工件坐标系 *X′O′Y′*坐标平面。

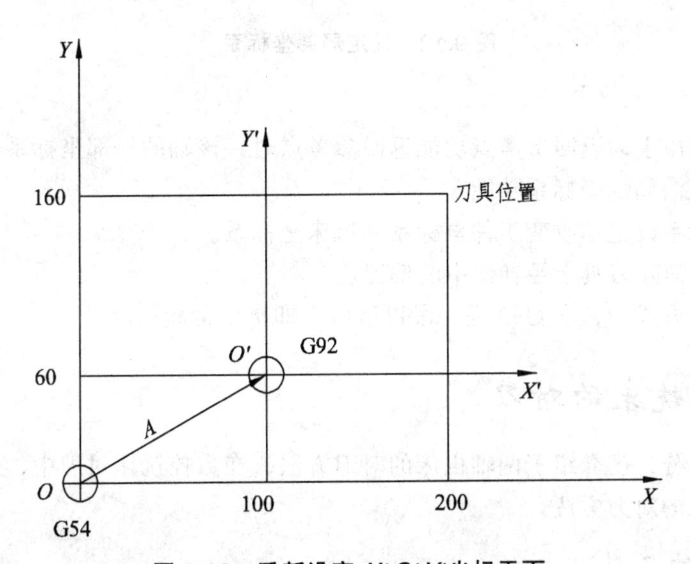

图 9.12　重新设定 *X′O′Y′*坐标平面

（四）局部坐标系设定（G52）

当在工件坐标系中编制程序时，为了方便编程，可以设定工件坐标系的子坐标系，子坐标系称为局部坐标系。

编程格式：G52 *X*____ *Y*____ *Z*____；设定局部坐标系。

G52 *X*0 *Y*0 *Z*0；取消局部坐标系。

说明：使用该指令可以在工件坐标系（G54 ~ G59）中设定局部坐标系。局部坐标系的原点设定在工件坐标系中以 *X*、*Y*、*Z* 坐标值指定的位置（见图 9.13，以 IP_表示）。当局部坐标系设定时，后面的以绝对值方式指令的移动是局部坐标系中的坐标值。在工件坐标系中用 G52 指定局部坐标系的新零点，可以改变局部坐标系。为了取消局部坐标系并在工件坐标系中指定坐标值，应使局部坐标系零点与工件坐标系零点一致。

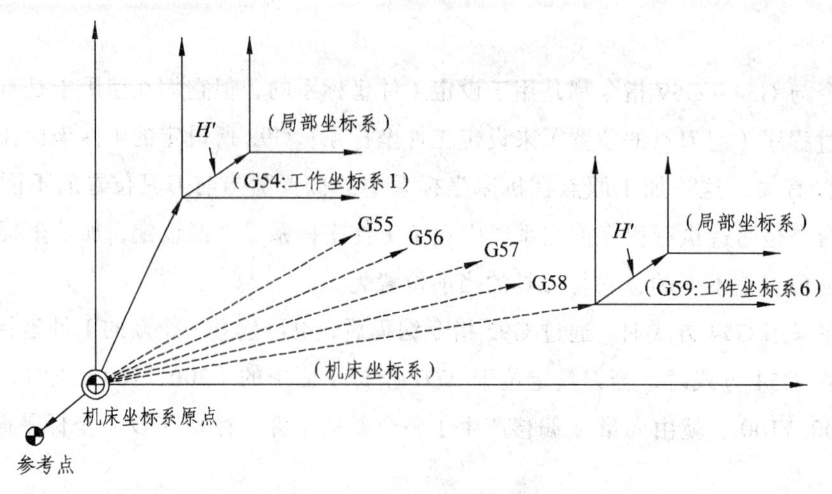

图 9.13　设定局部坐标系

注意：

（1）当一个轴用手动返回参考点功能返回参考点时，该轴的局部坐标系零点与工件坐标系零点一致（即取消局部坐标系功能）。

（2）局部坐标系设定不改变工件坐标系和机床坐标系。

（3）G52 暂时消除刀具半径补偿中的偏置。

（4）在绝对值方式中，在 G52 程序段以后应立即指定运动指令。

四、数控铣床的对刀

在数控车床部分，已介绍了两轴机床的对刀方法，在数控铣床对刀中，原理同样适用。下面介绍数控铣床的对刀方法。

（一）*Z* 轴对刀

在数控铣床对刀中，*Z* 轴对刀常用的方法有：试切对刀、*Z* 轴设定仪对刀、机外对刀仪对刀。分别介绍如下（设工件上表面几何中心为工件原点）：

1. 试切对刀

试切对刀是使用刀具底面试切毛坯上表面，当刚好接触毛坯时，当前机床坐标的 *Z* 值即为对刀值。输入坐标系 G54 或刀具补偿中即可，如图 9.14 所示。

（a）试切

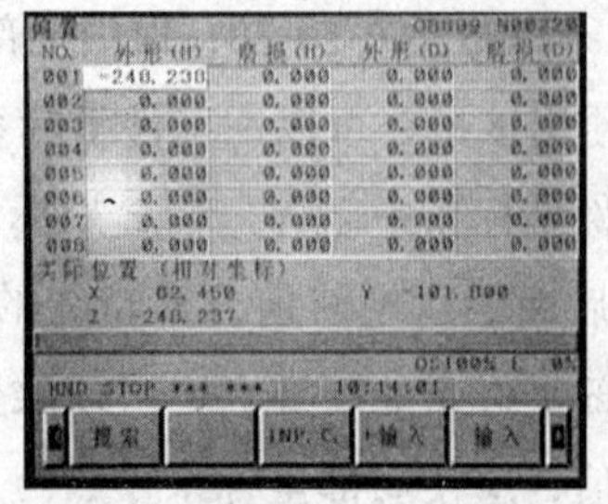

（b）*Z* 轴对刀值输入

图 9.14　*Z* 轴试切对刀

2. *Z*轴设定仪对刀

使用 *Z* 轴设定仪间接测量刀具距离毛坯上表面的高度，通过简单数学计算得出 *Z* 轴对刀值。*Z* 轴设定仪如图 9.15 所示。

（a）表式 *Z* 轴设定仪　　　　（b）电子式 *Z* 轴设定仪

图 9.15　*Z*轴设定仪

下面以带表式 *Z* 轴设定仪为例，说明其使用方法。

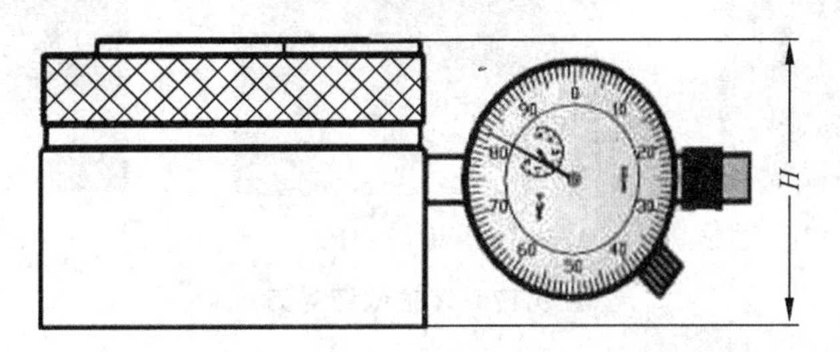

图 9.16　*Z*轴设定仪尺寸

如图 9.16 所示，*Z* 轴设定仪的柱体标准高度 *H* 值通常为 $50^{+0.005}_{0}$ mm。使用前应先对其进行调零。

用静止的刀具底面接触 *Z* 轴设定仪的凸台部分并下压凸台至表针刚好指零（表针刚好旋转一圈），采用下式计算 *Z* 对刀值。

$$Z = Z_1 - H$$

式中　Z_1——表针指零时的机床刀具 *Z* 坐标值；

　　　H——*Z* 轴设定仪的柱体标准高度。

Z 轴设定仪对刀是在刀具不运转的情况下进行，刀具不切削毛坯，能够充分保证对刀安全，且保证了毛坯的完整性，因此该方法无论是毛坯件对刀还是工序件对刀均能使用，对刀精度较高，应用较广泛。

（二）*X*/*Y* 轴对刀

X、*Y* 轴对刀常用的方法有：试切对刀及寻边器对刀。分别介绍如下：

1. 试切对刀

试切对刀是采用刀具侧刃试切毛坯侧边的方法进行计算对刀值，具体操作方法如下（以 X 轴分中对刀为例）：

（1）手轮方式将刀具快速移动至毛坯附近，主轴正转。

（2）慢速移动刀具靠近毛坯 X 轴一侧，当刀具刚好靠上毛坯时停止试切，将相对坐标 X 值清零。

（3）同样方法试切 X 轴另一侧面，记录相对坐标 X 值（记为 X_1）。

（4）停止主轴，抬高刀具并移动至 $X_1/2$ 处，当前位置所对应的机床坐标系 X 值即是 X 轴对刀值（记为 X）。

（5）将 X 值输入 G54 参数中（或将光标置于 X 栏，输入"$X0$"点击"测量"，当前的机床坐标系 X 值被自动输入到 X 栏），完成对刀。

具体过程如图 9.17 所示，Y 轴对刀方法与 X 轴相同，但应试切 Y 方向的毛坯侧面。

（a）试切左侧

（c）试切右侧

（e）$X_1/2$ 位置

图 9.17　X 轴试切对刀

2. 寻边器对刀

寻边器常用的有机械式寻边器、光电式寻边器，如图 9.18 所示。在此介绍光电式寻边器的使用方法。

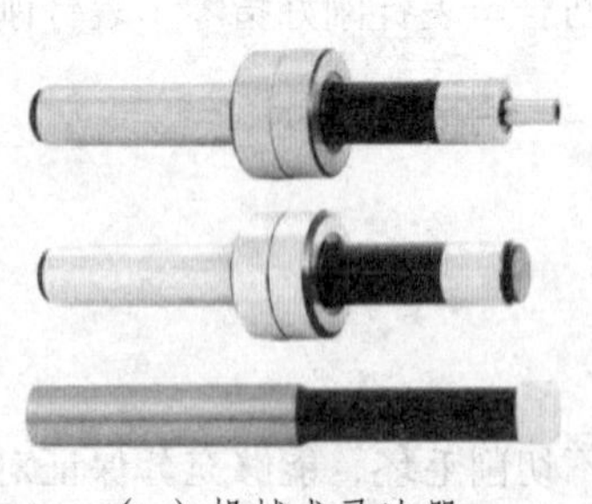
（a）机械式寻边器

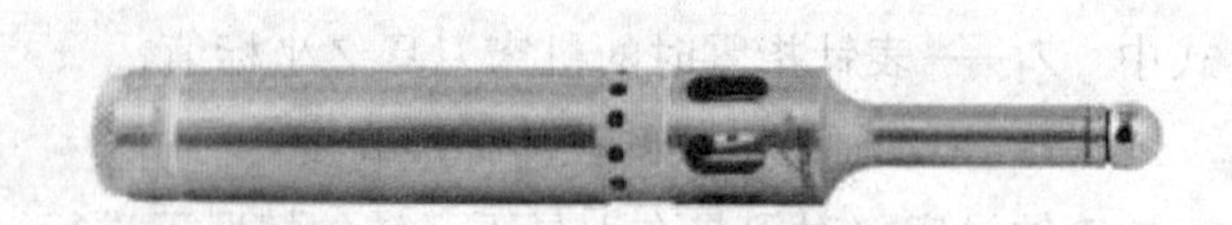
（b）光电式寻边器

图 9.18　寻边器

光电式寻边器的结构如图 9.19 所示，分为后盖、电池、外壳、LED 指示灯、测头杆、测头 6 部分，使用时，左侧的外圆柱部分被安装在刀柄上，在寻边时，使最右侧的测头接触毛坯侧面，当 LED 指示灯发光，同时发出蜂鸣声时，表明测头刚好与毛坯接触，便可进行计算或参数设置。

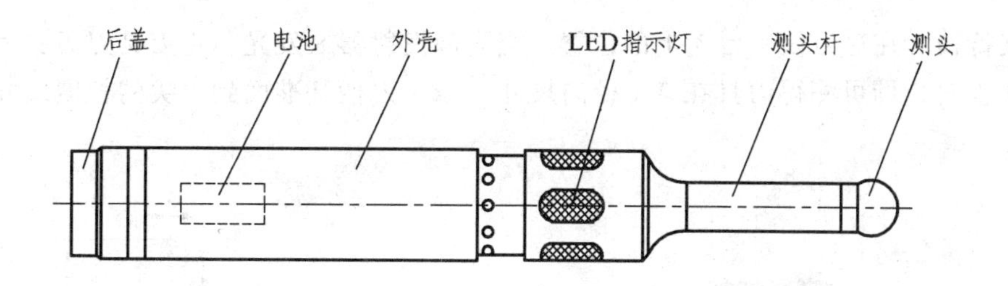

图 9.19　光电式寻边器结构

具体操作方法如下（以 X 轴分中对刀为例）：

（1）将寻边器快速移动至毛坯附近（主轴静止）。

（2）移动寻边器使测头靠近毛坯 X 轴一侧面至 LED 指示灯亮且蜂鸣器发声。

（3）将相对坐标系中 X 值清零。

（4）移动至 X 轴另一侧寻边至灯亮和发声，记录相对坐标系中的 X 值（记为 X_1）。

（5）移动 X 轴至 $X_1/2$ 位置，当前位置所对应的机床坐标系 X 值即是 X 轴对刀值。

（6）同前面方法一样输入对刀值，完成对刀。

注意：寻边器使用应正确，以防损坏测杆，如图 9.20 所示。

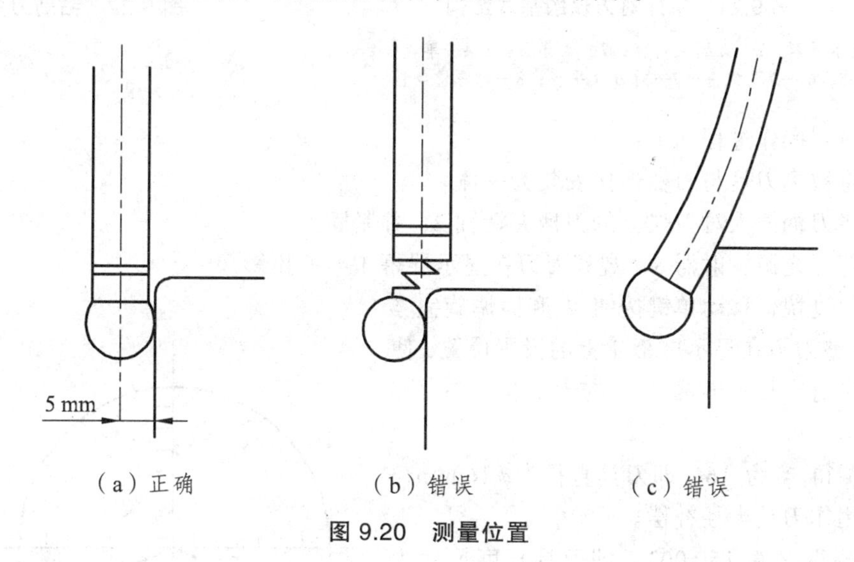

（a）正确　　（b）错误　　（c）错误

图 9.20　测量位置

五、加工中心的对刀

和数控铣床一样，加工中心也可采用数控铣床的方式对进行对刀。但由于加工中心工序集中，常常采用多把刀具加工，在机床中对刀会占用大量的时间，效率低下。因此加工中心通常采用机外对刀仪，只需要测量所用各把刀具的基本尺寸，并输入数控系统，以便在加工中调用，即可完成加工中心的对刀。

机外对刀仪的基本结构如图 9.21 所示，对刀仪平台 7 上装有刀柄夹持轴 2，用于安装被测刀具（图 9.22 为带刀柄的被测刀具）。通过快速移动单键按钮 4 和微调旋钮 5 或 6，可调整刀柄夹持轴 2 在对刀仪平台 7 上的位置。当光源发射器 8 发光，将刀具刀刃放大投影到显示屏幕 1 上时，即可测得刀具在 X（径向尺寸）、Z（刀柄基准面到刀尖的长度尺寸）方向的尺寸。

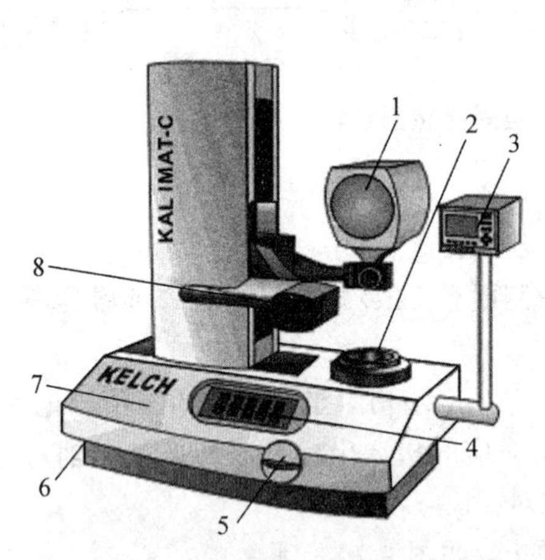

图 9.21　机外对刀仪的基本结构

1—显示屏幕；2—刀柄夹持轴；3—操作面板；4—单键按钮；5，6—微调旋钮；7—对刀仪平台；8—光源发射器

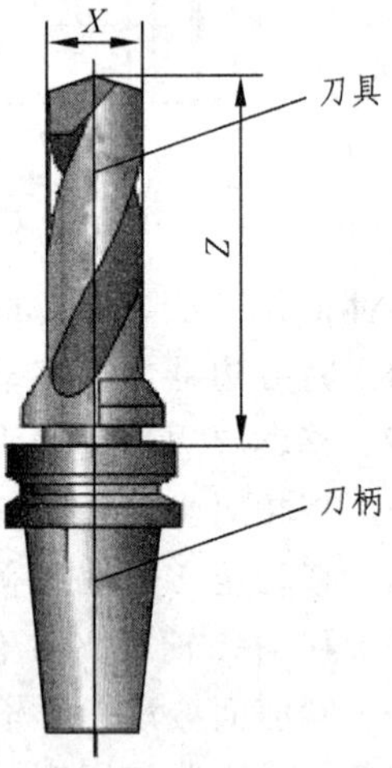

图 9.22　钻削刀具

具体对刀操作过程如下：

（1）将被测刀具与刀柄连接安装为一体。

（2）将刀柄插入对刀仪上的刀柄夹持轴 2，并紧固。

（3）打开光源发射器 8，观察刀刃在显示屏幕 1 上的投影。

（4）通过快速移动单键按钮 4 和微调旋钮 5 或 6，可调整刀刃在显示屏幕 1 上的投影位置，使刀具的刀尖对准显示屏幕 1 上的十字线中心，如图 9.23 所示。

（5）测得 X 为 16，即刀具直径为 ϕ16 mm，该尺寸可用作刀具半径补偿。

（6）测得 Z 为 150.003，即刀具长度尺寸为 150.003 mm，该尺寸可用作刀具长度补偿。

（7）将被测刀具从对刀仪上取下并装入加工中心，将测得刀具尺寸输入加工中心的刀具补偿页面，即可使用。

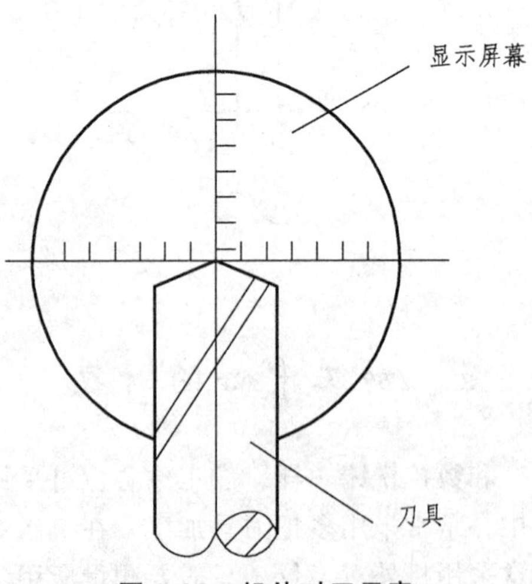

图 9.23　机外对刀示意

至此，我们完成了一把刀具的对刀过程。在实际使用中，为提高对刀效率，往往采用一个基准芯棒作为基准刀具。应用该基准芯棒在机床上进行对刀，并将相应的值输入到 G54。当其他刀具在机外对刀仪上对刀后，测量其相对基准刀具的尺寸偏差值，再直接输入到机床系统刀具参数表中，即可加工。

【项目实施】

（1）演示数控铣床坐标系建立步骤及技巧。
（2）演示数控铣床加工零件的一般过程。

【知识拓展】

在本章中将以 VDL800 立式数控铣床为例，介绍机床操作相关知识。

一、机床操作安全注意事项

（1）操作机床前，应仔细阅读机床说明书和系统操作手册，充分理解机床的技术规格和功能，按规定的方式操作。
（2）机床操作者必须经过培训方能上岗。
（3）穿着合适的工作服。
（4）经常检查机床和机床周围是否有障碍。
（5）不要用潮湿的手操作电器设备。
（6）参阅所使用机床的说明书中规定的检查部位，定期对其进行检查、调整与保养。
（7）机床的系统参数禁止随意改动。
（8）禁止随意拆卸、改动安全装置或标志及防护装置。
（9）在机床内工作时，必须切断主电源。
（10）禁止把玩高压气枪。

二、开关机与回零

（一）开机与关机

1. 开机顺序

（1）打开空气压缩机及机床空气开关。
（2）打开线路总电源。
（3）打开机床电源。
（4）打开控制面板上的控制系统电源（“ON”按钮），系统自检。
（5）系统自检完毕后，旋开急停开关并复位。

2. 关机顺序

关机前应将工作台（X、Y 轴）放于中间位置，Z 轴处于较高位置。

（1）按下急停开关。

（2）关闭控制系统电源（“OFF”按钮）。

（3）关闭机床电源。

（4）关闭线路总电源。

（5）关闭空气压缩机和空气开关。

（二）回　零

在数控机床开机后，应首先进行回零操作，对于立式数控铣床，为了保证安全，一般应先将 Z 轴回零，然后将 X、Y 轴回零。在回零之后，应及时退出零点，将工作台处于床身中间位置，主轴处于较高位置。

三、安装与校正夹具

在数控铣削加工中，使用的夹具种类较多。在此，以数控铣削加工中使用较为广泛的平口钳作为对象，介绍其安装与校正方法。

1. 平口钳的安装

将平口钳放于机床工作台面上，并使用固定螺栓初步固定平口钳。

2. 平口钳的校正

平口钳的校正即是通过打表等方法使平口钳的固定钳口（钳口平面）与机床坐标 X 轴或 Y 轴平行（通常将钳口平面与 X 轴平行）。打表校正所使用的工具是百分表及磁性表座（见图 9.24），具体方法如下：

（a）百分表

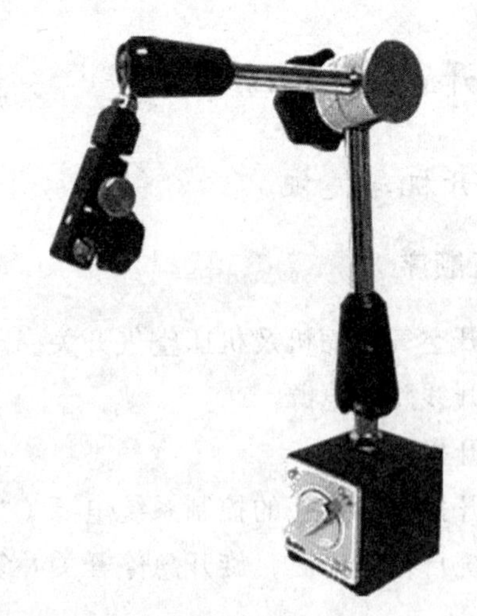

（b）磁性表座

图 9.24　百分表与磁性表座

（1）将百分表及磁性表座固定于机床主轴箱。
（2）移动机床坐标，使百分表靠近钳口。
（3）将表头压入钳口面并将其调零。
（4）沿钳口面拖动百分表，观察表针变化以判断平口钳是否校正。
（5）当表针变化在允许的范围内时紧固平口钳。
（6）将百分表远离平口钳后取出工具，完成校正。

四、毛坯装夹与刀具安装

（一）毛坯装夹

毛坯装夹的顺序一般在毛坯装夹之前，应确保毛坯被夹持面无毛刺，选择合适的面为基准。

（1）选择合适的被夹持面与定位面，去除毛刺。

（2）通过垫铁调整毛坯高度，使毛坯的被夹持面与钳口靠齐，毛坯底面与钳口底面贴紧，夹紧毛坯。

（二）刀具的安装与拆卸

1. 将刀具装入刀柄

去除刀具与刀柄上的杂质，先将弹簧夹头装入旋紧螺母，再将旋紧螺母旋入刀柄，然后将刀具放入弹簧夹头内用手轻度旋紧，最后将刀柄放入锁刀座（见图 9.25）并用扳手旋紧，完成安装。

图 9.25　锁刀座

2. 主轴上刀柄的安装

将刀柄装入主轴前，应擦净刀柄，将机床工作状态调节为“手动”；按下主轴侧板上的“松刀按钮”不放；将刀柄送入主轴锥孔，松开“松刀按钮”，完成刀柄的安装。注意刀柄上的键槽与主轴的端面键对正。

3. 主轴上刀柄的拆卸

在拆卸刀柄前，先使用高压气枪将主轴周围的杂质清除干净，将机床工作状态调节为“手动”；握住刀柄，按下“松刀按钮”，将其取出，完成卸刀。

五、面板与 MDI 键盘操作

1. 机床面板

VDL800 数控铣床面板，如图 9.26 所示。

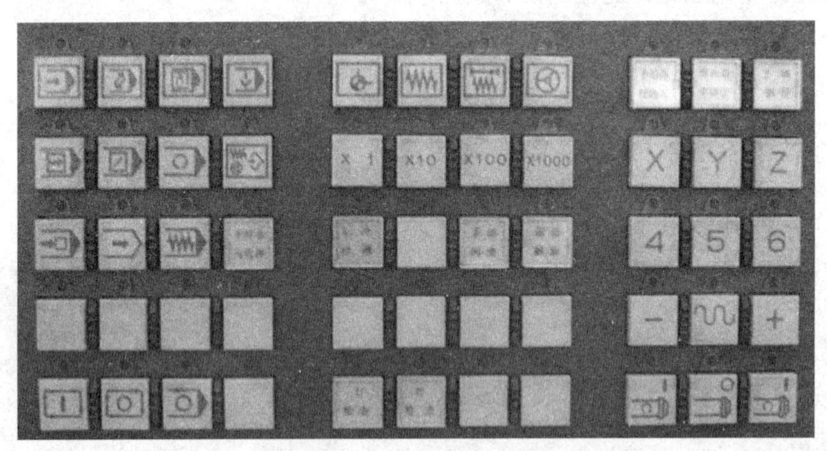

图 9.26　VDL800 机床面板

表 9.1 列出了部分按钮的名称及功能。

表 9.1　按钮说明

按钮	名称	功能说明
	手持单元选择	与“手轮”按钮配合使用，用于选择手轮方式
	辅助功能锁住	在自动运行程序前，按下此按钮，程序中的 M、S、T 功能被锁住不执行
	Z 轴锁住	在手动操作或自动运行程序前，按下此按钮，Z 轴被锁住，不产生运动
	主冷却液	按下此按钮，冷却液打开；复选此按钮，冷却液关闭
	手动润滑	按下此按钮，机床润滑电机工作，给机床各部分润滑；松开此按钮，润滑结束；一般不用该功能
	限位解除	用于坐标轴超程后的解除。当某坐标轴超程后，该按钮灯亮，点按此按钮，然后将该坐标轴移出超程区。超程解除后需回零
	增量倍率	当选择了“手轮”功能时，可以通过该 4 个按钮选择手轮移动倍率

2. MDI 键盘

数控铣床 MDI 键盘，如图 9.27 所示。MDI 键盘的操作方法与数控车床操作方法相同，在此不作介绍。

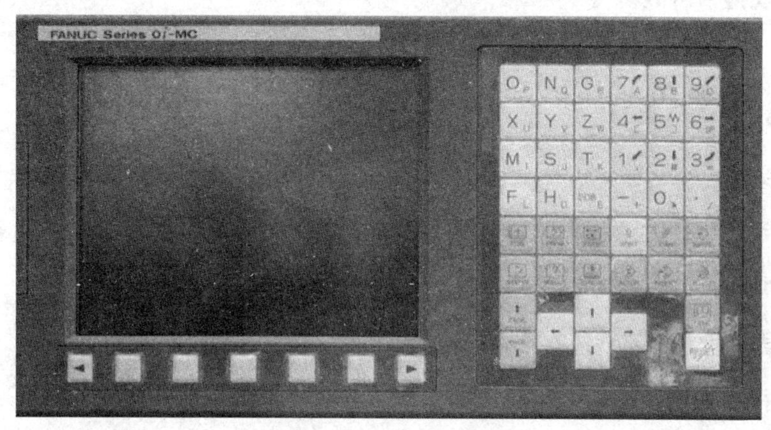

图 9.27　MDI 键盘

六、手轮操作

在数控机床手动操作中，特别是对刀操作时，手轮使用非常普遍，它能很方便的控制机床坐标轴的精细运动。手轮主要由 3 部分组成：轴选择旋钮、增量倍率选择旋钮及手摇轮盘，如图 9.28 所示。

1. 手轮操作生效

当需要使用手轮时，操作方法为：

（1）选中机床面板上的“ ”与“手持单元选择”按钮。

（2）通过手轮上的“轴选择旋钮”选择需要移动的坐标轴。

（3）通过“增量倍率选择旋钮”选择合适的移动倍率。

（4）旋转“手摇轮盘”移动坐标轴。

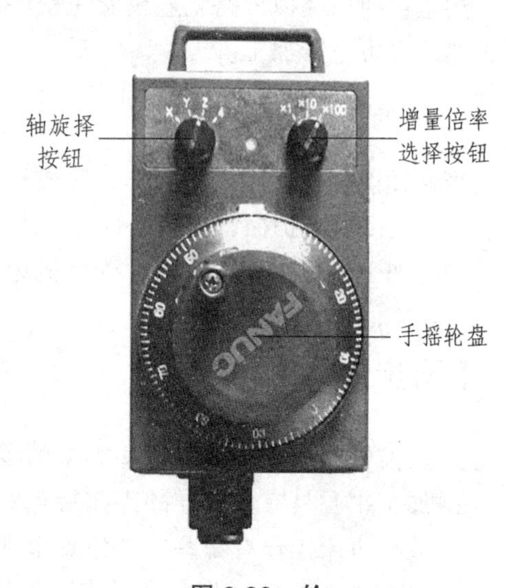

图 9.28　轮

2. 关闭手轮

当不需要使用手轮时，关闭手轮的操作如下：

（1）将“轴选择旋钮”旋至第 4 轴（通常数控铣床上设有 3 个坐标轴，第 4 轴为扩展轴，选择该轴时不生效）；若机床上安装有第 4 轴，则将“轴选择旋钮”旋至 *X* 轴。

（2）将“增量倍率选择旋钮”旋至“*X*1”（即最小增量倍率）。

（3）复选机床面板上的“手持单元选择”按钮，将其失效，将“手轮”状态切换为“编辑”状态，关闭手轮。

注意：在使用手轮移动坐标轴时，要特别注意轮盘的旋向与坐标轴运动方向之间的关系，否则很容易出现撞刀事故。

七、自动加工

1. 加工准备

在自动加工前，认真检查程序输入是否正确、对刀参数值及刀补参数值是否正确、机床工作台上是否有不该放置的物品等，做好加工前的准备工作。

2. 校验程序

采用空运行方式以及模拟刀路轨迹的方式检验程序及参数是否正确。

1）空运行校验

选择 MDI 键盘上的“刀具偏置”→“坐标系”→00 组 G54，在 *Z* 值框中输入高度方向的安全数值；依次选择机床面板上的“空运行”→“自动”→“循环启动”，程序进入“空运行”运动状态，观察刀路是否正确；当校验程序无误后，取消“空运行”，将程序复位，将“刀具偏置”中的安全数值（10 mm）改为 0，便可进行自动加工。

2）模拟刀路轨迹校验

模拟刀路轨迹是指使用系统的图形模拟功能将所编程序的刀路轨迹通过显示器显示给操作者，操作者通过检查此刀路轨迹是否与所编程序路线一致，以及校验程序是否正确。

注意：使用模拟刀路轨迹校验完程序后，必须取消“机床锁住”及“空运行”功能并回零，然后方可进行加工。

3. 自动运行程序

当通过前面的程序校验工作，完成程序校验后，便可进行自动加工。加工时应注意：

（1）关闭好防护门，初始运行时采用单段方式，确保无误后方可进行自动方式连续运行；

（2）加工过程中精力集中，确保机床运行安全。

【同步训练】

1. 数控铣床适合于加工哪些类型的零件？
2. 加工中心具有什么样的工艺特点？适合加工哪些类型的零件？
3. 数控机床操作有哪些安全注意事项？
4. G92 指令与 G54 指令在设定工件坐标系时的区别是什么？

项目十　轮廓形状编程

【学习目标】

- 掌握数控铣床加工零件的一般工作过程。
- 能熟练使用刀具长度、半径补偿。
- 能安排合理的走刀路线。
- 能熟练编制轮廓加工程序。

【工作任务】

图 10.1 所示为内外轮廓加工零件，分析工艺并编写出精加工程序（工件材料为 LY12；工件水平方向的余量为 0.2 mm，垂直方向已加工到位；表面质量要求 *R*a3.2）。

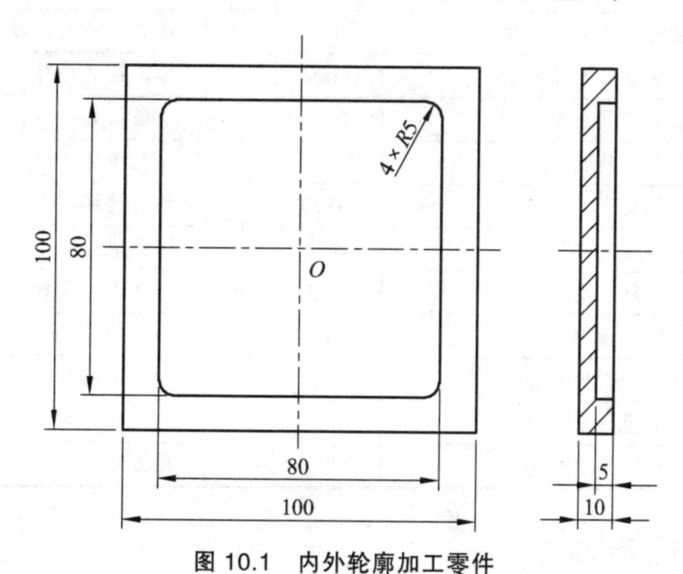

图 10.1　内外轮廓加工零件

【知识准备】

在数控车床编程知识基础上，本项目介绍数控铣床指令及编程方法。表 10.1 给出了 Fanuc 0i Mate-MC 数控系统铣削编程常用 G 代码及功能（其中带*指令为电源接通时初始模态 G 代码）。

表 10.1 常用 G 代码及功能

G 代码	组别	功　能	G 代码	组别	功　能
*G00	01	快速点定位	*G54	14	选择第 1 工件坐标系
G01		直线插补（进给速度）	G55		选择第 2 工件坐标系
G02		圆弧/螺旋线插补（顺圆）	G56		选择第 3 工件坐标系
G03		圆弧/螺旋线插补（逆圆）	G57		选择第 4 工件坐标系
G04	00	暂停	G58		选择第 5 工件坐标系
*G15	17	极坐标指令取消	G59		选择第 6 工件坐标系
G16		极坐标指令	G61	15	准确停止方式
*G17	02	选择 *XY* 平面	*G64		切削方式
G18		选择 *XZ* 平面	G65	00	宏程序调用
G19		选择 *YZ* 平面	G66	12	宏程序模态调用
G20	06	英制尺寸输入	*G67		宏程序模态调用取消
G21		公制尺寸输入	G68	16	坐标旋转
G28	00	返回参考点	*G69		坐标旋转取消
G29		从参考点返回	G73	09	深孔钻削循环
G30		返回第 2，3，4 参考点	G76		精镗循环
G31		跳转功能	*G80		固定循环取消
*G40	07	刀具半径补偿取消	G81		钻孔循环、锪镗循环
G41		左侧刀具半径补偿	G82		钻孔循环或反镗循环
G42		右侧刀具半径补偿	G83		排屑钻孔循环
G43	08	正向刀具长度补偿	G84		攻丝循环
G44		负向刀具长度补偿	G85		镗孔循环
*G49		刀具长度补偿取消	*G90	03	绝对值编程
*G50	11	比例缩放取消	G91		增量值编程
G51		比例缩放有效	G92	00	设定工件坐标系
*G50.1	22	可编程镜像取消	*G94	05	每分钟进给
G51.1		可编程镜像有效	G95		每转进给
G52	00	局部坐标系设定	*G98	10	在固定循环中，*Z* 轴返回起始点
G53		选择机床坐标系	G99		在固定循环中，*Z* 轴返回 *R* 平面

一、基本运动指令

1. 快速点定位（G00）

编程格式：G00 G90/G91 *X*____ *Y*____ *Z*____;

执行该指令时，刀具以快速移动速度移动到所指定的终点。

2. 直线插补（G01）

编程格式：G01 G90/G91 *X*____ *Y*____ *Z*____ *F*____;

执行该指令时，刀具按程序中 F 指定的进给速度进行直线运动到指定的终点。在 Fanuc 0i 数控铣削编程中，F 的单位为 mm/min。

3. 圆弧插补（G02/G03）

编程格式：

$$XY\text{ 平面圆弧：G17 G90/G91 }\begin{Bmatrix}\text{G02}\\\text{G03}\end{Bmatrix}X\_\_\_\_Y\_\_\_\_\begin{Bmatrix}R\_\_\_\_\\I\_\_\_\_J\_\_\_\_\end{Bmatrix}F\_\_\_\_;$$

$$ZX\text{ 平面圆弧：G18 G90/G91 }\begin{Bmatrix}\text{G02}\\\text{G03}\end{Bmatrix}X\_\_\_\_Z\_\_\_\_\begin{Bmatrix}R\_\_\_\_\\I\_\_\_\_K\_\_\_\_\end{Bmatrix}F\_\_\_\_;$$

$$YZ\text{ 平面圆弧：G19 G90/G91 }\begin{Bmatrix}\text{G02}\\\text{G03}\end{Bmatrix}Y\_\_\_\_Z\_\_\_\_\begin{Bmatrix}R\_\_\_\_\\J\_\_\_\_K\_\_\_\_\end{Bmatrix}F\_\_\_\_;$$

执行该指令时，刀具按指定进给速度作圆弧切削运动。

说明：

（1）当采用 G90 方式编程时，式中 X、Y、Z 为工件坐标系中圆弧的终点坐标值；当采用 G91 方式编程时，式中 X、Y、Z 为圆弧起点到终点的增量距离。

（2）以上指令的使用与数控车床的使用方法一致，这里不再赘述。

二、刀具补偿功能指令

（一）刀具半径补偿（G41/G42/G40）

1. 刀具半径补偿的作用

在数控铣床上进行轮廓铣削加工时，由于刀具半径的存在，刀具中心（刀心）轨迹和工件轮廓重合加工时，刀具侧刃会造成工件过切。如果数控系统不具备刀具半径自动补偿功能，为了不产生过切，则在编程时必须根据轮廓重新进行刀心轨迹编程，即在编程时给出刀具中心运动轨迹，如图 10.2 所示的点划线轨迹，其计算相当复杂，尤其当刀具磨损、重磨或换新刀而使刀具直径变化时，必须重新计算刀心轨迹，修改程序，这样既繁琐，又不易保证加工精度。当数控系统具备刀具半径补偿功能时，只需按工件轮廓进行编程，如图 10.2 中的粗实线轮廓，数控系统会自动计算刀心轨迹，使刀具中心偏离工件轮廓一个半径值，即实现刀具半径自动补偿。

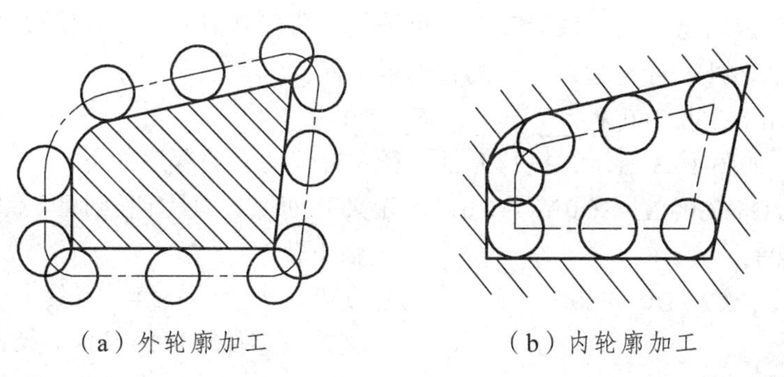

（a）外轮廓加工　　（b）内轮廓加工

图 10.2　刀具半径补偿

2. 刀具半径补偿指令

G41：刀具半径左补偿；

G42：刀具半径右补偿；

G40：取消刀具半径补偿。

刀具半径左、右补偿的判断方法：假定工件不动，向垂直于补偿平面的坐标轴的负方向看去，顺着刀具的运动方向观察，刀具位于工件左侧的称为刀具半径左补偿；刀具位于工件右侧的称为刀具半径右补偿。如图 10.3 所示。

3. 刀具半径补偿过程

1）建立刀具半径补偿

刀具由起刀点（位于零件轮廓及零件毛坯之外）向零件轮廓切入点接近时建立刀具半径补偿。补偿偏置方向由 G41（左补偿）或 G42（右补偿）确定，如图 10.4 所示。

编程格式：G01/G00 $\left.\begin{matrix}G41\\G42\end{matrix}\right\}$ X____ Y____ D____ F____；

其中：D——刀具半径补偿代码（1 ~ 2 位）。

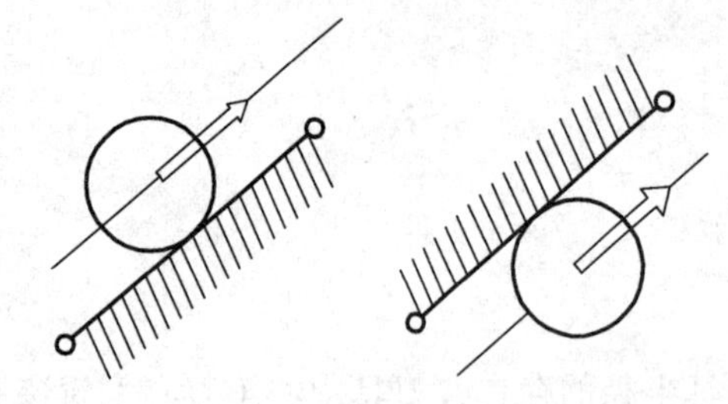

（a）刀具半径左补偿　（b）刀具半径右补偿

图 10.3　刀具半径补偿指令

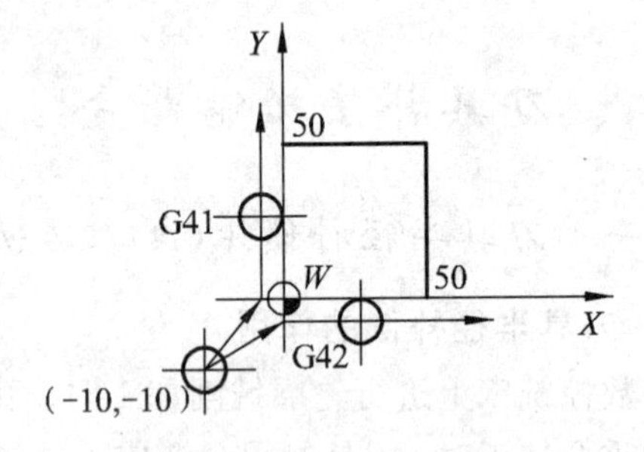

图 10.4 刀具半径补偿建立

2）执行刀具半径补偿

当刀具半径补偿建立之后，根据零件的实际轮廓编程，刀具刀心会自动延续以前的偏移方式偏离轮廓一个刀具半径进行走刀，从而完成零件轮廓的切削加工。

3）取消刀具半径补偿

刀具撤离工件返回退刀点时取消刀具半径补偿，与建立刀具半径补偿过程类似。退刀点也应位于零件轮廓之外，可与起刀点相同，也可不同。

编程格式：G01/G00 G40 X____ Y____ F____；

【**例 10.1**】　如图 10.3 所示，执行刀具半径左补偿的有关程序如下：

N10 G17 G90 G54 G00 X－10.0 Y－10.0;　/定义工件原点，刀具定位到起刀点（－10.0，－10.0）

N20 S900 M03;　/主轴正转

N30 G01 G41 X0 Y0 D01 F200;　/建立刀具半径左补偿，刀具半径补偿号为 01

N40 Y50.0;　/定义首段零件轮廓，刀具半径补偿执行

建立刀具半径右补偿的有关程序如下：

N30 G01 G42 X0 Y0 D01;　　　　　　/建立刀具半径右补偿

N40 X50.0;　　　　　　　　　　　　/定义首段零件轮廓，刀具半径补偿执行

假如退刀点与起刀点相同，刀具半径补偿取消的程序如下：

N100 G01 X0 Y0;　　　　　　　　　/加工至工件原点

N110 G01 G40 X－10.0 Y－10.0;　　/取消刀具半径补偿，退回起刀点

【例 10.2】 加工零件如图 10.5 所示，设置编程原点在 *O* 点，刀具直径为ϕ12 mm，铣削深度为 5 mm，主轴转速为 600 r/min，进给速度为 200 mm/min，刀具代号 T01，起刀点在（0，0，10）。要求采用刀具半径补偿指令进行零件轮廓精加工编程。

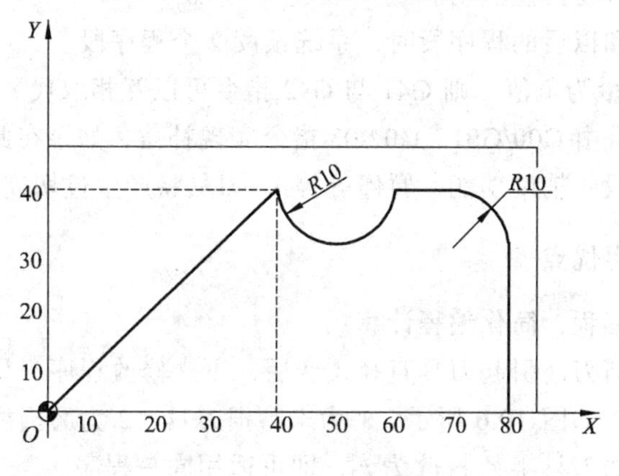

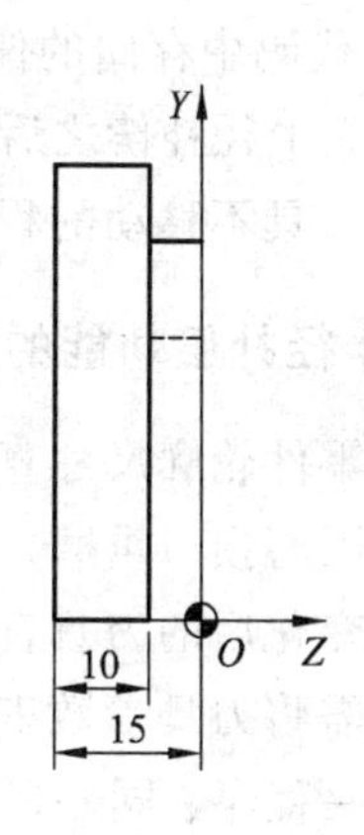

图 10.5 刀具半径补偿指令应用

编制的加工程序如下表 10.2：

表 10.2 加工程序

程序段	程序说明
O0001;	程序名
N10 G80 G40 G17 G90 G49;	
N20 G54 G00 X0 Y0 Z10;	设定工件坐标系，刀具到达起刀点
N30 M03 S600;	
N40 G00 X－30;	
N50 G01 Z－5 F200;	
N60 G42 X－8 D01;	建立刀具半径右补偿（D01＝6）
N70 G91 G01 X88 Y0;	
N80 Y30;	
N90 G03 X－10 Y10 R10;	
N100 G01 X－10;	
N110 G02 X－20 I－10 J0;	
N120 G01 X－50 Y－50;	
N130 G40 X－60 Y－60;	取消刀具半径补偿
N140 G00 Z200 M05;	
N150 M30;	

注意：

（1）在使用 G41/G42 建立或 G40 取消刀具半径补偿时，必须提前指定半径补偿平面（G17/G18/G19），一旦平面选定，则建立或取消都必须在此平面内进行，在补偿建立之后，不能切换补偿平面。

（2）在使用 G41/G42 建立或 G40 取消刀具半径补偿时，移动指令只能是 G00 或 G01，不能使用 G02 或 G03；补偿建立或取消过程均可用 G90 或 G91 方式进行。

（3）在刀具半径补偿执行的过程中，可以使用任何运动指令编程，不会影响补偿的执行，但运动方向不应出现交叉，否则容易产生过切。

（4）在处理建立补偿程序段和以后的程序段时，系统预读 2 个程序段。

（5）若 D 代码中存储的偏移量为负值，则 G41 与 G42 指令可以互相取代。

（6）在建立半径补偿之后，可由 G00/G01、G02/03 指令实现补偿，如果在此过程中，处理 2 个或更多刀具不移动的程序段（辅助功能、暂停等等），刀具将产生过切或欠切现象。

4. 刀具半径补偿功能的应用优点

（1）可按零件轮廓尺寸直接编程，简化编程计算。

（2）刀具因磨损、重磨、换新刀而引起刀具直径改变后，不必修改程序，只需在刀具参数设置中输入变化后的刀具直径。如图 10.6 所示，1 为未磨损刀具，2 为磨损后刀具，两者直径不同，只需将刀具参数表中的刀具半径 r_1 改为 r_2，即可适用同一程序。

（3）用同一程序、同一尺寸的刀具，利用刀具半径补偿，可进行粗精加工。如图 10.7 所示，刀具半径 r，精加工余量 A。粗加工时，输入刀具直径 $D=2(r+A)$，则加工出点划线轮廓。精加工时，用同一程序，同一刀具，但输入刀具直径 $D=2r$，则加工出实线轮廓。

（4）利用刀补值可精确控制轮廓尺寸精度。

（5）利用刀补，可用一个程序加工同一公称尺寸的内外两个型面。阳模采用 +D 补偿，阴模采用 -D 补偿，则可得两种切削轨迹。

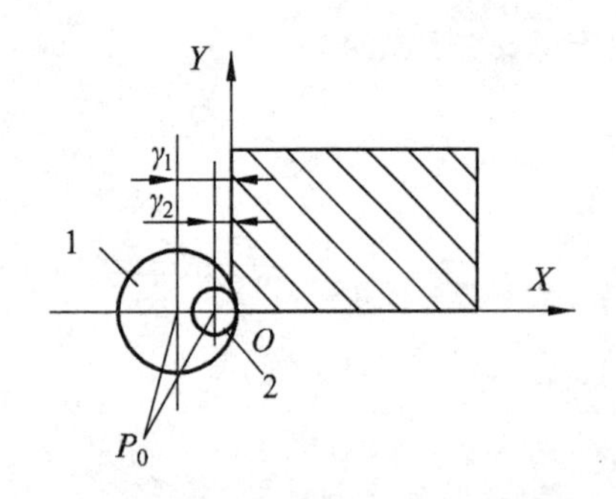

图 10.6　刀具直径变化，加工程序不变

1—未磨损刀具；2—磨损后刀具

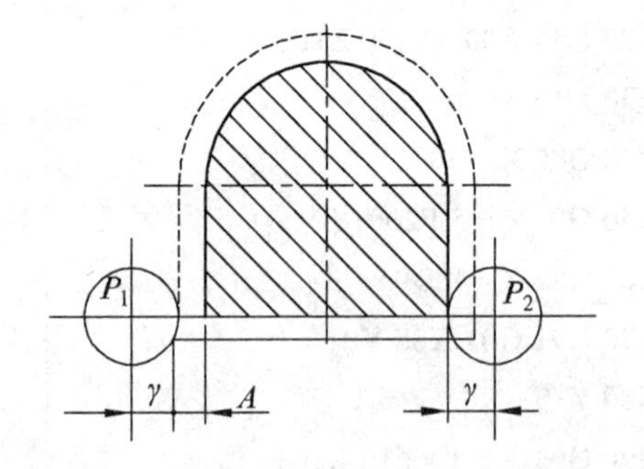

图 10.7　利用刀具半径补偿进行粗精加工

P_1—粗加工刀心位置；P_2—精加工刀心位置

（二）刀具长度补偿（G43/G44/G49）

刀具长度补偿是用来补偿实际的刀具长度与假定的基准刀具长度之间的差值。执行长度补偿功能就是使刀具垂直于走刀平面（比如 *XY* 平面）自动偏移一个刀具长度补偿值，使实际刀具与基准刀具的刀尖在同一高度，因此编程过程中无需考虑刀具长度，可直接按轮廓编程。刀具长度的变化不影响加工程序，只需要修改刀具参数表中的长度补偿值即可，简化编程。

刀具长度补偿在发生作用前，必须先进行刀具参数（刀具长度补偿值）的设置，设置的方法有机内试切法、机内对刀法、机外对刀法和编程法。有些数控系统补偿的是刀具的实际长度与基准刀具的标准长度之差，如图 10.8（a）所示。有些数控系统补偿的是刀具相对于相关点的长度，如图 10.8（b）、（c）所示，其中图（c）是球刀的情况。

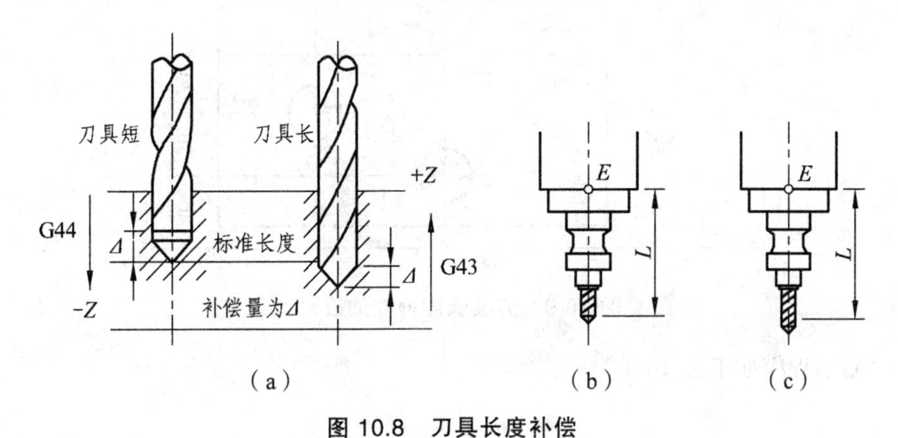

图 10.8　刀具长度补偿

编程格式：

G01/G00 $\left.\begin{matrix}\text{G43}\\\text{G44}\end{matrix}\right\}$ *Z*____ *H*____;　　　/建立长度补偿

⋮

G01/G00 G49 *Z*____;　　　　　　/取消长度补偿

说明：

（1）G43 建立刀具长度正补偿，即将 *H* 中的长度补偿值加到 *Z* 坐标的尺寸字后，按其结果进行 *Z* 轴的移动。

（2）G44 建立刀具长度负补偿，即从 *Z* 坐标的尺寸字中减去 *H* 中的长度补偿值后，按其结果进行 *Z* 轴的移动。

（3）G49 取消刀具长度补偿。

（4）H 代码指定偏置号，偏置号可为 H00 ~ H200，偏置量与偏置号相对应，通过操作面板预先输入在存储器中；数控系统将 H00 号偏置量设为零，不能进行其他偏置量的设定。

（5）若 H 代码中存储的偏移量为负值，则 G43 与 G44 指令可以互相取代。

【例 10.3】　对如图 10.9 所示的零件钻孔。按理想刀具进行对刀编程，现测得实际刀具比理想刀具短 8 mm。设定 H01 = 8 mm（直接 G44 调用），或设定 H01 = －8 mm（可用 G43 调用）。

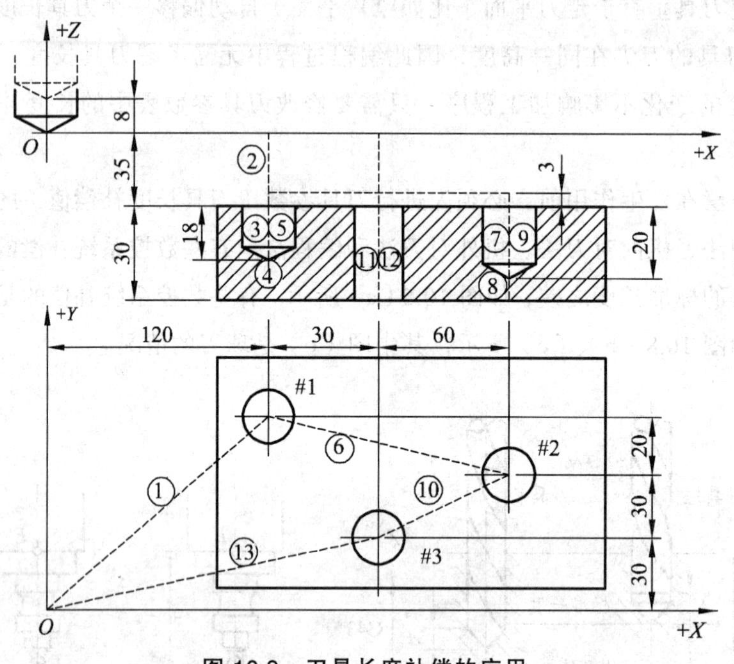

图 10.9　刀具长度补偿的应用

编制的加工程序如下表 10.3。

表 10.3　加工程序

程序段	程序说明
O0002;	程序名
N10 G92 X0 Y0 Z0;	
N15 M03 S630;	
N20 G00 X120 Y80;	
N25 G44 Z－32 H01;	刀具长度正补偿，实际刀具下移至距工件上表面 3 mm 处
N30 G01 Z－53 F120;	钻#1 孔
N35 G00 Z－32;	实际刀具上移至距工件上表面 3 mm 处
N40 X210 Y60;	
N45 G01 Z－55;	钻#2 孔
N50 G00 Z－32;	
N55 X150 Y30;	
N60 G01 Z－73;	钻#3 孔
N65 G00 Z－32;	实际刀具上移至距工件上表面 3 mm 处
N70 G49 G00 Z0;	取消长度补偿，实际刀具上移至距 *Z*0 上方 8 mm 处
N75 X0 Y0 M05;	
N80 M30;	

【项目实施】

一、零件图工艺性分析

图 10.1 所示零件的尺寸标注为中心对称标注，标注合理，便于加工基准的设定及节点坐标的计算；尺寸精度要求不高，表面质量要求一般，现有机床能够达到零件图要求；零件结构合理，内腔圆角为 $R5$，能够进行加工。

二、走刀路线的确定

先精加工 100×100 的外轮廓，再加工内腔，走刀路线如图 10.10 所示。

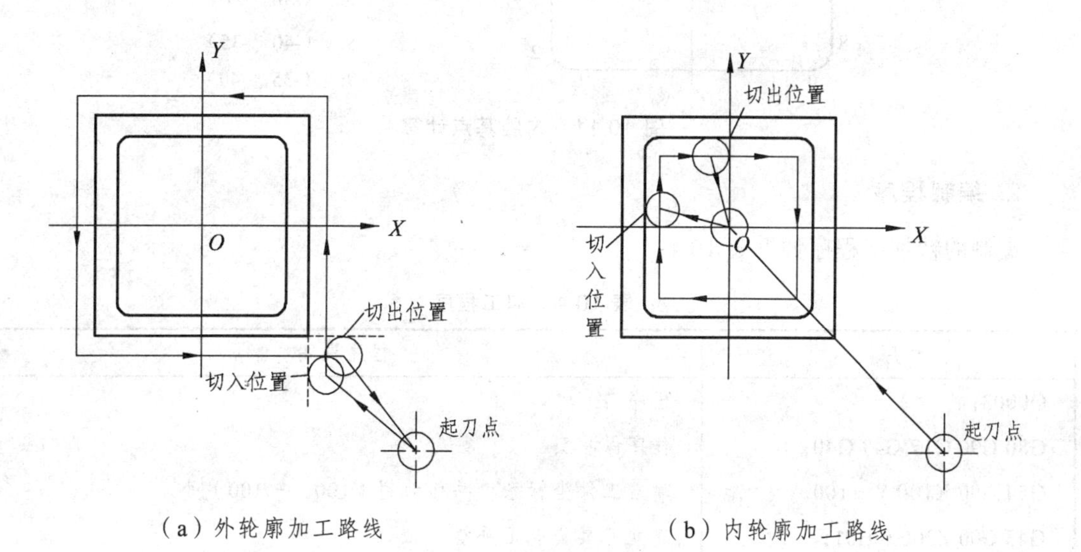

（a）外轮廓加工路线　　（b）内轮廓加工路线

图 10.10　刀具加工路线安排

三、刀具与夹具的确定

最小内凹圆弧为 $R5$，可选用 $\phi10$ 的立铣刀（也可根据实际加工场地条件选用小于 $\phi10$ 立铣刀）。该零件轮廓简单，采用通用平口钳装夹。

四、切削用量的确定

根据刀具的大小与机床的自身情况（如 KV650 铣床），可选用 $n = 1\,200$ r/min，$F = 200$ mm/min，深度方向一次成型，吃刀深度等于轮廓深度。

五、编写程序

1. 基点坐标计算

以 *O* 点为编程原点（工件上表面几何中心），内腔基点坐标如图 10.11 所示。

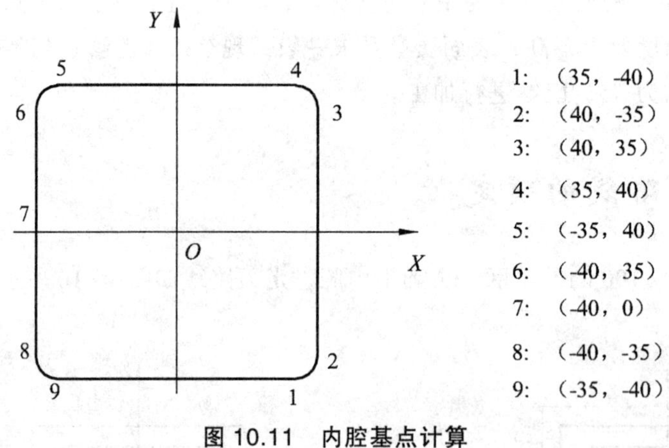

图 10.11　内腔基点计算

2. 编制程序

编制的精加工程序如下表 10.4：

表 10.4　加工程序

程序段	程序说明
O0003；	程序名
G80 G90 G17 G49 G40；	程序保护头
G54 G00 X100 Y－100；	建立工件坐标系，并移动到（100，－100）处
G43 G00 Z200.0 H01；	建立刀具长度正补偿
M03 S1200；	主轴正转，转速为 1 200 r/min
Z10.0；	快速移动到工件上表面 10 mm 处
G01 Z－10.0 F300；	下刀
G42 X50.0 Y－60.0 D01 F500；	刀具半径右补偿
Y50.0 F200；	外轮廓切削
X－50.0；	
Y－50.0；	
X60.0；	
G40 G00 X100.0 Y－100.0；	取消刀具半径补偿
Z10.0；	抬刀
X0.0 Y0.0；	快移到下刀位置，准备内腔加工
G01 Z－5.0 F150；	下刀

续表 10.4　加工程序

程序段	程序说明
G42 X－40.0 Y0.0 D01 F200;	刀具半径右补偿
X－40.0 Y35.0;	
G02 X－35.0 Y40.0 R5.0 F200;	
G01 X35.0 F200;	
G02 X40.0 Y35.0 R5.0 F200;	
G01 Y－35.0 F200;	
G02 X35.0 Y－40.0 R5.0 F200;	
G01 X－35.0 F200;	
G02 X－40.0 Y－35.0 R5.0 F200;	
G01 Y35.0 F200;	
G02 X－35.0 Y40.0 R5.0 F200;	为避免切入切出刀痕与刀补造成的未切削现象而安排的辅助刀路
G01 X0.0 F200;	
G40 Y0.0;	取消刀具半径补偿
Z200.0;	抬刀到安全高度
M05;	主轴停止
M30;	程序结束并返回程序头

【知识拓展】

数控铣削加工工艺与普通铣削加工工艺有许多相同之处，也有许多不同，在数控铣床上加工的零件通常要比普通铣床所加工的零件工艺规程复杂得多。在数控铣削加工前，要将机床的运动过程、零件的工艺过程、刀具的形状、切削用量和走刀路线等都编入程序，这就要求相关人员需要对零件加工过程有全面考虑，正确、合理地确定零件加工工艺方案。因此了解数控铣削加工工艺是非常重要的一个环节，主要包含零件图工艺分析、走刀路线的确定、数控铣削刀具、夹具，以及切削用量的合理选择等。

一、确定走刀路线的原则

走刀路线是刀具在整个加工工序中相对于工件的运动轨迹，不但包括了工步的内容，而且也反映出工步的顺序，是编写程序的依据之一。

在确定走刀路线时，主要遵循以下原则：

（1）保证零件的加工精度和表面粗糙度。

在铣削加工中，因刀具的运动轨迹和方向不同，或铣削方式不一样，会导致加工精度及表面质量不尽相同。

加工位置精度要求较高的孔系时，应特别注意安排孔的加工顺序。若安排不当，就可能引入反向间隙，直接影响位置精度。如图 10.12 所示，镗削图（a）所示有 6 孔，有两种走刀路线。按图（b）所示路线加工时，由于 5、6 孔与 1、2、3、4 孔定位方向相反，Y 轴反向间隙会使定位误差增加，从而影响其位置精度。按图（c）所示路线加工时，加工完 4 孔后移至 P 点，然后反向加工 6、5 孔，避免了反向间隙的引入，提高了 5、6 孔的位置精度。

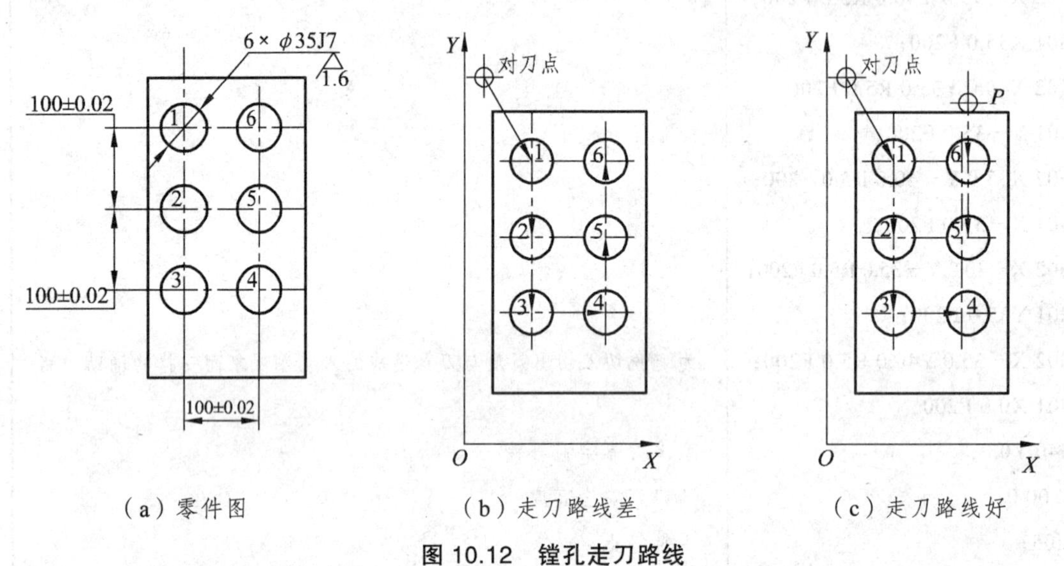

（a）零件图　（b）走刀路线差　（c）走刀路线好

图 10.12　镗孔走刀路线

（2）最短走刀路线，减少空行程时间，提高加工效率。

图 10.13 所示为正确选择钻孔加工路线的例子。按照一般习惯，总是先加工均布于同一圆周上的一圈孔后，再加工另一圈孔，如图 10.13（a）所示，但刀具空行程较多，不是最好的走刀路线。若按图 10.13（b）所示的进给路线加工，可使各孔间距的总和最小，空行程最短，从而节省定位时间。

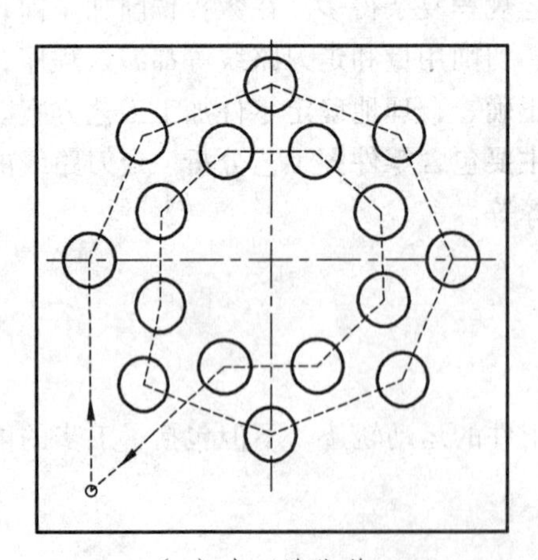
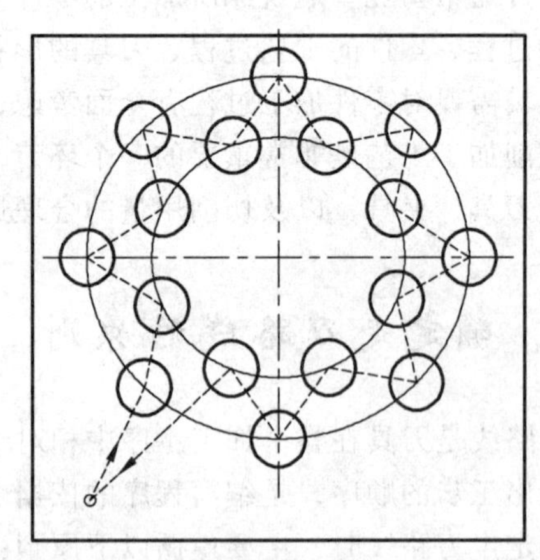

（a）走刀路线差　（b）走刀路线好

图 10.13　最短加工路线选择

（3）最终轮廓一次走刀完成。

在封闭轮廓加工中，常用以下几种方法：

行切法——如图 10.14（a）所示，加工时不留死角，在减少每次进给重叠量的情况下，走刀路线较短，但两次走刀的起点和终点间留有残余高度，影响表面粗糙度。

环切法——如图 10.14（b）所示，表面粗糙度较小，但刀位计算略为复杂，走刀路线也较行切法长。

综合法——如图 10.14（c）所示，先用行切法加工，最后再沿轮廓环切一周，轮廓表面一次成型，使其表面光整。

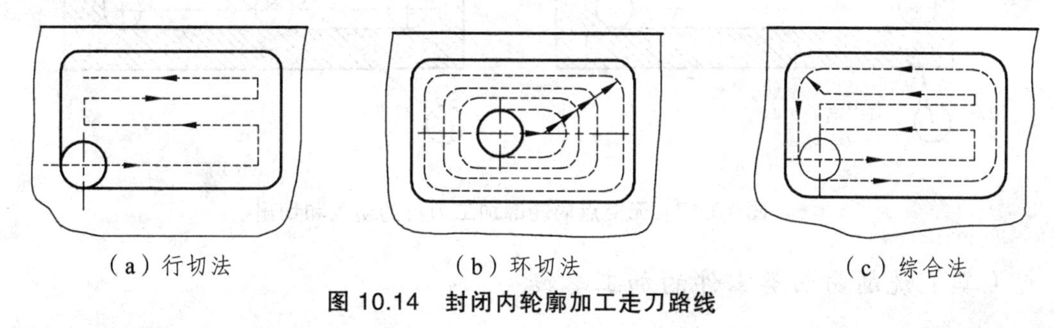

图 10.14 封闭内轮廓加工走刀路线

二、铣削不同类型零件的走刀路线

（一）铣削平面类零件的走刀路线

铣削平面类零件轮廓时，一般采用立铣刀侧刃进行切削。为减少接刀痕迹，保证零件表面质量，对刀具的切入和切出方法需要注意。

铣削外轮廓时，刀具的切入和切出应选择在轮廓曲线的延长线或切线上，而不应沿法向直接切入零件，以避免加工表面产生刀痕，从而保证零件表面质量，如图 10.15 所示。

铣削封闭的内轮廓表面时，若内轮廓曲线允许外延，则应沿切线方向切入切出。若内轮廓曲线不允许外延（见图 10.16），则刀具只能沿内轮廓曲线的法向切入切出，并将其切入切出点选在零件轮廓两几何元素的交点处（即尖角点）。当内部几何元素相切无交点时（见图 10.17），为防止刀补取消时在轮廓拐角处产生过切[见图 10.17（a）]，刀具切入切出点应远离拐角[见图 10.17（b）]，一般采用圆弧切入切出的方式。

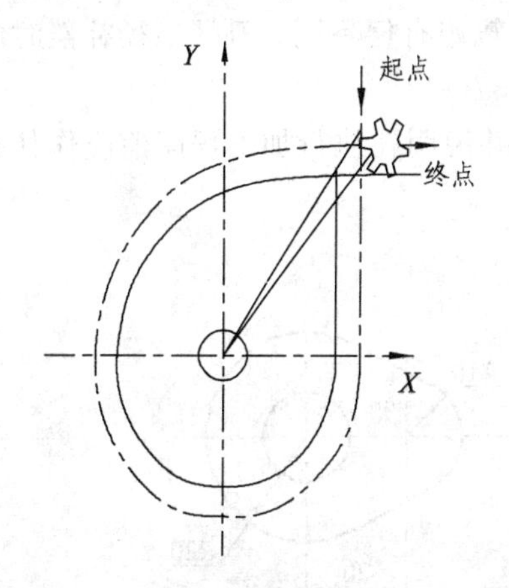

图 10.15 外轮廓加工刀具的切入和切出方式

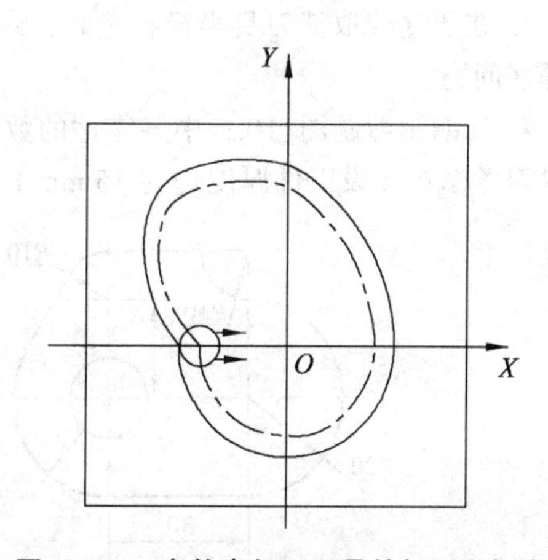

图 10.16 内轮廓加工刀具的切入和切出

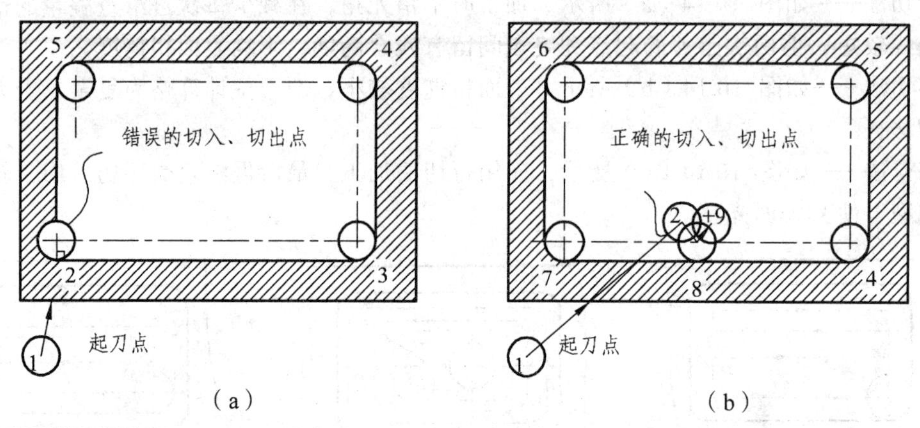

图 10.17　无交点内轮廓加工刀具的切入和切出

（二）铣削曲面类零件的加工路线

对于边界敞开的直纹曲面，加工时常采用球头刀进行“行切法”加工，即刀具与零件轮廓的切点轨迹是一行一行的，行间距按零件加工精度要求而确定。由于曲面零件的边界是敞开的，没有其他表面限制，所以曲面边界可以延伸，球头刀应由边界外开始加工。

而立体曲面加工应根据曲面形状、刀具形状以及精度要求采用不同的铣削方法。根据具体情况，可采用曲面行切法加工、2.5 轴加工、三坐标联动加工、四坐标加工、五坐标加工。

曲面铣削往往采用 CAM 自动编程软件来进行程序编制，例如 MasterCAM、UG、Pro/E、PowerMill 等。

【同步训练】

1. 内轮廓加工时，刀具选择应注意哪些问题？走刀路线的安排应注意哪些方面？

2. 在进行孔加工走刀路线设计时，应考虑哪些方面的问题？

3. 在建立或取消刀具半径补偿时，编程轨迹与刀具轨迹有何不同，刀具半径补偿时应注意哪些问题？

4. 试编制习题图 10.1 中各零件的数控加工程序。并说明在执行加工程序前应作什么样的对刀考虑？（设工件厚度均为 15 mm）

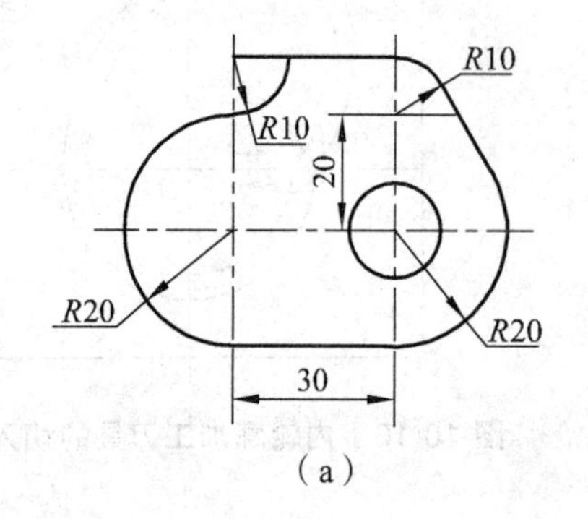

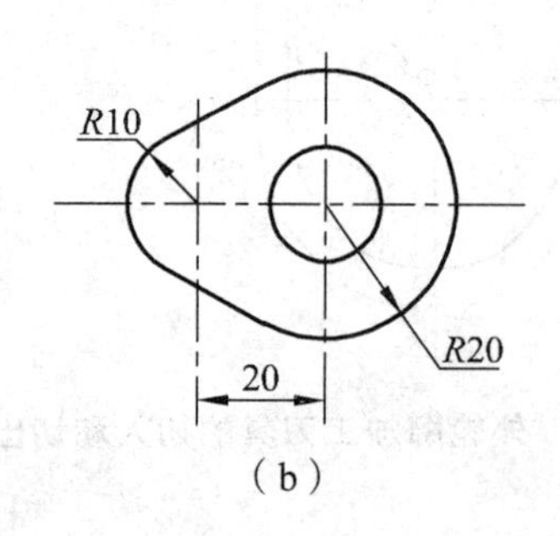

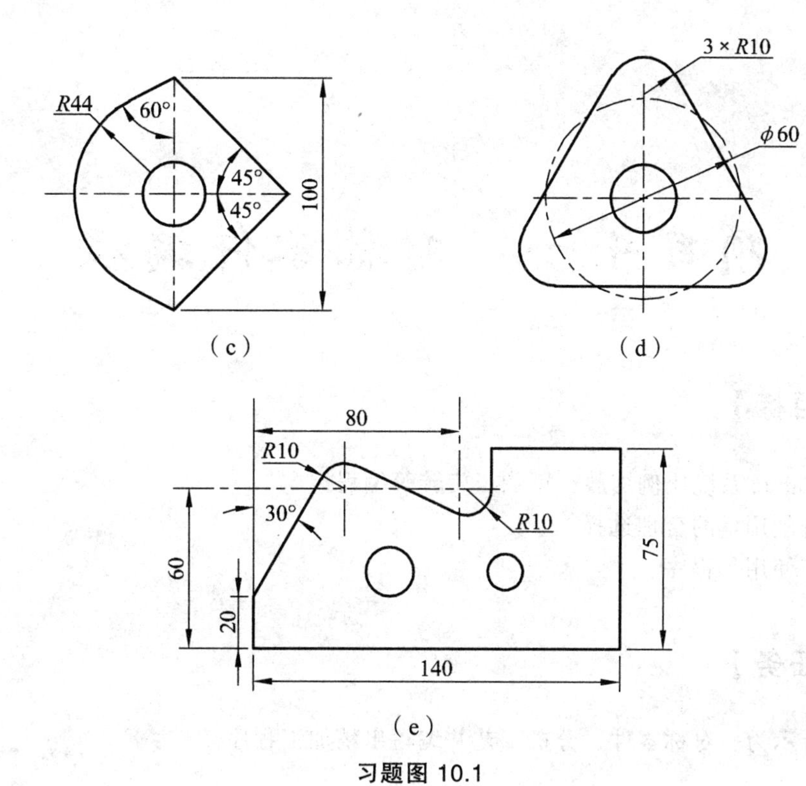

习题图 10.1

项目十一　对称零件编程

【学习目标】

- 掌握 Fanuc 系统比例缩放、镜像、旋转等编程指令。
- 掌握铣削用量的合理选择。
- 能熟练使用子程序。

【工作任务】

图 11.1 所示为一对称零件，分析工艺并编写出精加工程序。

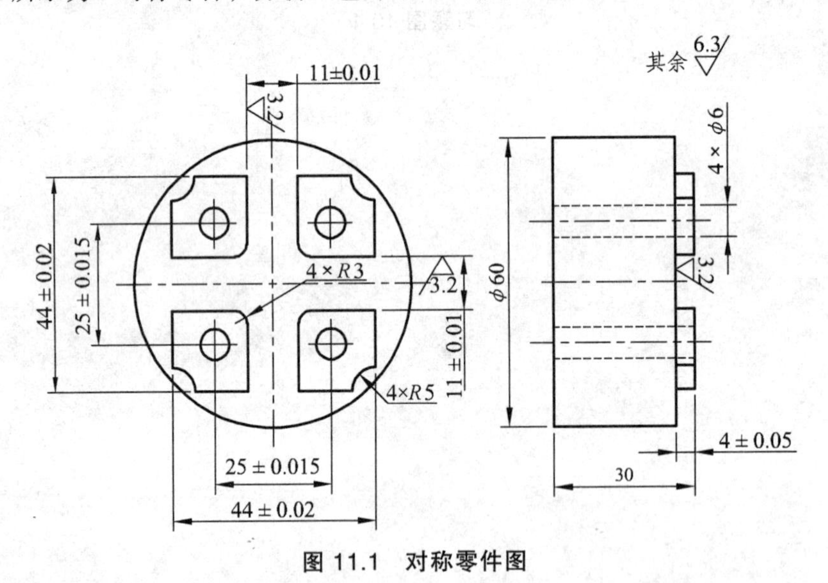

图 11.1　对称零件图

【知识准备】

一、比例缩放（G50/G51）

功能可使原编程尺寸按指定比例缩小或放大，也可让图形按指定规律产生镜像变换。G51 为缩放开始（即缩放有效），G50 为缩放取消。G50、G51 均为模态 G 代码。

编程格式：

$$G51\ X\_\_\_\ Y\_\_\_\ Z\_\_\_\ \begin{Bmatrix} P\_\_\_ \\ I\_\_\_J\_\_\_K\_\_\_ \end{Bmatrix} F\_\_\_;$$

⋮

G50；

其中：X、Y、Z——比例中心的坐标（绝对方式）；

P——各轴按相同比例编程的比例系数（范围：0.001 ~ 999.999）；该指令以后的移动指令，从比例中心点开始，实际移动量为原数值的 P 倍；P 值对偏移量无影响。

I、J、K——各轴以不同比例编程时，对应 X、Y、Z 轴的比例系数（±0.001 ~ ±9.999）；I、J、K 不能带小数点，比例为 1 时，应输入 1 000，不能省略。比例系数与图形的关系如图 11.2 所示，图中的 b/a 是 X 轴系数，d/c 为 Y 轴系数，O_1 为比例中心。

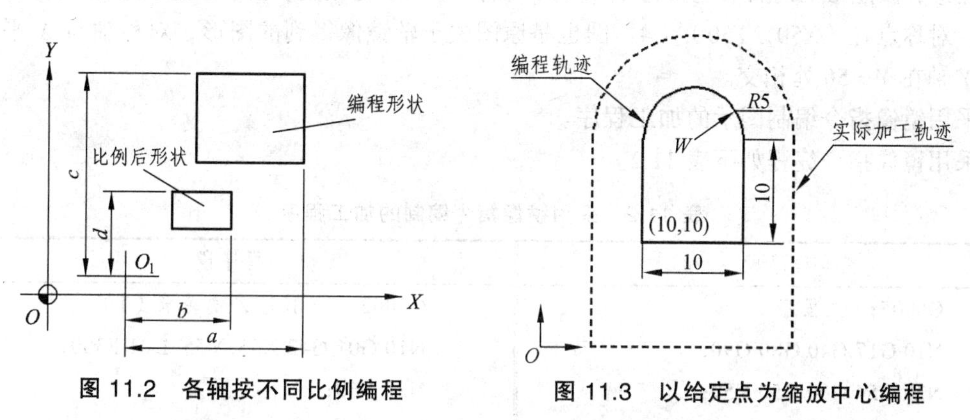

图 11.2　各轴按不同比例编程　　　图 11.3　以给定点为缩放中心编程

【例 11.1】　如图 11.3 所示，以给定点 W 为缩放中心，将图形放大为原来的 2 倍进行加工，编制其数控加工程序。

编制的加工程序如下表 11.1：

表 11.1

程序段	程序段
O0004；/主程序	O9001；/子程序（原图形）
N0010 G90 G54 G00 X0 Y0；	N0010 G90 G01 Z－10.0 F100；
N0020 M03 S1000；	N0020 G00 Y10.0；
N0030 G00 G43 Z50 H01；	N0030 G42 G01 X5.0 D01；
N0040 G51 X15.0 Y20.0 P2.0；	N0040 G01 X20.0；
N0050 M98 P9001；	N0050　　Y20.0；
N0060 G50；	N0060 G03 X10.0 R5.0；
N0070 M30；	N0070 G01 Y5.0；
	N0080 G40 G00 X0 Y0；
	N0090 G49 G00 Z300.0；
	N0100 M99；

二、可编程镜像（G50.1/G51.1）

用编程的镜像指令可实现坐标轴的对称加工。

编程格式：

G51.1 *X*____ *Y*____ *Z*____；

⋮

G50.1 *X*____ *Y*____ *Z*____；

其中：G51.1——设置可编程镜像；

G50.1——取消可编程镜像；

X、*Y*、*Z*——用于指定镜像的对称点（位置）和对称轴。

【例 11.2】 如图 11.4 所示，（1）图为程序编制的原图形；（2）图为原图关于轴镜像得到的图形，该图形的对称轴与 *Y* 平行并与 *X* 轴在 *X* = 50 处相交；（3）图为关于点对称得到的图形，对称点在（*X*50，*Y*50）；（4）图也是原图关于轴镜像得到的图形，对称轴与 *X* 平行，并与 *Y* 轴在 *Y* = 50 处相交。

采用镜像指令编制图示的加工程序。

采用镜像指令编程如下表 11.2。

表 11.2 采用镜像指令编制的加工程序

程序段	程序段
O0005；/主程序	O9002；/子程序，铣轮廓（1）
N10 G17 G40 G80 G90；	N10 G01 G42 X55. Y55. D01 F300；
N20 G54 G00 X50 Y50；	N20 X60；
N30 M03 S1000；	N30 X100；
N40 G43 Z100 H01；	N40 Y100；
N50 Z5；	N50 X55 Y55；
N60 G01 Z－2 F200；	N60 G40 X50 Y50；
N70 M98 P0002；/铣轮廓（1）	N70 M99；
N80 G51.1 X50；	
N90 M98 P0002；/铣轮廓（2）	
N100 G50.1 X50；	
N100 G51.1 X50 Y50；	
N110 M98 P0002；/铣轮廓（3）	
N120 G50.1 X50 Y50；	
N130 G51.1 Y50；	
N140 M98 P0002；/铣轮廓（4）	
N150 G50.1 Y50；	
N160 G01 Z5 F300；	
N170 G00 Z150 H00；	
N180 M30；	

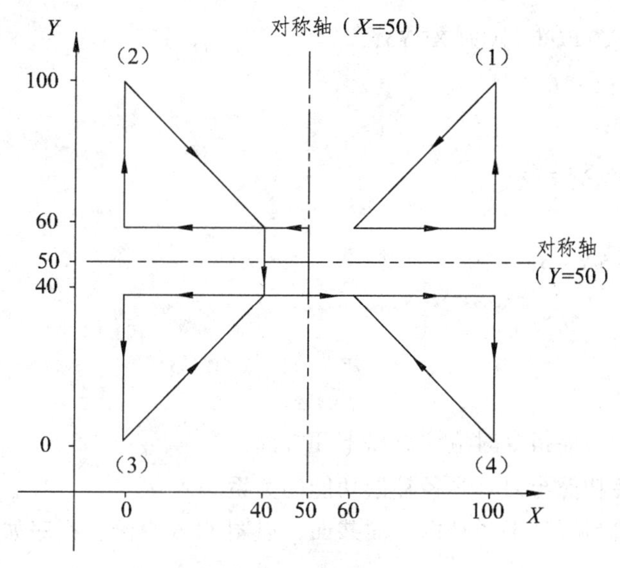

图 11.4　可编程镜像

三、坐标系旋转（G68/G69）

该指令可使编程图形按指定旋转中心及旋转方向旋转一定的角度。

编程格式：

G68 *X*____ *Y*____ *R*____；　　　/坐标系开始旋转

⋮

G69；　　　　　　　　　　　　/坐标系旋转取消

其中：*X*、*Y* 为旋转中心的坐标值（可以是 *X*、*Y*、*Z* 中的任意两个，由当前平面选择指令确定），当 *X*、*Y* 省略时，G68 指令认为当前的位置即为旋转中心；*R* 为旋转角度（范围：－360.0～＋360.0，最小单位为 0.001°），逆时针旋转为正向，一般为绝对值，当 *R* 省略时，按系统参数确定旋转角度。

说明：当程序采用绝对方式编程时，G68 程序段后的第一个程序段必须使用绝对坐标指令，才能确定旋转中心。如果这一程序段为增量值，那么系统将以当前位置为旋转中心，按 G68 给定的角度旋转坐标。

【例 11.3】 如图 11.5 所示，应用旋转指令编制其加工程序。

用旋转指令编制的加工程序如下：

O0006；

N10 G54 G00 X－5 Y－5 Z100.；

N15 M03 S1000；

N20 G00 Z5；

N25 G01 Z－5 F50；

N30 G68 G90 X7 Y3 R60；

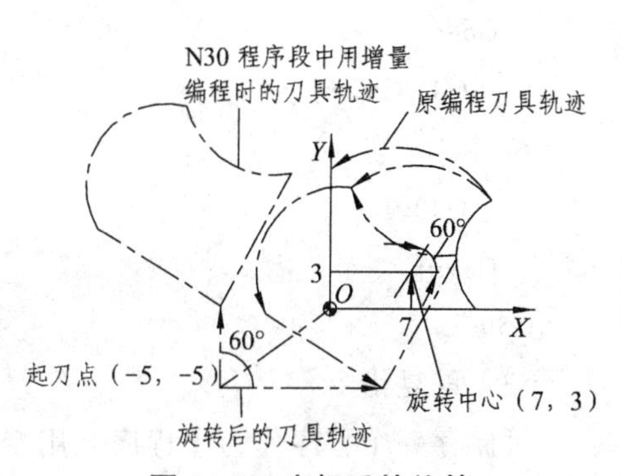

图 11.5　坐标系的旋转

N35 G90 G01 X0 Y0 F200；/G91 X5 Y5；

N40 G91 X10；

N45 G02 Y10 R10；

N50 G03 X－10 I－5 J－5；

N55 G01 Y－10；

N60 G69 G90 X－5 Y－5；

N65 G0 Z100；

N70 M05；

N75 M30；

应用坐标系旋转功能指令时应注意以下几方面：

（1）坐标系旋转功能与刀具半径补偿功能的关系。

旋转平面一定要与刀具半径补偿平面共面，以图 11.6 为例，程序如下：

⋮

G00 X0 Y0；

G68 R－30；

G42 G90 G00 X10 Y10 F100 D01；

G91 X20；

G03 Y10 I－10 J5；

G01 X－20；

Y－10；

G40 G90 X0 Y0；

G69

⋮

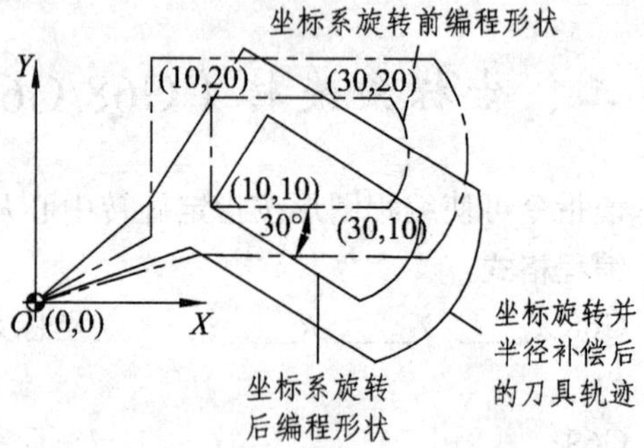

图 11.6　坐标旋转与刀具半径补偿

当选用半径为 *R*5 的立铣刀时，设置刀具半径补偿偏置号 D01 的数值为 5。

（2）与比例缩放编程的关系。

在比例模式时，再执行坐标旋转指令，旋转中心坐标也执行比例缩放，但旋转角度不受影响，这时各指令的排列顺序如下：

```
G51…
  G68…
    G41/G42…
      ⋮
    G40…
  G69…
G50…
```

（3）重复指令。

可储存一个程序作为子程序，用变换角度的方法来调用该子程序。将图形旋转 60°进行加工，如图 11.7 所示，其数控加工程序如下：

```
⋮
G00 G90 X0 Y0;
G68 X15.0 Y15.0 R60;
M98 P0200;
G69 G90 X0 Y0;
⋮
```

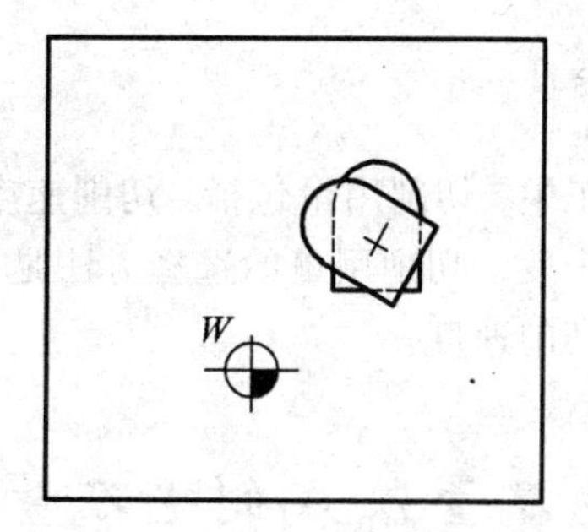

图 11.7　以给定点为旋转中心进行编程

【项目实施】

根据图 11.1 所示零件的特点编制的程序如下表 11.3：

表 11.3　加工程序

程序段	程序段
O0006；　/主程序	O9006；　/子程序
N10 G17 G40 G80 G90;	N10 G01 G42 X30 Y22 D01 F300;
N20 G54 G00 X50 Y22;	N20　　X5.5;
N30 M03 S1000;	N30　　Y8.5;
N40 G43 Z100 H01;	N40 G03 X8.5 Y5.5 R3;
N50　　Z5;	N50 G01 X22;
N60 G01 Z－4 F100;	N60　　Y17;
N70 M98 P9005；　/铣轮廓（1）	N70 G02 X17 Y22 R5;
N80 G51.1 X0;	N80 G40 G01 X50 Y22;
N90 M98 P9005；　/铣轮廓（2）	N90 M99;
N100 G50.1 X0;	
N100 G51.1 X0 Y0;	
N110 M98 P9005；　/铣轮廓（3）	
N120 G50.1 X0 Y0;	
N130 G51.1 Y0;	
N140 M98 P9005；　/铣轮廓（4）	
N150 G50.1 Y0;	
N160 G01 Z5 F300;	
N170 G00 Z150 H00;	
N180 M30;	

【知识拓展】

数控铣削加工中，切削用量包括：切削速度 v_c、进给速度 v_f、背吃刀量 a_p 和侧吃刀量 a_e。从刀具的耐用度出发，切削用量的选择方法是：先选择背吃刀量或侧吃刀量，其次选择进给速度，最后确定切削速度。

一、背吃刀量 a_p 或侧吃刀量 a_e

背吃刀量 a_p 为平行于铣刀轴线测量的切削层尺寸，单位为 mm。端铣时，a_p 为切削层深度；而圆周铣削时，为被加工表面的宽度。侧吃刀量 a_e 为垂直于铣刀轴线测量的切削层尺寸，单位为 mm。端铣时，a_e 为被加工表面宽度；而圆周铣削时，a_e 为切削层深度；如图 11.8 所示。

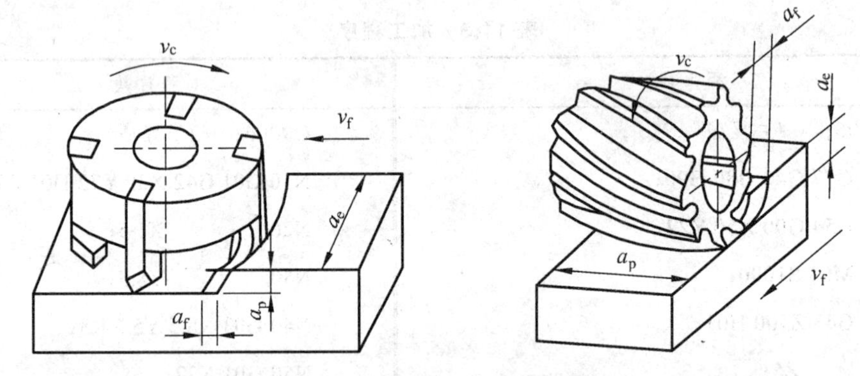

图 11.8　铣削加工的切削用量

背吃刀量或侧吃刀量的选取主要由加工余量、表面质量的要求以及工艺系统刚性决定：

（1）当工件表面粗糙度值要求为 $Ra = 12.5 \sim 25$ μm 时，如果圆周铣削加工余量小于 5 mm，端面铣削加工余量小于 6 mm，粗铣一次进给就可以达到要求。但是在余量较大，工艺系统刚性较差或机床动力不足时，可分为两次或多次进给完成。

（2）当工件表面粗糙度值要求为 $Ra = 3.2 \sim 12.5$ μm 时，应分为粗铣和半精铣两步进行。粗铣时背吃刀量或侧吃刀量选取同前。粗铣后留 0.5 ~ 1.0 mm 的余量，在半精铣时切除。

（3）当工件表面粗糙度值要求为 $Ra = 0.8 \sim 3.2$ μm 时，应分为粗铣、半精铣、精铣三步进行。半精铣时背吃刀量或侧吃刀量取 1.5 ~ 2 mm；精铣时，圆周铣侧吃刀量取 0.3 ~ 0.5 mm，面铣刀背吃刀量取 0.5 ~ 1 mm。

二、进给量 f 与进给速度 v_f 的选择

铣削加工的进给量 f（mm/r）是指刀具转一周，刀具沿进给运动方向相对于工件的位移量。进给速度 v_f（mm/min）是单位时间内刀具沿进给方向相对于工件的位移量。进给速度与进给量的关系为 $v_f = nf$（n 为刀具转速，单位 r/min）。进给量与进给速度是数控铣削加工切削

用量中的重要参数，根据零件的表面粗糙度、加工精度要求、刀具及工件材料等因素，参考切削用量手册选取或通过选取每齿进给量 f_z，再根据公式 $f = Zf_z$（Z 为铣刀齿数）计算。

每齿进给量 f_z 的选取主要依据工件材料的力学性能、刀具材料、工件表面粗糙度等因素。工件材料强度和硬度越高，f_z 越小；反之则越大。硬质合金铣刀的每齿进给量高于同类高速钢铣刀。工件表面粗糙度 Ra 要求越高，f_z 就越小；工件刚性差或刀具强度低时，应取较小值。每齿进给量可参考表 11.4 选取。

表 11.4　铣刀每齿进给量参考值

工件材料	f_z (mm)			
	粗铣		精铣	
	高速钢铣刀	硬质合金铣刀	高速钢铣刀	硬质合金铣刀
钢	0.10 ~ 0.15	0.10 ~ 0.25	0.02 ~ 0.05	0.10 ~ 0.15
铸铁	0.12 ~ 0.20	0.15 ~ 0.30		

三、切削速度 v_c

铣削加工中，切削速度 v_c 与刀具的耐用度、每齿进给量、背吃刀量、侧吃刀量以及铣刀齿数成反比，而与铣刀直径成正比。其原因是当 f_z、a_p、a_e 和 Z 增大时，刀刃负荷增加，而且同时工作的齿数也增多，使切削热增加，刀具磨损加快，从而限制了切削速度的提高。为提高刀具耐用度，允许使用较低的切削速度。但是加大铣刀直径则可改善散热条件，可以提高切削速度。

铣削加工的切削速度 v_c 可参考表 11.5 选取，也可参考有关切削用量手册中的经验公式，通过计算选取。

表 11.5　铣削加工的切削速度参考值

工件材料	硬度（HBS）	$v_c(\mathrm{m \cdot min^{-1}})$	
		高速钢铣刀	硬质合金铣刀
钢	<225	18 ~ 42	66 ~ 150
	225 ~ 325	12 ~ 36	54 ~ 120
	325 ~ 425	6 ~ 21	36 ~ 75
铸铁	<190	21 ~ 36	66 ~ 150
	190 ~ 260	9 ~ 18	45 ~ 90
	260 ~ 320	4.5 ~ 10	21 ~ 30

【同步训练】

1. 当切削较软材料时，刀具的前角怎样选择较为合理？
2. 选择切削用量的一般原则是什么？切削速度与主轴转速、刀具直径存在怎样的关系？

3. 利用坐标变换指令编制习题图 11.1 所示零件的加工程序。

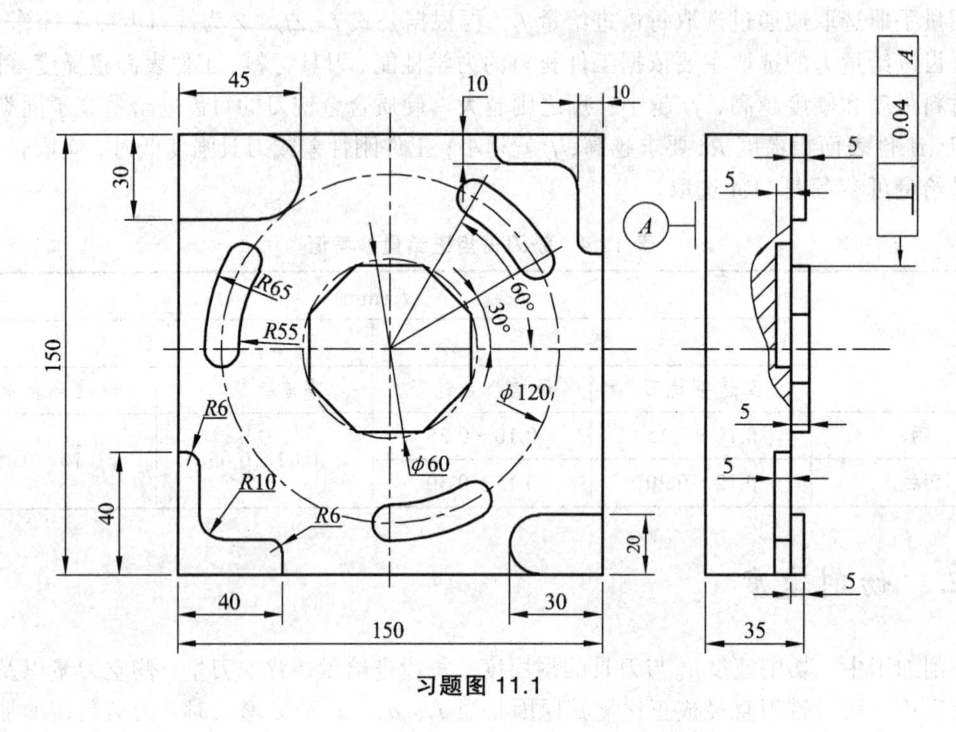

习题图 11.1

项目十二　孔类零件编程

【学习目标】

- 熟练掌握 Fanuc 系统孔加工循环指令。
- 能认识各种类型的刀柄及刀具。
- 了解常用的夹具。
- 能掌握加工中心合理的换刀方式及程序应用。

【工作任务】

图 12.1 所示为带孔凸台零件，分析工艺并编写出精加工程序。

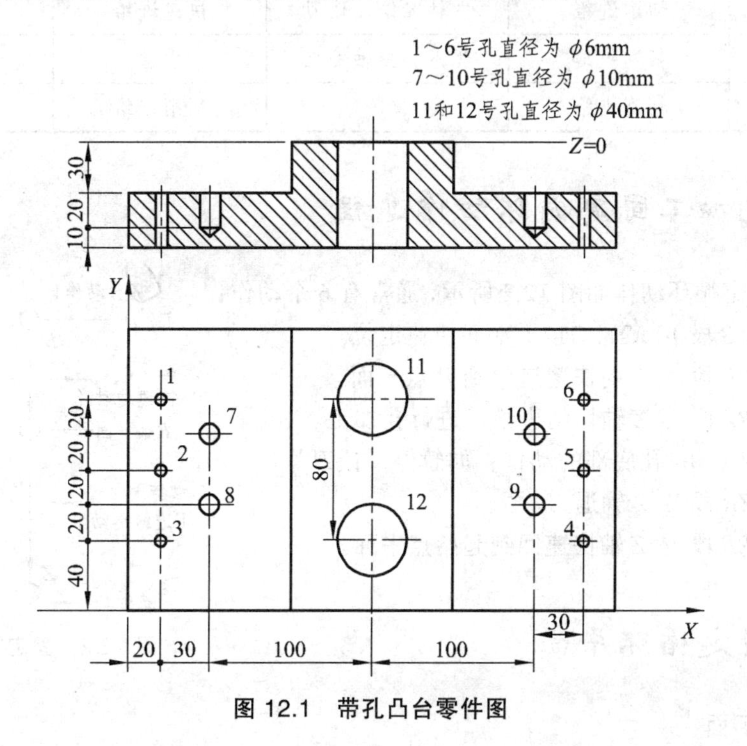

图 12.1　带孔凸台零件图

【知识准备】

在数控铣床与加工中心上进行孔加工（镗孔、钻孔和攻螺纹等）时，通常采用系统配备的固定循环功能进行编程。通过对这些固定循环指令的使用，可以在一个程序段内完成某个孔加工的全部动作（孔加工进给、退刀、孔底暂停等），从而大大减少编程的工作量。Fanuc 0i 系统数控铣削固定循环指令见表 12.1。

表 12.1 孔加工固定循环及其动作一览表

G 代码	加工动作	孔底部动作	退刀动作	用途
G73	间隙进给	—	快速进给	高速钻深孔
G74	切削进给	主轴正转	切削进给	攻左旋螺纹
G76	切削进给	主轴准停、让刀	快速进给	精镗孔
G80	—	—	—	取消固定循环
G81	切削进给	—	快速进给	钻孔
G82	切削进给	暂停	快速进给	钻孔与锪孔
G83	间隙进给	—	快速进给	钻深孔
G84	切削进给	主轴反转	切削进给	攻右旋螺纹
G85	切削进给	—	切削进给	铰孔
G86	切削进给	主轴停止	快速进给	镗孔
G87	切削进给	主轴准停、让刀	快速进给	反镗孔
G88	切削进给	暂停、主轴停止	手动	镗孔
G89	切削进给	暂停	切削进给	镗孔

一、孔加工固定循环动作过程

孔加工固定循环动作如图 12.2 所示，通常有 6 个动作：

动作 1（*AB* 段）：*XY*（G17）平面快速定位。

动作 2（*BR* 段）：*Z* 向快速进给到 *R* 点平面。

动作 3（*RZ* 段）：*Z* 轴切削进给，进行孔加工。

动作 4（*Z* 点）：孔底部的动作，如暂停，让刀等。

动作 5（*ZR* 段）：*Z* 轴退刀。

动作 6（*RB* 段）：*Z* 轴快速回到起始点平面。

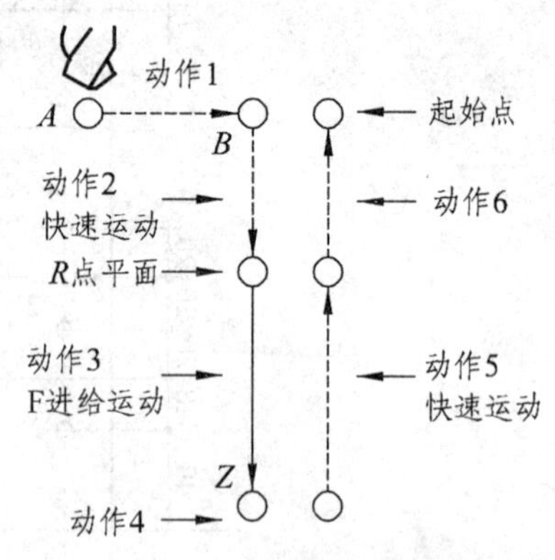

图 12.2 固定循环动作过程

二、固定循环平面

1. 初始平面

初始平面如图 12.3 所示，是为安全下刀而规定的平面。初始平面可以设定在任意一安全高度上。当使用同一把刀具加工多个孔时，刀具在初始平面内的任意移动将不会与夹具、工件凸台等发生干涉。

2. R点平面

R点平面又叫参考平面，是刀具下刀时由快速进给（简称快进）转为切削进给（简称工进）的高度平面；距工件表面的距离主要考虑工件表面的尺寸变化，一般取 2 ~ 5 mm，如图 12.3 所示。

3. 孔底平面

加工不通孔时，孔底平面就是孔底的 Z 轴高度；而加工通孔时，除要考虑孔底平面的位置外，还要考虑刀具的超越量（图 12.3 中 Z 点），以保证所有孔深都加工到尺寸要求。

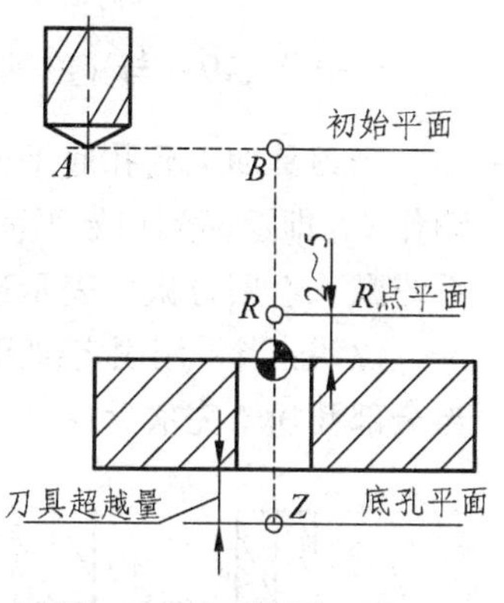

图 12.3 固定循环平面

三、固定循环编程格式

孔加工循环编程格式：

G90/G91 G98/G99 G73 ~ G89 X____ Y____ Z____ R____ Q____ P____ F____ K____;

其中各参数含义如下：

G90/G91：数据方式。G90 为绝对方式，G91 为增量方式。

G98/G99：返回点位置。G98 返回起始点，G99 返回 R 平面。

G73 ~ G89：孔加工方式，如表 12.1 所示。G73 ~ G89 是模态指令，因此，多孔加工时该指令只需指定一次，以后的程序段只给孔的位置即可。

X、Y：指定孔在 XOY 平面的坐标位置（增量或绝对坐标值）。

Z：指定孔底坐标值。在增量方式时为 R 点到孔底的距离；在绝对值方式时，是孔底的 Z 坐标值。

R：在增量方式时，为起始点到 R 平面的距离；在绝对方式时，为 R 平面的绝对坐标值。

Q：在 G73、G83 中用来指定每次进给的深度；在 G76、G87 中指定刀具的让刀量。它始终是一个增量值，单位为μm。

P：孔底暂停时间。最小单位为 1 ms。

F：切削进给速度。

K：规定重复加工次数（1 ~ 6）。如果不指定 K，则只进行一次循环。K = 0 时，孔加工数据存入，机床不动作。在增量方式（G91）时，如果有孔距相同的若干相同孔，采用重复次数来编程是很方便的，在编程时要采用 G91、G99 方式。

说明：以上格式中，除 K 代码外，其他所有代码都是模态代码，只有在循环取消时才被清除，因此，这些指令一经指定，在后面的重复加工中不必重新指定。

孔加工循环用指令 G80 取消。另外，如在孔加工循环中出现 01 组的 G 代码，则孔加工方式也会自动取消。

四、循环相关形式

（一）G98 与 G99 指令方式

当刀具加工到孔底平面后，刀具从孔底平面以两种方式返回，如图 12.2 所示的动作 5 和动作 6，即返回到初始平面和返回到 *R* 点平面，分别用指令 G98 与 G99 来决定。G98 指令为系统默认返回方式，表示返回初始平面；G99 指令表示返回 *R* 点平面，如图 12.4 所示。

说明：当采用固定循环进行孔系加工时，为了节省加工时间，刀具一般返回到 *R* 点平面；当全部孔加工完成后或孔之间存在凸台或夹具等干涉件时，则需返回初始平面。

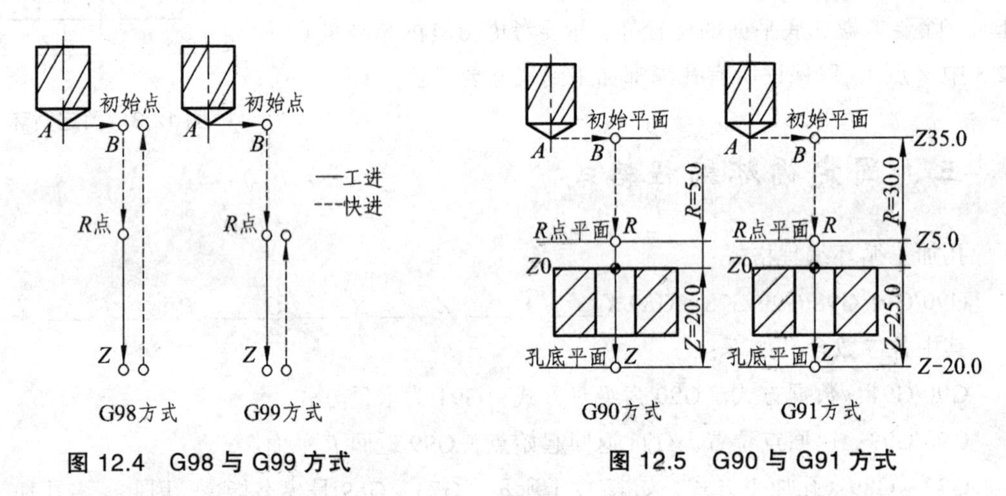

图 12.4　G98 与 G99 方式　　　　图 12.5　G90 与 G91 方式

（二）G90 与 G91 指令方式

固定循环中 *X*、*Y*、*Z* 和 *R* 值的指定与 G90 和 G91 指令的方式选择有关，而 *Q* 值与 G90 和 G91 指令方式无关。

G90 指令方式中，*X*、*Y*、*Z* 和 *R* 的取值均指工件坐标系中绝对坐标值，*R* 一般为正值，而 *Z* 一般为负值；G91 指令方式中，*R* 值是指从初始平面到 *R* 点平面的增量值，而 *Z* 值是指从 *R* 点平面到孔底平面的增量值，*R* 值与 *Z* 值（G87 例外）均为负值，如图 12.5 所示。

五、孔加工固定循环指令

（一）钻孔循环 G81 与锪孔循环 G82

1. 编程格式

编程格式： G81 *X*____ *Y*____ *Z*____ *R*____ *F*____；

G82 *X*____ *Y*____ *Z*____ *R*____ *P*____ *F*____；

2. 指令动作

G81 指令常用于普通钻孔，其加工动作如图 12.6 所示，刀具在初始平面快速（G00 方式）

定位到指令中指定的 X、Y 坐标位置，再 Z 向快速定位到 R 点平面，然后执行切削进给到孔底平面，刀具从孔底平面快速 Z 向退回到 R 点平面或初始平面。

G82 指令在孔底增加了进给后的暂停动作，以提高孔底表面质量，如果指令中不指定暂停参数 P，则该指令和 G81 指令完全相同。该指令常用于锪孔或台阶孔的加工。

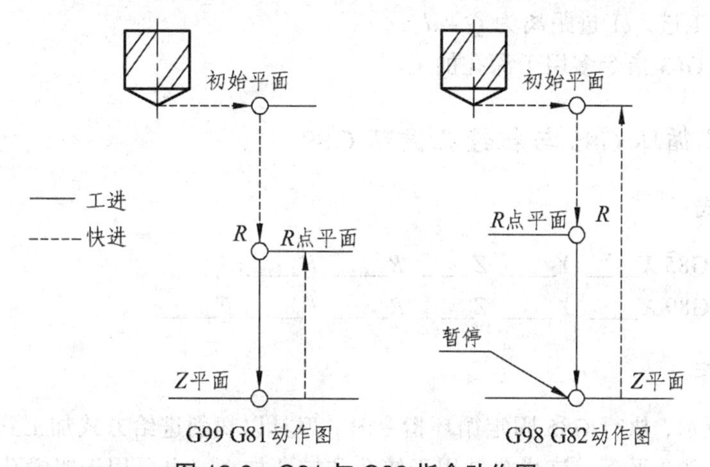

图 12.6　G81 与 G82 指令动作图

（二）高速深孔钻循环 G73 与深孔钻循环 G83

所谓深孔是指孔深与孔直径之比大于 5 而小于 10 的孔。加工深孔时，加工中散热差，排屑困难，钻杆刚性差，易使刀具损坏和引起孔的轴线偏斜，从而影响加工精度和生产率。

1. 编程格式

编程格式： G73 X____ Y____ Z____ R____ Q____ F____；

G83 X____ Y____ Z____ R____ Q____ F____；

2. 指令动作

如图 12.7 所示，G73 指令通过刀具 Z 轴方向的间歇进给实现断屑动作。

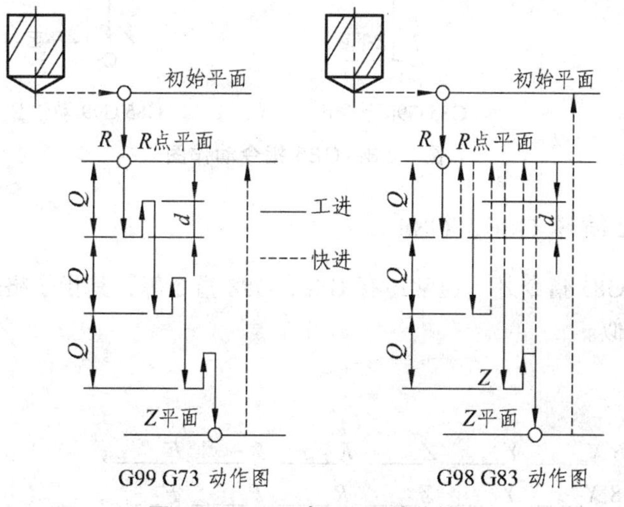

图 12.7　G73 与 G83 动作图

指令中的 Q 值是指每一次的加工深度（均为正值且带小数点）。图中的 d 值由系统指定，无需用户指定。

G83 指令通过 Z 轴方向的间歇进给实现断屑与排屑动作。该指令与 G73 指令的不同之处在于：刀具间歇进给后快速回退到 R 点，再快速进给到 Z 向距上次切削孔底平面 d 处，从该点处，快进变成工进，工进距离为 $Q+d$。

G73 指令与 G83 指令多用于深孔加工。

（三）铰孔循环 G85 与粗镗孔循环 G89

1. 编程格式

编程格式： G85 X____ Y____ Z____ R____ F____;

G89 X____ Y____ Z____ R____ P____ F____;

2. 指令动作

如图 12.8 所示，执行 G85 固定循环指令时，刀具以切削进给方式加工到孔底，然后以切削进给方式返回到 R 平面。该指令常用于铰孔和扩孔加工，也可用于粗镗孔加工。G89 指令动作与 G85 指令动作类似，不同的是 G89 指令动作在孔底增加了暂停，因此该指令常用于阶梯孔的加工。

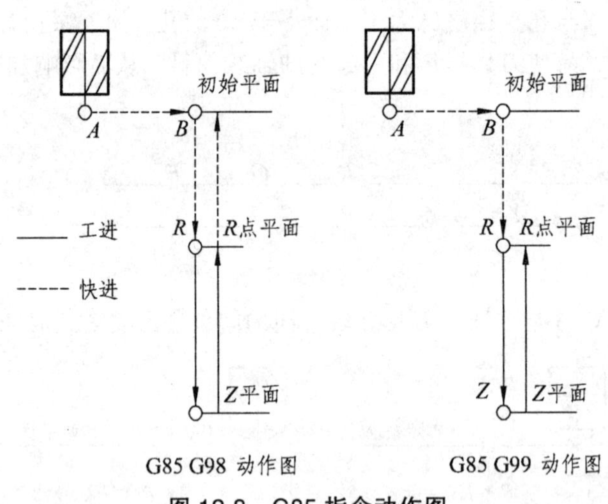

图 12.8　G85 指令动作图

（四）粗镗孔循环 G86、G88

除前面介绍的 G85 指令外，通常还有 G86、G88 指令等，其指令格式与铰孔固定循环指令 G85 的格式相类似。

1. 编程格式

编程格式： G86 X____ Y____ Z____ R____ P____ F____;

G88 X____ Y____ Z____ R____ P____ F____;

2. 指令动作

如图 12.9 所示，执行 G86 循环指令时，刀具以切削进给方式加工到孔底，然后主轴停转，刀具快速退到 R 点平面后，主轴正转。采用这种方式退刀时，刀具在退回过程中容易在工件表面划出条痕。因此，该指令常用于精度及表面粗糙度要求不高的镗孔加工。G88 循环指令较为特殊，刀具以切削进给方式加工到孔底，然后刀具在孔底暂停后主轴停转，这时可通过手动方式从孔中安全退出刀具。这种加工方式虽能提高孔的加工精度，但加工效率较低。因此，该指令常在单件加工中采用。

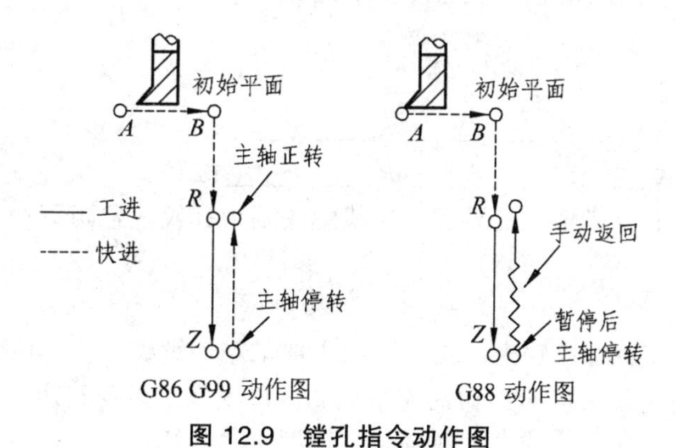

图 12.9 镗孔指令动作图

（五）精镗孔循环 G76 与反镗孔循环 G87

1. 编程格式

编程格式： G76 X____ Y____ Z____ R____ Q____ P____ F____;

G87 X____ Y____ Z____ R____ Q____ F____;

2. 指令动作

如图 12.10 所示，执行 G76 循环指令时，刀具以切削进给方式加工到孔底，实现主轴准停，刀具向刀尖相反方向移动 Q，使刀具脱离工件表面，保证刀具不划伤工件表面，然后快速退刀至 R 平面或初始平面，刀具正转。G76 指令主要用于精密镗孔加工。

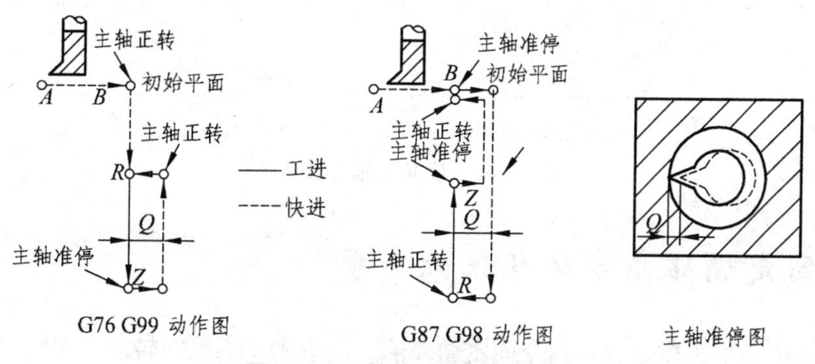

图 12.10 精镗孔指令动作图

执行 G87 循环指令时，刀具在 G17 平面内快速定位后，主轴准停，刀具向刀尖相反方向

偏移 Q，然后快速移动到孔底（R 点），在这个位置刀具按原偏移量反向移动相同的 Q 值，主轴正转并以切削进给方式加工到 Z 平面，主轴再次准停，并沿刀尖相反方向偏移 Q，快速提刀至初始平面并按原偏移量返回到 G17 平面的定位点，主轴开始正转，循环结束。由于执行 G87 循环指令时，刀尖无须在孔中经工件表面退出，故加工表面质量较好，所以该循环指令常用于精密孔的镗削加工。

说明：G87 循环指令不能用 G99 指令进行编程。

（六）攻右旋螺纹 G84 与攻左旋螺纹 G74

1. 编程格式

编程格式：G84 X____ Y____ Z____ R____ F____；

G74 X____ Y____ Z____ R____ F____；

注意：指令中的 F 是指螺纹的导程，单线螺纹则为螺纹的螺距。

2. 指令动作

G74 循环指令为左旋螺纹攻螺纹指令，用于加工左旋螺纹。执行该循环指令时，主轴反转，在 G17 平面快速定位后快速移动到 R 平面，执行攻螺纹指令到达孔底后，主轴正转退回到 R 平面，主轴恢复反转，完成攻螺纹动作，如图 12.11 所示。

G84 指令动作与 G74 指令基本类似，只是 G84 指令用于加工右旋螺纹。执行该循环指令时，主轴正转，在 G17 平面快速定位后，快速移动到 R 平面，执行攻螺纹指令到达孔底后，主轴反转退回到 R 平面，主轴恢复正转，完成攻螺纹动作。

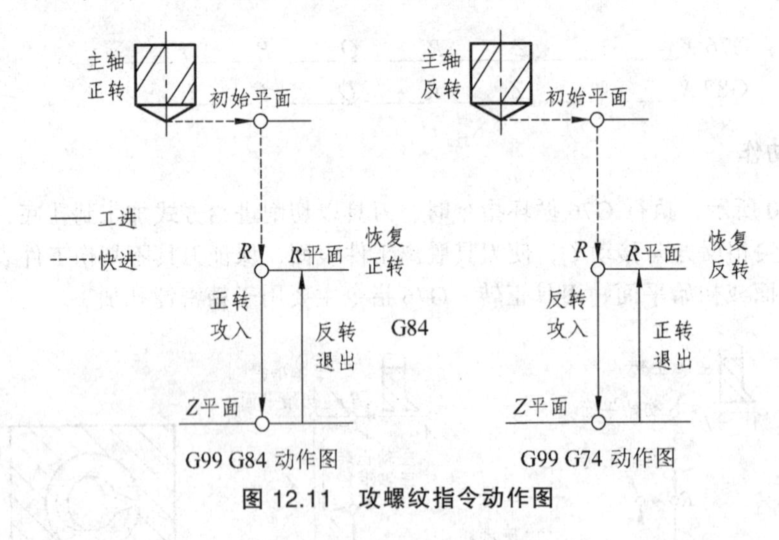

图 12.11 攻螺纹指令动作图

六、固定循环指令编程注意事项

（1）为了提高加工效率，在指令固定循环前，应事先使主轴旋转。

（2）由于固定循环是模态指令，因此在固定循环有效期间，如果 X、Y、Z、R 地址中的任意一个被改变，就要进行一次孔加工。

（3）固定循环程序段中，如在不需要指令的固定循环下指令了孔加工数据 Q、P，它只作为模态数据进行存储，而无实际动作产生。

（4）使用具有主轴自动启动的固定循环指令（G74、G84、G86）时，如果孔的 XY 平面定位距离较短，或从起始点平面到 R 平面的距离较短，且需要连续加工，为了防止在进入孔加工动作时主轴不能达到指定的转速，应使用 G04 暂停指令进行延时。

（5）在固定循环方式中，刀具半径补偿功能无效。

【例 12.1】 试采用重复固定循环方式编制如图 12.12 所示各孔的加工程序。刀具：$\phi10$ 的钻头，长度补偿号为 H01。

编制的加工程序如下：

```
O0006;
N0010 G54 G17 G80 G90 G21 G49;
N0030 M03 S800;
N0040 G43 G00 Z20.0 H01;
N0050 G00 X10.0 Y51.963 M08;
N0060 G91 G81 G99 X20.0 Z－18.0 R－15.0 K4;
N0070 X10.0 Y－17.321;
N0080 X－20.0 K4;
N0090 X－10.0 Y－17.321;
N0100 X20.0 K5;
N0110 X10.0 Y－17.321;
N0120 X－20.0 K6;
N0130 X10.0 Y－17.321;
N0140 X20.0 K5;
N0150 X－10.0 Y－17.321;
N0160 X－20.0 K4;
N0170 X10.0 Y－17.321;
N0180 X20.0 K3;
N0190 G80 M09;
N0200 G00 G49 Z50;
N0210 G28 Z0.0;
N0220 G28 X0 Y0 M05;
N0230 M30;
```

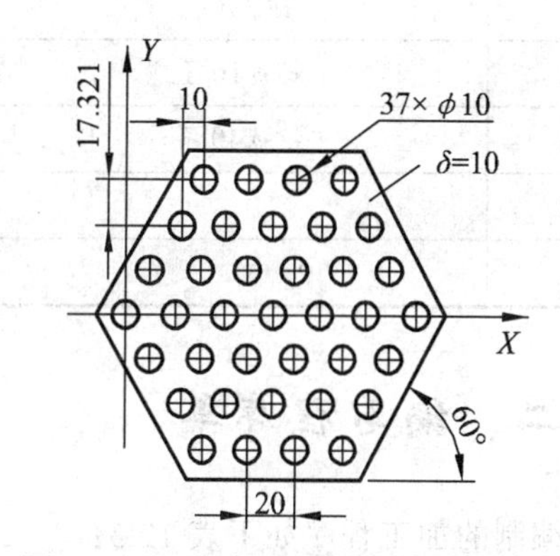

图 12.12 重复固定循环方式加工孔

【项目实施】

一、加工工艺制订

根据图 12.1 所示零件的特点，填写表 12.2 所示的加工工艺卡。

表 12.2　加工工艺卡

零件图号	12001	数控铣床加工工艺卡	机床型号	
零件名称	凸台零件		机床编号	

刀具表		量具表		工具表	
T01	长度 150 ϕ6 麻花钻	1	游标卡尺	1	平口钳
T02	长度 140 ϕ10 麻花钻	2	内径千分尺	2	分中棒
T03	长度 100 硬质合金镗刀	3		3	Z 轴定位仪
T04		4		4	
T05		5		5	

序号	工艺内容	切削用量		备注
		S（r/min）	*F*（mm/min）	
1	钻ϕ6 孔	1 500	150	
2	钻ϕ10 孔	1 000	150	
3	镗ϕ40 孔	500	60	
4				
5				

二、编写程序单

编制的加工程序如下表 12.3：

表 12.3

程序段	程序说明
O0007;	程序名
N10;	
N20 G17 G90 G40 G80 G49 G21;	G 代码初始化
N30 G91 G28 Z0　T01;	回参考点，选 T01 号刀
N40 M06;	换 T01 号刀
N50;	
N60 T02;	选 T02 号刀
N70 G90 G54 G00 X0 Y0 Z200;	设定坐标系，运动到（0，0，200）
N80 G43 Z50 H01;	
N90 Z5;	
N100 M03 S1500;	
N110 G99 G83 X20 Y120 Z－62 Q3 R－27 F150;	钻 1～6 号孔
N120 Y80;	

续表 12.3

程序段	程序说明
N130 G98 Y40；	
N140 G99 X280；	
N150 Y80；	
N160 G98 Y120；	
N170 G00 G49 Z200；	
N180 G91 G28 Z0 ；	
N190 M06；	
N200；	
N210 T03；	
N220 G43 Z50 H02；	
N230 Z5；	
N240 M03 S1000；	
N250 G99 G82 X50 Y100 Z－53 R－27 P2000 F150；	钻 7～10 号孔
N260 G98 Y60；	
N270 G99 X250；	
N280 G98 Y100；	
N290 G00 G49 Z200；	
N300 G91 G28 Z0；	
N310 M06；	
N320；	
N330 G43 Z50 H03；	
N340 Z5；	
N350 M03 S500；	
N360 G99 G76 X150 Y120 Z－62 R3 F60；	
N370 G98 Y40；	
N380 G00 G49 Z200；	
N390 G91 G28 Z0 M05；	
N400 M30；	

【知识拓展】

一、数控铣削刀具

在数控铣削加工中使用的刀具主要为铣刀，包括面铣刀、立铣刀、球头铣刀、三面刃盘铣刀、环形铣刀等，以及各种孔加工刀具，如麻花钻、锪钻、铰刀、镗刀、丝锥等。

（一）数控铣削刀具的基本要求

在数控铣削加工中，对刀具的要求较普通铣削加工高，主要有以下两方面：

1. 刚性好

在数控铣削加工中，为了提高生产效率而采用大切削用量，适应数控铣削加工过程中难以调整切削用量的特点，要求数控铣削用刀具的刚性要好。

2. 耐用度高

当同一把刀具加工内容很多时，如刀具不耐用而磨损较快，就会影响工件的表面质量与加工精度，而且会增加换刀引起的调刀与对刀次数，也会使工件表面留下因对刀误差而形成的接刀痕，降低工件表面质量。

（二）数控铣刀类型

在数控铣刀中，最常用的主要有立铣刀、面铣刀、成型铣刀、三面刃铣刀、圆柱铣刀和镗刀。

1. 立铣刀

立铣刀主要用于立式铣床上铣削加工平面、台阶面、沟槽、曲面等。针对不同的加工要素及加工效率，立铣刀有平底立铣刀、键槽铣刀、球头铣刀、环形铣刀等几种常用形式。

1）平底立铣刀

该类刀具的主切削刃分布在铣刀的圆柱面上，副切削刃分布在铣刀的端面上，且端面中心有顶尖孔，如图 12.13 所示。因此，铣削时一般不能沿刀具轴向进给，只能沿刀具径向做进给运动。平底立铣刀的刀具直径范围为$\phi 2 \sim \phi 80$ mm，当直径较小时，一般做成整体式结构，当直径较大时，一般做成机夹式。

平底立铣刀的应用非常广泛，但切削效率较低，主要用于平面轮廓零件的粗精加工以及曲面类零件的粗加工。

2）键槽铣刀

键槽铣刀可视为特殊的平底立铣刀，刀具齿数为 2 个，底面切削刃过中心，无顶尖孔，可进行轴向切削进给，如图 12.14 所示。底面刀齿上的切削刃为主切削刃，圆柱面上的切削刃为副切削刃，刀具的直径范围为$\phi 1 \sim \phi 65$ mm。一般螺旋角较小，使得底面刀齿的强度增加。

键槽铣刀主要用于加工圆头封闭键槽等轮廓。

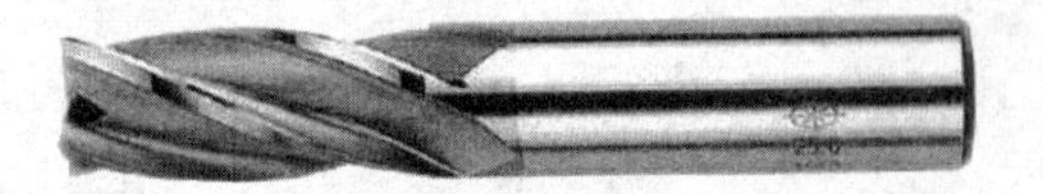

图 12.13　平底立铣刀

图 12.14　键槽铣刀

3）球头铣刀

该类刀具底面不是平面，而是带有切削刃的球面，如图 12.15 所示。在铣削时不仅能沿刀具轴向做进给运动，而且也能沿刀具径向做进给运动，球头与工件接触往往为一点，在系统控制下可以加工出各种复杂表面。刀体形状有圆柱形和圆锥形，结构上也可分为整体式和机夹式，当直径较小时，一般为整体式，直径较大时为机夹式。

球头铣刀主要用于模具产品的曲面半精加工和精加工。

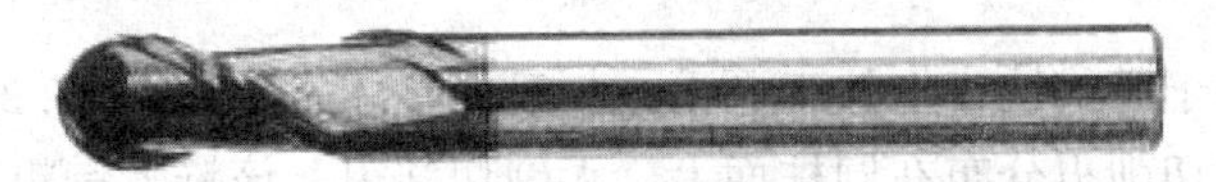

图 12.15 球头铣刀

4）环形铣刀

环形铣刀又称 R 刀或牛鼻刀，刀具圆柱面与底面有过渡圆弧，类似球头铣刀的切削方式，如图 12.16 所示。结构上可分为整体式和机夹式两种，一般用于平面零件的粗加工和半精加工。

图 12.16 环形铣刀

图 12.17 面铣刀

2. 面铣刀

面铣刀主要用于加工各种大平面。面铣刀的主切削刃分布在铣刀的柱面或圆锥面上，副切削刃分布在铣刀的端面上，如图 12.17 所示。面铣刀按结构可分为整体式、焊接式、机夹式和可转位机夹式，因可转位机夹式面铣刀调节方便，易于更换，目前使用较为广泛。

3. 成型铣刀

成型铣刀主要用于加工模具和异型工件的特型面，如凹、凸圆弧面与型腔面等，如图 12.18 所示。

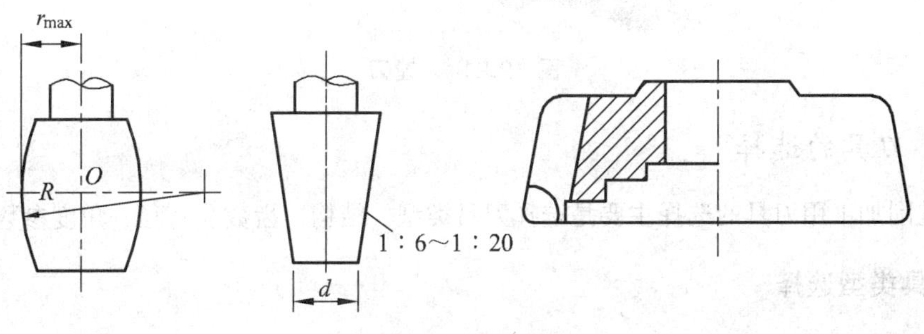

图 12.18 成型铣刀

4. 三面刃铣刀

三面刃铣刀主要用于卧式铣床上加工槽、台阶面等。三面刃铣刀的主切削刃分布在铣刀的圆柱面上，副切削刃分布在两端面上。该铣刀按刀齿结构可分为直齿、错齿和镶齿三种形式。图 12.19 所示为直齿三面刃铣刀铣削台阶面。该类铣刀结构简单、制造方便，但副切削刃前角为零，切削条件较差。该铣刀直径范围为ϕ 50 ~ ϕ 200 mm，宽度为 4 ~ 40 mm。

5. 圆柱铣刀

圆柱铣刀主要用于卧式铣床上加工平面，一般为整体式，如图 12.20 所示。该类铣刀材料一般为高速钢，主切削刃分布在圆柱面上，无副切削刃。该铣刀有粗齿和细齿之分，粗齿刀具齿数较少，刀齿强度高，容屑空间大，重磨次数多，适用于粗加工。细齿刀具齿数多，工作较平稳，适用于精加工。圆柱铣刀直径范围为ϕ 50 ~ ϕ 100 mm。

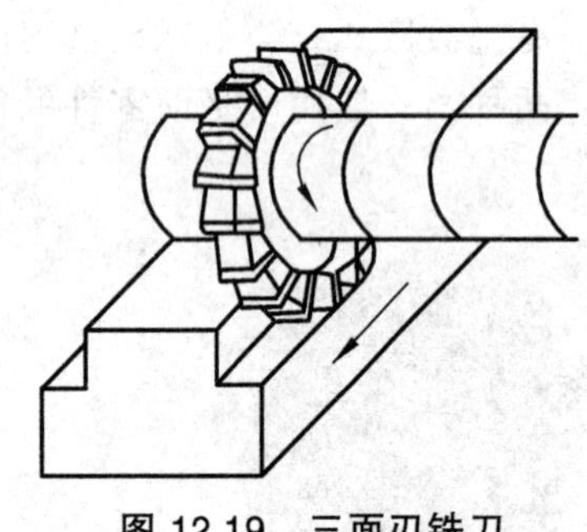

图 12.19　三面刃铣刀

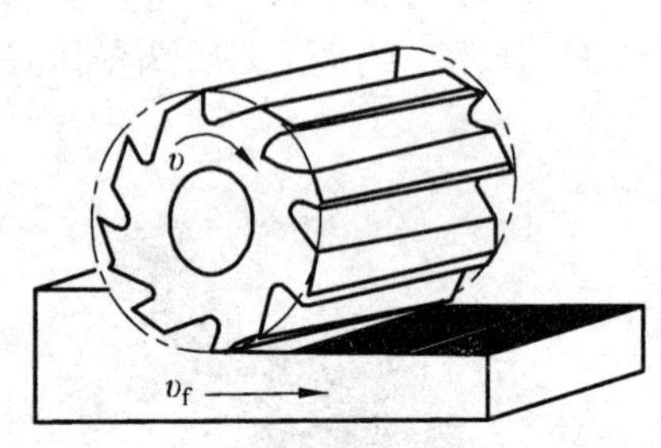

图 12.20　圆柱铣刀

6. 镗　刀

镗孔所用的刀具称为镗刀，如图 12.21 所示。镗刀切削刃部分的几何角度和车刀、铣刀的切削部分基本相同。常用的有整体式镗刀、可转位机夹式镗刀，一般装在可调镗头上配合使用。镗刀主要用于加工精度要求较高的孔，但孔径不宜太小。

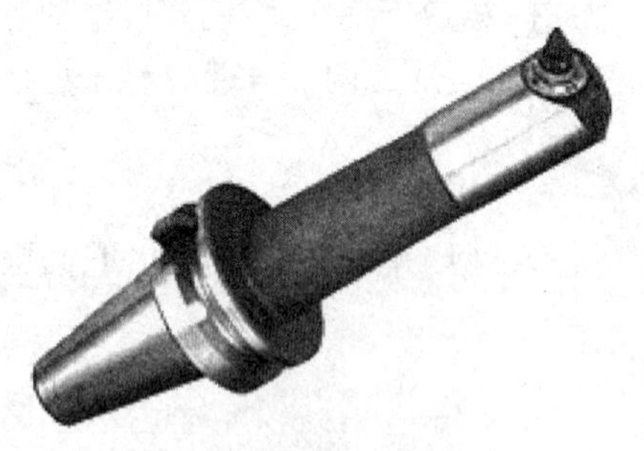

图 12.21　镗刀

（三）刀具的选择

数控铣削加工用刀具的选择主要是选择刀具类型、结构、齿数、直径、角度参数以及牌号。

1. 刀具类型选择

被加工零件的几何形状是选择刀具类型的主要依据，并可参考以下选择原则：

（1）加工曲面类零件时，为了保证刀具切削刃与加工轮廓在切削点相切，而避免刀刃与工件轮廓发生干涉，一般采用球头刀。

（2）铣较大平面时，为了提高生产效率和提高加工表面粗糙度，一般采用面铣刀。

（3）铣小平面或台阶面时一般采用平底立铣刀、三面刃铣刀。

（4）铣键槽时，为了保证槽的尺寸精度、一般用两刃键槽铣刀。

（5）孔加工时，可采用钻头、铰刀、镗刀等孔加工刀具。

2. 刀具结构选择

当被加工工件为内轮廓，且尺寸较小时，为了确保刀具在切削过程中具有足够的刚性，一般应选择直径较小的整体式刀具；当内轮廓形状较开阔、尺寸较大时，为了提高加工效率，可选择较大的焊接式或可转位机夹式刀具。

3. 铣刀的齿数（齿距）选择

铣刀齿数多，可提高生产效率，但受容屑空间、刀齿强度、机床功率及刚性等限制，不同直径的铣刀的齿数均有相应规定。为满足不同用户的需要，同一直径的铣刀一般有粗齿、中齿、密齿三种类型。

（1）粗齿铣刀——适用于大余量粗加工和软材料或切削宽度较大的铣削加工。

（2）中齿铣刀——为通用系列，使用范围广泛，具有较高的金属切除率和切削稳定性。

（3）密齿铣刀——主要用于铸铁、铝合金和有色金属的大进给速度切削加工。

为防止工艺系统出现共振，使切削平稳，可采用不等分齿距铣刀。在铸钢、铸铁件的大余量粗加工中建议优先选用不等分齿距的铣刀。

4. 铣刀直径的选择

铣刀直径的选用因产品及生产批量的不同差异较大，铣刀直径的选用主要取决于设备的规格和工件的加工尺寸。在铣削内轮廓时，刀具半径应小于内轮廓最小圆弧半径。在铣削凹型曲面时，刀具半径应小于曲面最小曲率半径。

5. 铣刀角度的选择

铣刀的角度有前角、后角、主偏角、副偏角、刃倾角等。为满足不同的加工需要，有多种角度组合形式，其中最主要的是主偏角和前角。在实际加工中，应根据不同情况进行合理选择。

6. 刀片牌号的选择

在数控铣削加工中，可转位机夹式刀具已得到非常广泛的应用，因此合理地选择刀片对切削加工有很大的帮助。选择刀片（硬质合金）牌号的主要依据是被加工材料的性能和硬质合金的性能。一般选用铣刀时，可按刀具制造厂提供加工的材料及加工条件来配备相应牌号的硬质合金刀片。

由于各厂生产的同类用途硬质合金的成分及性能各不相同，硬质合金牌号的表示方法也不同。为方便用户，国际标准化组织规定：切削加工用硬质合金按其排屑类型和被加工材料分为 3 大类，即 P、M、K 类。根据被加工材料及适用的加工条件，每大类中又分为若干组，用两位阿拉伯数字表示，数字越大，其耐磨性越低、韧性越高。可参考表 12.3 进行选择。

表 12.3　P、M、K 类合金切削用量的选择

	P01	P05	P10	P15	P20	P25	P30	P40	P50
	M10	M20	M30	M40					
	K01	K10	K20	K30	K40				
进给量	→								
背吃刀量	→								
切削速度	←								

（四）刀柄系统分类

数控铣床或加工中心上使用的刀具是通过刀柄与主轴相连，刀柄通过拉钉和主轴内的拉紧装置固定在主轴上，由刀柄夹持刀具传递速度、扭矩，如图 12.22 所示。最常用的刀柄与主轴孔的配合锥面一般采用 7∶24 的锥度，这种锥柄不自锁，换刀方便，与直柄相比有较高的定心精度和刚度。现今，刀柄与拉钉的结构和尺寸已标准化和系列化，在我国应用最为广泛的是 BT40 与 BT50 系统刀柄和拉钉。

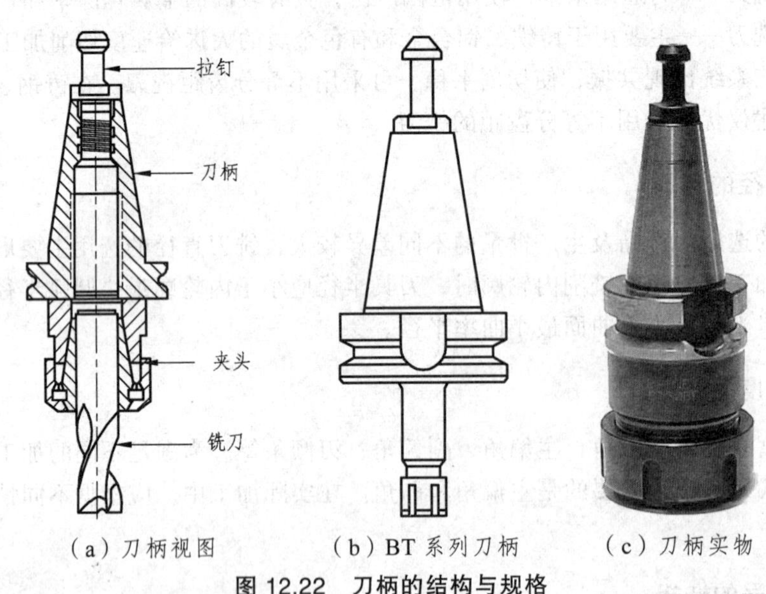

（a）刀柄视图　（b）BT 系列刀柄　（c）刀柄实物

图 12.22　刀柄的结构与规格

1. 按刀柄的结构分类

1）整体式刀柄

整体式刀柄直接夹住刀具，刚性好，但其规格、品种繁多，给生产带来不便。

2）模块式刀柄

模块式刀柄比整体式多出中间连接部分，装配不同刀具时更换连接部分即可，克服了整体式刀柄的缺点，但对连接精度、刚性、强度等有很高的要求。

2. 按刀柄与主轴连接方式分类

1）一面约束

一面约束刀柄以锥面与主轴孔配合，端面有 2 mm 左右的间隙，此种连接方式刚性较差，如图 12.23（a）所示。

2）二面约束

二面约束以锥面及端面与主轴孔配合，能确保在高速、高精度加工时的可靠性要求，如图 12.23（b）所示。

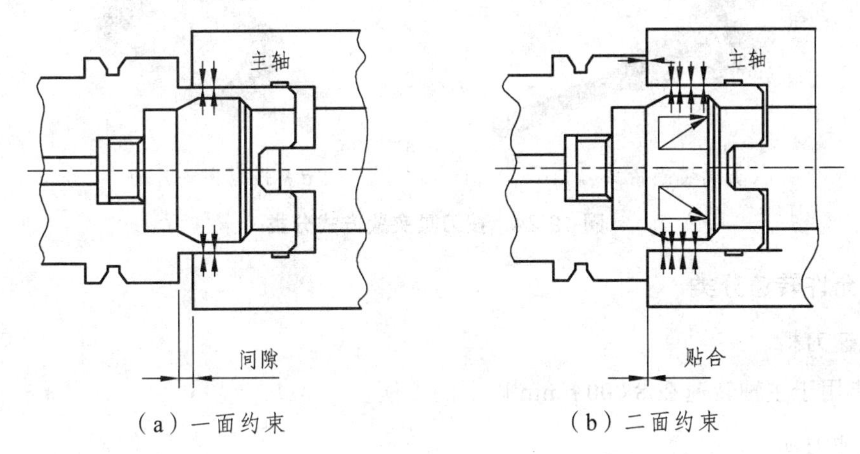

（a）一面约束　　（b）二面约束

图 12.23　按刀柄与主轴连接方式分类

3. 按刀具夹紧方式分类

1）弹簧夹头式刀柄

该类刀柄使用较为广泛，采用 ER 型卡簧进行刀柄与刀具之间的连接，适用于夹持直径 16 mm 以下的铣刀进行铣削加工，如图 12.24（a）所示。若采用 KM 型卡簧，则为强力夹头刀柄，它可以提供较大的夹紧力，适用于夹持直径 16 mm 以上的铣刀进行强力铣削。

2）侧固式刀柄

该类刀柄采用侧向夹紧，适用于切削力大的加工，但一种尺寸的刀具需配备对应的一种刀柄，规格较多，如图 12.24（b）所示。

3）热装夹紧式刀柄

该类刀柄在装刀时，需要加热刀柄孔，将刀具装入刀柄后，冷却刀柄，靠刀柄冷却收缩以很大的夹紧力同心地夹紧刀具。这种刀柄装夹刀具后，径向跳动小、夹紧力大、刚性好、稳定可靠，非常适合高速切削加工，但由于安装与拆卸刀具不便，不适用于经常换刀的场合，如图 12.24（c）所示。

4）液压夹紧式刀柄

采用液压夹紧刀具，夹持效果非常好，刚性好，可提供较大的夹紧力，非常适合高速切削加工，如图 12.24（d）所示。

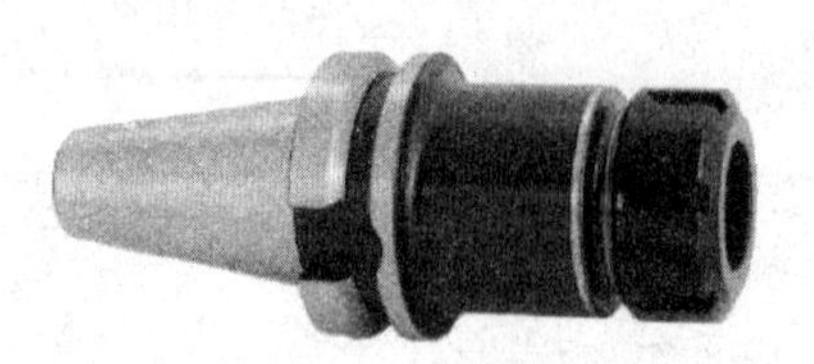

（a）弹簧夹头式刀柄

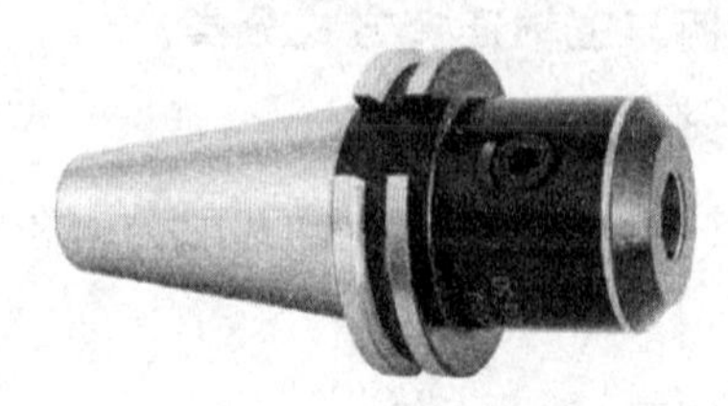

（b）侧固式刀柄

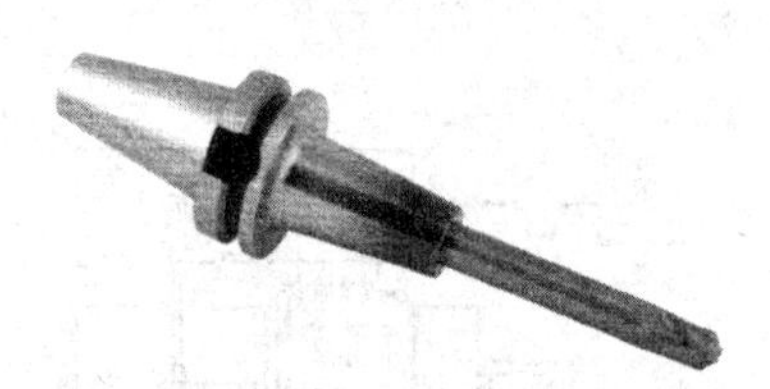

（c）热装夹紧式刀柄

（d）强力夹头刀柄

图 12.24　按刀具夹紧方式分类

4. 按允许转速分类

1）低速刀柄

一般指用于主轴转速在 8 000 r/min 以下的刀柄。

2）高速刀柄

一般指用于主轴转速在 8 000 r/min 以上的高速加工的刀柄，其上有平衡调整环，必须经动平衡检测后方可使用。

5. 按所夹持的刀具分类

1）圆柱铣刀刀柄

圆柱铣刀刀柄用于夹持圆柱铣刀，如图 12.25（a）所示。

2）锥柄钻头刀柄

锥柄钻头刀柄用于夹持莫氏锥度刀杆的钻头、铰刀等，带有扁尾槽及装卸槽，如图 12.25（b）所示。

3）面铣刀刀柄

面铣刀刀柄与面铣刀盘配套使用，如图 12.25（c）所示。

4）直柄钻夹头刀柄

直柄钻夹头刀柄用于装夹直径在 13 mm 以下的中心钻、直柄麻花钻等，如图 12.25（d）所示。

5）镗刀刀柄

镗刀刀柄用于各种高精度孔的镗削加工，有单刃、双刃以及重切削等类型，如图 12.25（e）所示。

6）丝锥刀柄

丝锥刀柄用于自动攻丝时装夹丝锥，一般具有切削力限制功能，如图 12.25（f）所示。

（a）圆柱铣刀刀柄

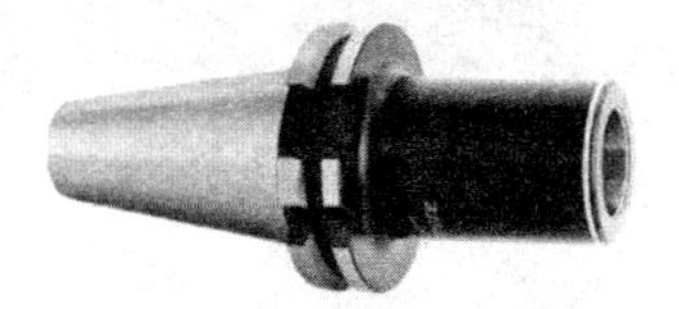

（b）锥柄钻头刀柄

（c）面铣刀刀柄

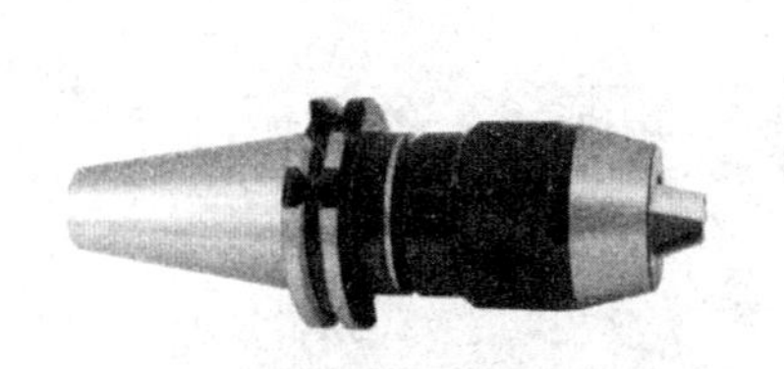

（d）直柄钻夹头刀柄

（e）镗刀刀柄

（f）丝锥刀柄

图 12.25　按夹持刀具分类

二、数控铣削用夹具

在数控铣床上常用的夹具类型有通用夹具、组合夹具、专用夹具、成组夹具等，在选择时需要考虑产品的质量保证、生产批量、生产效率及经济性。

（一）通用铣削夹具

通用铣削夹具有螺钉压板、平口钳、卡盘等。

1. 螺钉压板

利用 T 形槽螺栓和压板将工件固定在机床工作台上。装夹工件时需根据工件装夹精度要求，使用百分表等找正工件。

2. 平口钳

平口钳（又称虎钳）属于通用可调夹具，同时也可以作为组合夹具的一部分，适用于多品种小批量生产加工。由于其具有通用性强、夹紧快速、操作简单、定位精度较高等特点，因此被广泛应用。

数控铣削加工中一般使用精密平口钳（定位精度在 0.01 ~ 0.02 mm）或工具平口钳（定位精度为 0.001 ~ 0.005 mm）。当加工精度要求不高或采用较小夹紧力即可满足要求的零件时，常用机械式平口钳，靠丝杠螺母相对运动来夹紧工件，如图 12.26（a）所示；当加工精度要求较高，需要较大的夹紧力时，可采用较高精度的液压式平口钳，如图 12.26（b）所示。

平口钳安装时应根据加工精度要求，控制钳口与 X 或 Y 轴的平行度，零件夹紧时要注意控制工件变形及上翘现象。

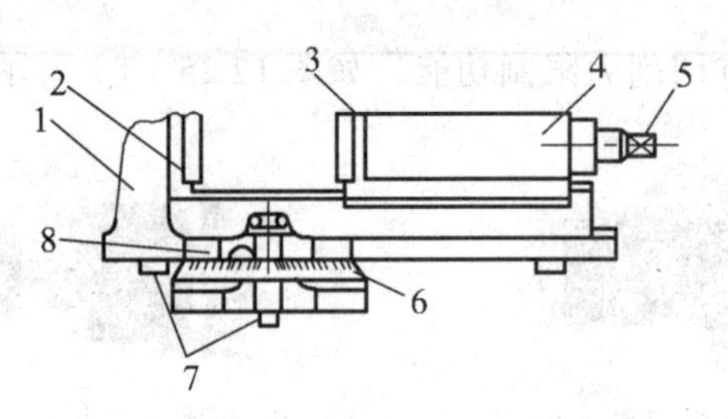

（a）机械式平口钳

1—钳体；2—固定钳口；3—活动钳口；4—活动钳身；5—丝杠方头；6—底座；7—定位键；8—钳体零线

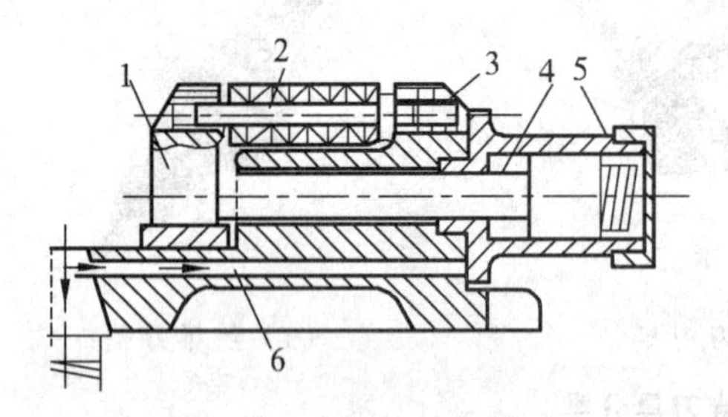

（b）液压式平口钳

1—活动钳口；2—心轴；3—钳口；4—活塞；5—弹簧；6—油路

图 12.26　机用平口钳

3. 卡　盘

当需要在数控铣床上加工回转体零件时，可以采用三爪卡盘装夹；对于非回转零件可采用四爪卡盘装夹，如图 12.27 所示。在使用时，用 T 形槽螺栓将卡盘固定在机床工作台上即可。

（a）三爪卡盘

（b）四爪卡盘

图 12.27　铣床用卡盘

（二）专用铣削夹具

该类型的夹具是专门为某一项或类似的几项工件设计制造的夹具，一般用于大批量生产或研制产品。其结构固定，仅适用于一个具体零件的具体工序，这类夹具设计应该力求简化，使制造时间尽量缩短。如图 12.28 所示，铣削某一零件上表面时无法采用常规夹具，故用 V 形槽的压板结合做成了一个专用夹具，铣削零件上表面。

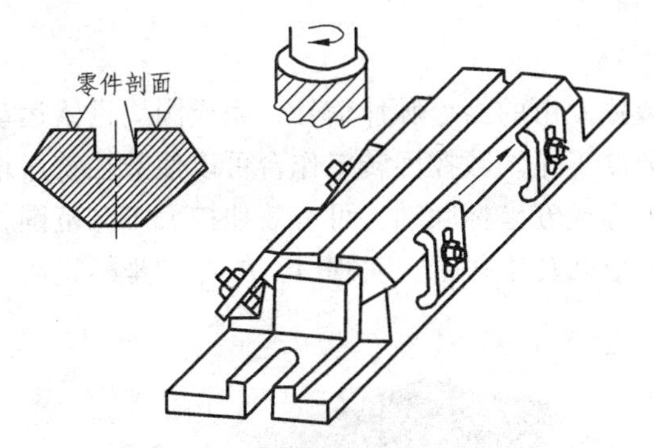

图 12.28 专用夹具装夹

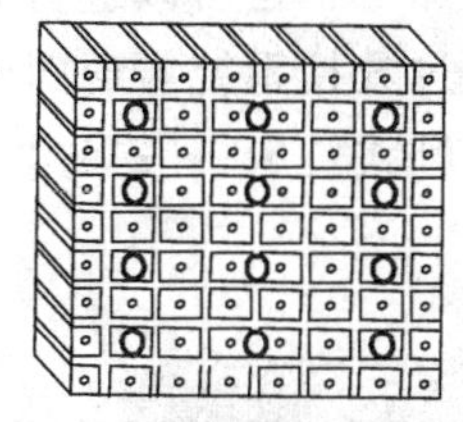
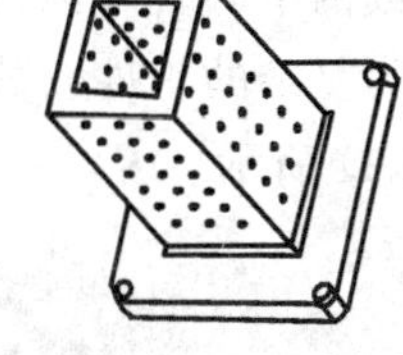

图 12.29 多工位夹具

（三）多工位夹具

多工位夹具可以同时装夹多个工件，减少换刀次数，以便于一面加工，一面装卸工件，有利于缩短辅助加工时间，提高生产率，适合中小批量生产，如图 12.29 所示。

（四）模块组合夹具

模块组合夹具是由一套结构尺寸已经标准化、系列化的模块式元件组合而成，根据不同零件，这些元件可以像搭积木一样，组成各种夹具，可以多次重复使用，适合在数控铣床上进行铣削加工的小批量生产或研制产品时的中小型工件。

（五）气动或液压夹具

气动或液压夹具适合于生产批量较大，采用其他夹具又特别费工、费力的场合，能减轻工人劳动强度和提高生产率的场合，但此类夹具结构较复杂，造价较高，而且制造周期较长。液压卡盘如图 12.30 所示。

图 12.30 液压卡盘

（六）回转工作台

数控机床中常用的回转工作台有分度工作台和数控回转工作台。

1. 分度工作台

分度工作台只能完成分度运动，不能实现圆周进给，它是按照数控系统的指令，在需要分度时将工作台连同工件回转一定的角度。分度时也可以采用手动分度。分度工作台一般只能回转规定的角度（如 90°、60°和 45°等）。

2. 数控回转工作台

数控回转工作台的主要作用是根据数控装置发出的指令脉冲信号，完成圆周进给运动，进行各种圆弧加工或曲面加工，也可以进行分度工作。数控回转工作台可以使数控铣床增加一个或两个回转坐标，通过数控系统实现四坐标或五坐标联动，可有效地扩大工艺范围，加工更为复杂的工件。数控卧式铣床一般采用方形回转工作台，实现 *A*、*B* 或 *C* 坐标运动，如图 12.31 所示。

图 12.31　数控回转工作台

【同步训练】

试对习题图 12.1 所示的零件进行编程，毛坯均为铸件。

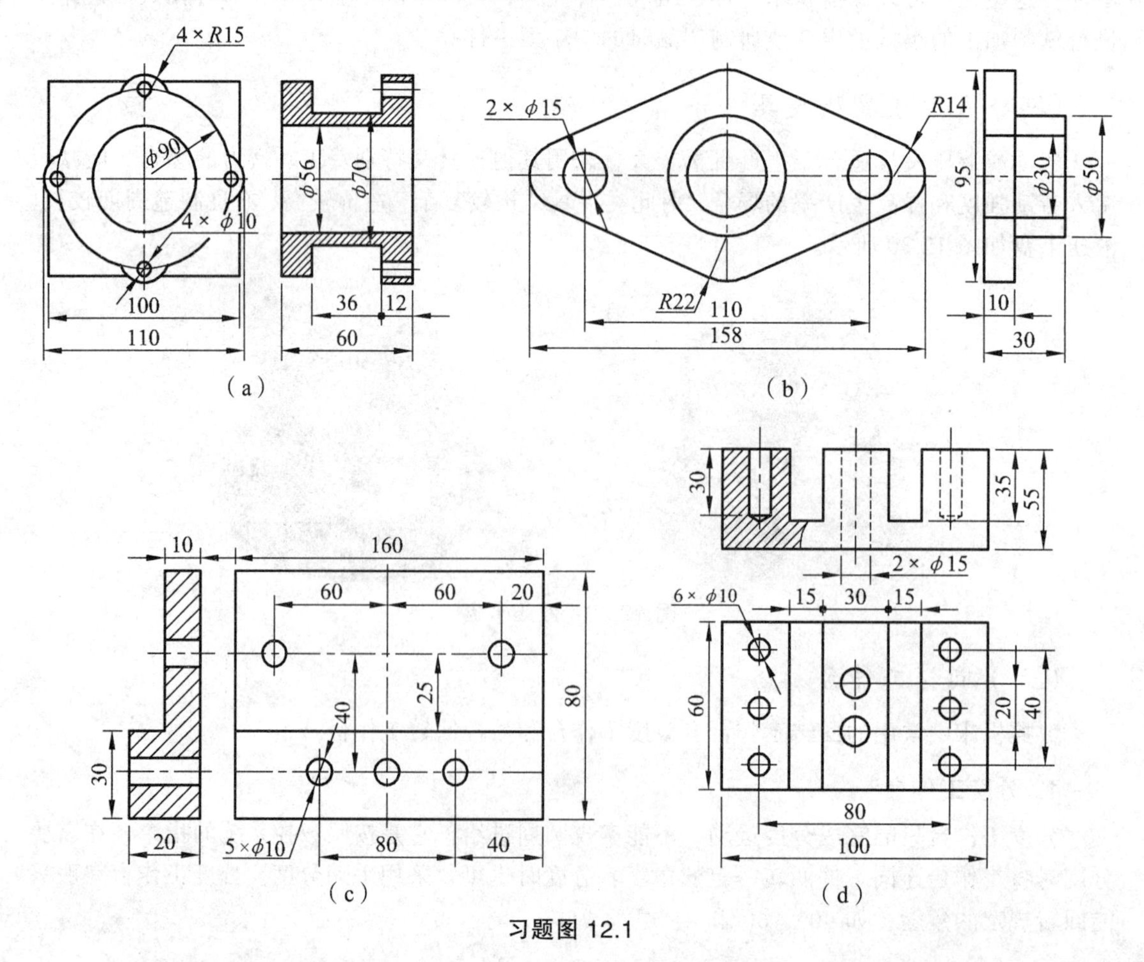

习题图 12.1

项目十三　椭圆零件编程

【学习目标】

➢ 能正确使用刀具半径补偿指令。
➢ 掌握子程序的作用和指令编程方法。
➢ 掌握宏程序程序的作用及指令编程方法。
➢ 掌握 Fanuc 宏程序参数传递的编程方法。

【工作任务】

加工如图 13.1 所示的椭圆表面，材料为中碳钢。采用宏程序实现编程计算。刀具为ϕ20 键槽铣刀，分两层铣削，每一次切削深度为 5 mm。

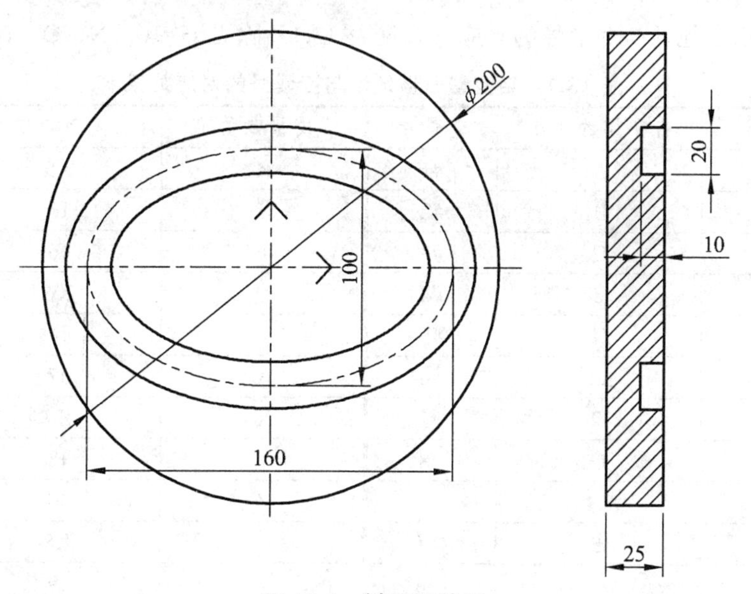

图 13.1　椭圆零件图

【知识准备】

在数控车床部分已介绍了宏程序的基本知识。在实际应用中，往往还会用到宏程序的参数传递功能，即用户宏程序调用指令。

用户宏指令是调用用户宏程序本体的指令。调用方式有非模态调用（G65）和模态调用与取消（G66/G67）两种。

一、非模态调用（G65）

编程格式： G65 *P*____ *L*____<自变量赋值>；

其中：*P*——调用的宏程序号；

L——重复调用的次数（缺省值为 1，取值范围为 1 ~ 9 999）；

自变量赋值——由地址符及数值构成，由它给宏程序中所使用的变量赋予实际数值。

非模态调用示例如图 13.2 所示。

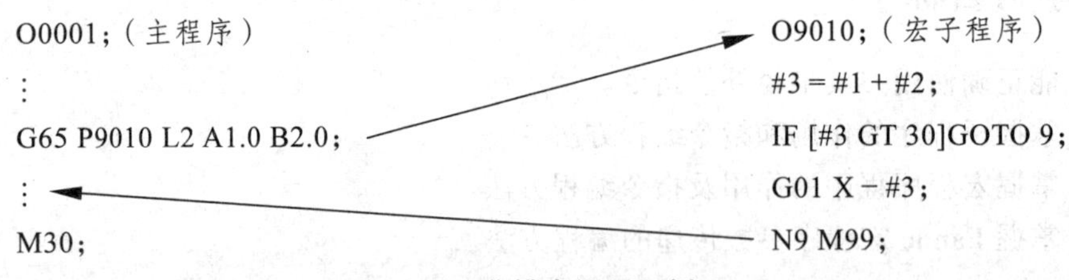

图 13.2　非模态调用示例

宏程序使用局部变量（#1 ~ #33），与其对应的自变量赋值有自变量赋值Ⅰ与自变量赋值Ⅱ两种形式。

1．自变量赋值Ⅰ

自变量赋值Ⅰ地址与变量号的对应关系见表 13.1。除去 G、L、N、O、P 字母外都可作

表 13.1　自变量赋值地址与变量号的对应关系

自变量赋值Ⅰ	自变量赋值Ⅱ	变量号	自变量赋值Ⅰ	自变量赋值Ⅱ	变量号
A	A	#1	R	K5	#18
B	B	#2	S	I6	#19
C	C	#3	T	J6	#20
I	I1	#4	U	K6	#21
J	J1	#5	V	I7	#22
K	K1	#6	W	J7	#23
D	I2	#7	X	K7	#24
E	J2	#8	Y	I8	#25
F	K2	#9	Z	J8	#26
—	I3	#10		K8	#27
H	J3	#11		I9	#28
—	K3	#12		J9	#29
M	I4	#13		K9	#30
—	J4	#14		I10	#31
—	K4	#15		J10	#32
—	I5	#16		K10	#33
Q	J5	#17			

注：表中 I、J、K 的下标只表示顺序，在实际编程中不注下标。

为赋值地址。每个字母指定一次，使用时大部分无顺序要求，但对 I、J、K 则必须按字母顺序排列，对没使用的地址可省略。

2. 自变量赋值Ⅱ

只用了 A、B、C 和 I、J、K 这 6 个字母赋值。A、B、C 各 1 次，I、J、K 各 10 次，最多可指定 10 组。自变量赋值Ⅱ所使用的地址与变量号的对应关系见表 13.1。

说明：在 G65 程序段中自变量赋值Ⅰ、Ⅱ可混用。但当对同一个变量号用自变量Ⅰ、Ⅱ同时赋值时，后一个赋值有效，如图 13.3 所示。

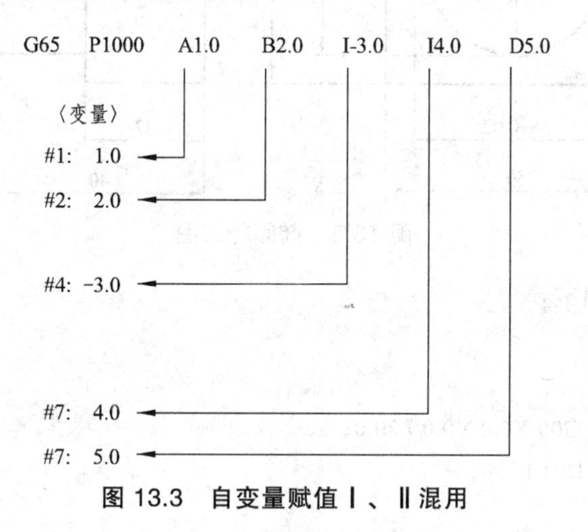

图 13.3 自变量赋值Ⅰ、Ⅱ混用

显然，在图 13.3 中，I4.0 及 D5.0 都对变量#7 赋值，此时后面的 D5.0 有效。

二、模态调用与取消（G66/G67）

编程格式：G66 *P*____ *L*____ <自变量赋值>;

其中：各参数含义与 G65 相同。G66 指定宏程序模态调用。地址 P 所指定的用户宏程序被调用时，数据通过自变量赋值能传递到用户宏程序中，且一直维持有效。当程序段中有移动指令时，则每执行一次移动指令，就再调用一次宏程序，直至被 G67 指令取消。

模态调用示例如图 13.4 所示。

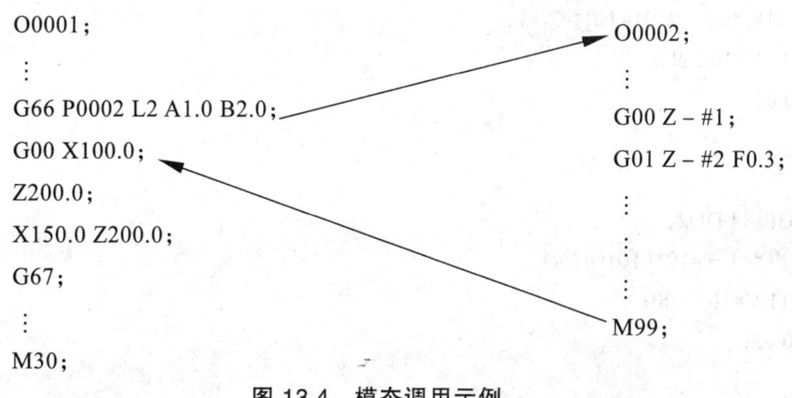

图 13.4 模态调用示例

【例 13.1】 如图 13.5 所示的椭圆轮廓，试编写出精加工程序。

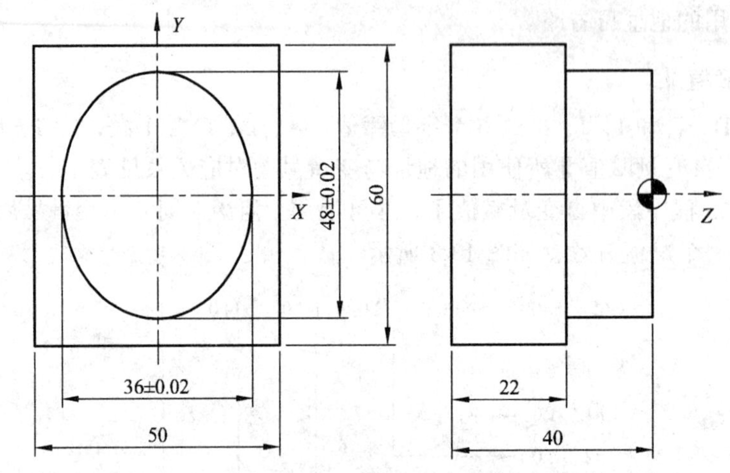

图 13.5 椭圆轮廓图

编制的加工程序如下：

```
O0008；/主程序
N10 G90 G54；
N20 M06 T01 S1000 G00 X0.0 Y0.0 Z20.0；
N30 G42 G01 X25.0 D01 F100；
N40 Z0.0；
N50 G65 P1002 L9 A48.0 B36.0 C－2.0；
N60 G01 Z20.0 F1000；
N70 G40 G00 X0.0 Y0.0；
N80 G00 Z200.0；
N90 M30；
O1002；宏程序
N10 G01 Z#3 F50；
#10＝#1；
WHILE[#10LE#1] DO1；
#11＝－SQRT[#1*#1－#10*#10]*#2/#1；
N20 G01 X#11 Y#10 F200；
#10＝#10＋0.05；
END1；
#10＝－#1；
WHILE[#10GE#1] DO2；
#11＝SQRT[#1*#1－#10*#10]*#2/#1；
N30 G01 X#11 Y#10 F200；
#10＝#10－0.05；
END2；
N40 M99；
```

【项目实施】

根据图 13.1 所示的零件的特点，编制的加工程序如下表 13.2，表 13.3。

表 13.2　加工主程序

程序段	程序说明
O0003；	主程序号
N0001 G90 G17 G21 G49 G40 G80 G69；	程序初始化
N0002 G54 G00 X0.0Y0.0；	建立工件坐标系
N0003 G43 Z150.0 H01；	建立刀具长度正补偿
N0004 M03 S400；	主轴正转，转速 400 r/min
N0005 G00 X－80.0；	刀具移至椭圆左端点处
N0006 G00 Z1.0；	快速接近工件
N0007 G01 Z0.0 F100.0；	慢速接近工件
N0008 G65 P1003 A80.0 B50.0 C－5.0；	椭圆长半轴 80，短半轴 50，*Z* 向进刀－5 mm
N0009 G65 P1003 A80.0 B50.0 C－10.0；	椭圆长半轴 80，短半轴 50，*Z* 向进刀至－10 mm
N0010 G01 Z10 F200.0；	抬刀
N0011 G00 Z150.0；	快速返回到 *Z*150.0
N0012 G00 X0.0 Y0.0；	刀具回 *X*、*Y* 的起始点
N0013 M05；	主轴停止
N0014 M30；	程序结束并返回程序头

表 13.3　加工主程序

程序段	程序说明
O1003；	宏程序号
#10＝－#1；	#1 为长半轴 80，#2 为短半轴 50，#10 为 *X* 坐标
N1000 G01 Z#3；	#3 为 *Z* 向进刀深度
WHILE[#10LE#1] DO1；	*X* 坐标小于等于 80 循环加工上半椭圆
#11＝SQRT[#1*#1－#10*#10]*#2/#1；	#11 为 *Y* 坐标用椭圆公式计算
N1001 G01 X#10 Y#11 F100；	切削进给
#10＝#10＋0.05；	改变 *X* 坐标，*X* 增加 0.05
END1；	
#10＝#1；	#1 为长半轴 80，#2 为短半轴 50，#10 为 *X* 坐标
WHILE[#10GE－#1] DO2；	*X* 坐标小于等于 80 循环加工下半椭圆
#11＝－SQRT[#1*#1－#10*#10]*#2/#1；	#11 为 *Y* 坐标用椭圆公式计算
N1002 G01 X#10 Y#11 F100；	切削进给
#10＝#10－0.05；	改变 *X* 坐标，*X* 减少 0.05
END2；	
N1003 M99；	子程序结束并返回到主程序中

【知识拓展】

加工中心比普通数控机床操作更加复杂，加工中的速度也更高，因此必须严守操作规程、勤于保养维护，才能保证其正常、安全地运行。

一、加工中心的安全操作规程

为了正确、合理、安全地使用加工中心，保证加工中心的正常运转，必须严格遵守其安全操作规程。

（一）开机前应当遵守的操作规程

（1）穿戴好劳保用品，不要戴手套操作机床。

（2）详细阅读机床的使用说明书，在未熟悉机床操作前，切勿随意动机床，以免发生安全事故。

（3）操作前必须熟知每个按钮的作用以及操作注意事项，注意机床各个部位警示牌上所警示的内容。

（4）开机时，首先打开机床的总电源开关，再打开操作面板上的电源开关，最后打开系统开关，接通外接气源。

（5）机床启动前，确认压力表的指针在指定范围内后，方可开机。

（6）每次开机后，必须进行回机床参考点的操作，并按照安全要求依次对 $+Z$、$+X$、$+Y$ 轴进行操作。

（7）周围的工具要摆放整齐，要便于取放。

（二）在加工操作中应当遵守的操作规程

（1）文明生产，精力集中，杜绝酗酒和疲劳操作；禁止打闹、闲谈、睡觉和任意离开岗位。

（2）机床在通电状态时，操作者千万不要打开和接触机床上示有闪电符号的、装有强电装置的部位，以防被电击伤。

（3）注意检查工件和刀具是否装夹正确、可靠；在刀具装夹完毕后，应当采用手动方式进行试切。

（4）加工前必须关上机床的防护门。

（5）加工前，必须进行机床空运行。空运行时必须将 Z 向提高一个安全高度，空运行 10 ~ 20 min。

（6）机床运转过程中，不要清除切屑，要避免用手接触机床运动部件。

（7）清除切屑时，要使用一定的工具，应当注意不要被切屑划破手脚。

（8）要测量工件时，必须在机床停止状态下进行。

（9）在打雷时，不要开机床。因为雷击时的瞬时高电压和大电流易冲击机床，造成烧坏模块或丢失改变数据，造成不必要的损失。

（三）工作结束后应当遵守的操作规程

（1）如实填写好交接班记录，发现问题要及时反映。

（2）要打扫干净工作场地，擦拭干净机床，应注意保持机床及控制设备的清洁。

（3）关闭机床主电源前必须先关闭控制系统，非紧急状态不使用急停开关。切断系统电源，关好门窗后才能离开。

二、加工中心的维护

根据加工中心的实际使用情况，并参照机床使用说明书要求，必须制订和建立必要的定期、定级保养制度。在实际使用中，主要包括以下几方面。

（一）数控系统的维护

1. 严格遵守操作规程和日常维护制度

操作人员要严格遵守操作规程和日常维护制度，操作人员的技术业务素质的优劣是影响故障发生频率的重要因素。当机床发生故障时，操作者要注意保留现场，并向维修人员如实说明出现故障前后的情况，以利于分析、诊断出故障的原因，及时排除。

2. 防止灰尘污物进入数控装置内部

在机加工车间的空气中一般都会有油雾、灰尘甚至金属粉末，一旦它们落在数控系统内的电路板或电子器件上，容易引起元器件间绝缘电阻下降，甚至导致元器件及电路板损坏。有的用户在夏天为了使数控系统能超负荷长期工作，采取打开数控柜的门来散热，这是一种极不可取的方法，其最终将导致数控系统的加速损坏，应该尽量减少打开数控柜和强电柜门。

3. 防止系统过热

开机检查数控柜上的各个冷却风扇工作是否正常。每半年或每季度检查一次风道过滤器是否有堵塞现象，若过滤网上灰尘积聚过多应及时清理，否则容易引起数控柜内温度过高。

4. 定期检查和更换存储用电池

一般数控系统内对 CMOS RAM 存储器件设有可充电电池维护电路，以保证系统不通电期间能保持其存储器的内容。在一般情况下，每年更换一次（即使未失效），以确保系统正常工作。电池的更换必须在数控系统供电状态下进行，以防更换时 RAM 内信息丢失。

5. 备用电路板的维护

备用的印制电路板长期不用时，应定期装到数控系统中通电运行一段时间，以防损坏。

（二）机械部件的维护

1. 主传动链的维护

定期调整主轴驱动带的松紧程度，防止因带打滑造成的丢转现象；检查主轴润滑的恒温油箱、调节温度范围，及时补充油量，并清洗过滤器；主轴中刀具夹紧装置长时间使用后，会产生间隙，影响刀具的夹紧，需及时调整液压缸活塞的位移量。

2. 滚珠丝杠螺纹副的维护

定期检查、调整丝杠螺纹副的轴向间隙，保证反向传动精度和轴向刚度；定期检查丝杠与床身的连接是否有松动；丝杠防护装置有损坏要及时更换，以防灰尘或切屑进入。

3. 刀库及换刀机械手的维护

严禁把超重、超长的刀具装入刀库，以避免机械手换刀时掉刀或刀具与工件、夹具发生碰撞；经常检查刀库的回零位置是否正确，检查机床主轴回转刀点位置是否到位，并及时调整；开机时，应使刀库和机械手空运行，检查各部分工作是否正常，特别是各行程开关和电磁阀能否正常动作；检查刀具在机械手上锁紧是否可靠，发现不正常应及时处理。

（三）液压、气压系统维护

定期对各润滑、液压、气压系统的过滤器或分滤网进行清洗或更换；定期对液压系统进行油质化验检查、添加和更换液压油；定期对气压系统分水滤气器放水。

（四）机床精度的维护

定期进行机床水平和机械精度检查并校正。机械精度的校正方法有软硬两种。其软方法主要是通过系统参数补偿，如丝杠反向间隙补偿、各坐标定位精度定点补偿、机床回参考点位置校正等；硬方法一般要在机床大修时进行，如进行导轨修刮、滚珠丝杠螺母副预紧、调整反向间隙等。

【同步训练】

1. 完成习题图 13.1 零件的粗、精加工程序编写。零件材料为 LY12，毛坯尺寸 50 mm × 50 mm × 16 mm。

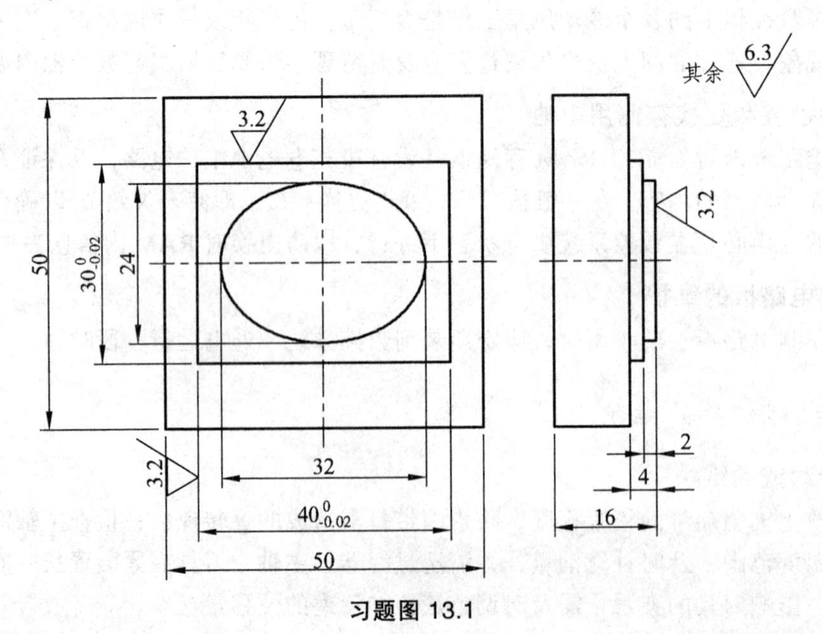

习题图 13.1

2. 试用宏程序对习题图 13.2 所示零件的均布孔进行编程。

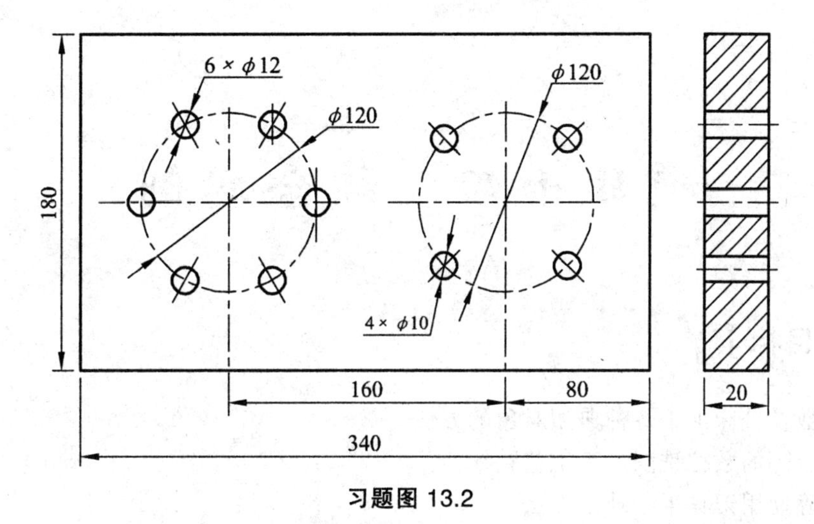

习题图 13.2

项目十四　综合实例

【学习目标】

➢ 掌握数控铣床加工各种典型对象的方法。
➢ 掌握合理的数控铣削加工工艺路线。
➢ 能正确使用刀具半径补偿方法。

【工作任务】

图 14.1 所示为下模座零件，工件材料为45#，毛坯尺寸为 50 mm × 50 mm × 30 mm，未注公差要求 ± 0.1，内腔底面 Ra3.2 μm。对该零件进行数控铣削加工工艺分析、编程并仿真。

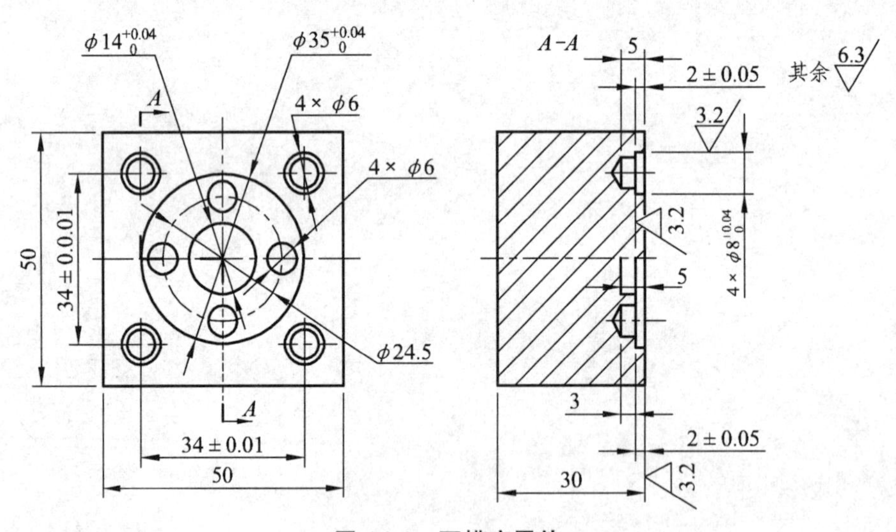

图 14.1　下模座零件

【项目实施】

一、零件图工艺性分析

图 14.1 所示的下模座零件由内腔、阶梯孔组成，孔距有严格的位置公差要求，4 × φ8 孔

有 0.04 mm 正偏差，深度方向内圆腔有公差要求；零件图尺寸标注合理，零件结构合理，能够进行加工。工件坐标系零点设于工件中心上表面。

二、加工顺序及走刀路线的确定

加工顺序如下：

（1）铣上表面；

（2）钻中心孔；

（3）钻 8×ϕ6 孔；

（4）粗铣 4×ϕ8 台阶孔及ϕ35 内圆腔；

（5）精铣台阶孔及内圆腔。

说明：在粗铣削内圆腔时，由里向外环形走刀切除余量，精铣时逆时针走刀，轮廓余量一次走刀完成。

三、刀具与夹具的确定

刀具选择见下模座数控加工工序卡片（见表 14.1），面铣刀刀具材料为硬质合金，其余刀具均为 HSS；因该零件外形简单，加工部位在上表面，故采用平口虎钳装夹即可完成加工。

表 14.1 下模座数控加工工序卡

		数控加工工序卡			零件名称		零件图号			材料	
		04			下模座		X004			$45^{\#}$	
工艺序号	04	夹具名称		平口钳	夹具编号			使用设备		KV650	
工步号	加工内容	刀具号	刀具名称	刀具规格 (mm)	补偿号	补偿值 (mm)	主轴转速 (r/min)	进给速度 (mm/min)	进给倍率 (%)	切削深度 (mm)	余量 (mm)
1	铣上表面	10	面铣刀	ϕ80			600	300	100	0.2	0
2	钻中心孔	01	中心钻	ϕ3	01		1 500	80	100	2	0
3	钻ϕ6 孔 8 个	02	麻花钻	ϕ6	02		900	50	100	5	0
4	粗铣 4×ϕ8 台阶孔	03	键槽铣刀	ϕ5	03		800	100	100	1.8	0.2
5	粗铣内圆腔	04	键槽铣刀	ϕ12	04		700	100	100	1.8	0.2
6	精铣 4×ϕ8 台阶孔	05	键槽铣刀	ϕ5	05		900	80	100	0.2	0
7	精铣内圆腔	05	键槽铣刀	ϕ5	05		900	80	100	0.2	0

注：工件上表面采用手动铣削方式。

四、切削用量的确定

切削用量的确定见表 14.1 所示。

五、编写程序

编制的加工程序如下：

```
O0010;                          /主程序
G17 G21 G40 G49 G80 G90;
G91 G28 Z0 T01;                 /换回参考点，选 T01
M06;                            /换 T01，钻中心孔

T02;                            /刀库旋转，选 T02
G90 G54 G00 X0 Y0;
M03 S1500;
G43 Z50 H01;                    /建立长度补偿
G99 G81 Z-2 R5 F80;             /G81 钻中心孔
X-12.25;
X0 Y12.25;
X12.25 Y0;
X0 Y-12.25;
X-17 Y-17;
X17;
Y17;
G98 X-17;
G80;
G49 G00 Z100;
G91 G28 Z0;
M06;                            /换 T02，钻 8 个 φ6 的孔

T03;
G90 G54 G00 X0 Y0;
M03 S900;
G43 Z50 H02;
G99 G81 Z-5 R5 F50;
X-12.25;
X-17 Y17;
X0 Y12.25;
X17 Y17;
X12.25 Y0;
```

```
X17 Y－17;
X0 Y－12.25;
G98 X－17 Y－17;
G80;
G49 G00 Z100
G91 G28 Z0;
M06;                        /换 T03，粗铣 4 个φ8 的台阶孔

T04;
G90 G54 G00 X－17 Y17;
M03 S800;
G43 Z50 H03;
G00 Z5;
G90 G52 X－17 Y17;
G00 X4 Y－4;
M98 P9003;
G52 X17 Y17;
G00 X4 Y－4;
M98 P9003;
G52 X17 Y－17;
G00 X4 Y－4;
M98 P9003;
G52 X－17 Y－17;
G00 X4 Y－4;
M98 P9003;
G90 G49 G00 Z100;
G91 G28 Z0;
M06;                        /换 T04，粗铣内腔

T05;
G54 G00 X0 Y0;
M03 S700;
G43 Z50 H04;
G00 Z5;
G90 G01 Z0 F300;
M98 P9004;
G90 G01 Z5 F300;
G49 G00 Z100;
G91 G28 Z0;
M06;                        /换 T05，精铣
```

```
G54 G00 X0 Y0;
M03 S900;
G43 Z150 H05;
G00 Z5;
G90 G52 X－17 Y17;                    /精铣 4 个φ8 的台阶孔
G00 X4 Y－4;
M98 P9003;
G52 X17 Y17;
G00 X4 Y－4;
M98 P9003;
G52 X17 Y－17;
G00 X4 Y－4;
M98 P9003;
G52 X－17 Y－17;
G00 X4 Y－4;
M98 P9003;
G90 G00 Z5 F300;
G52 X0 Y0;
G00 X0 Y0;
G01 Z－2 F200;
G01 G41 X10.5 Y－7 D05 F100;          /精铣内腔
G03 X17.5 Y0 R7 F80;
G03 X17.5 Y0 I－17.5;
X10.5 Y7 R7;
G01 G40 X0 Y0;
G01 Z－5 F50;
G01 G41 X0.5 Y－6.5 D05 F80;
G03 X7 Y0 R6.5 F80;
G03 X7 Y0 I－7 F80;
G03 X0.5 Y6.5 R6.5;
G01 G40 X0 Y0;
G90 G01 Z5 F200;
G49 G00 Z100;
G91 G28 Z0;
G28 X0 Y0;
M05;
M30;
```

```
O9003;                        /铣 4 φ8 台阶孔子程序
G90 G41 X4 Y0 D03 F300;
G01 Z－2 F50;
G90 G03 X4 Y0 I－4 F100;
G01 Z5 F200;
G40 G00 X4 Y4;
M99;

O9004;                        /粗铣内腔子程序
G91 G01 Z－2 F100;            /铣φ35 内圆腔
G90 G01 X5 Y0 F100;
G02 X5 Y0 I－5 F100;
G01 X10 Y0;
G02 X10 Y0 I－10 F100;
G01 X11.3 Y0;
G02 X11.3 Y0 I－11.3;
G01 X0 Y0;
G01 Z－5 F50;                 /铣φ14 内圆腔
G01 X0.8 Y0 F100;
G02 X0.8 Y0 I－0.8 F100;
G01 X0 Y0;
M99;
```

【同步训练】

1. 试对习题图 14.1 所示的零件进行工艺分析、工艺卡片填写、程序编制。

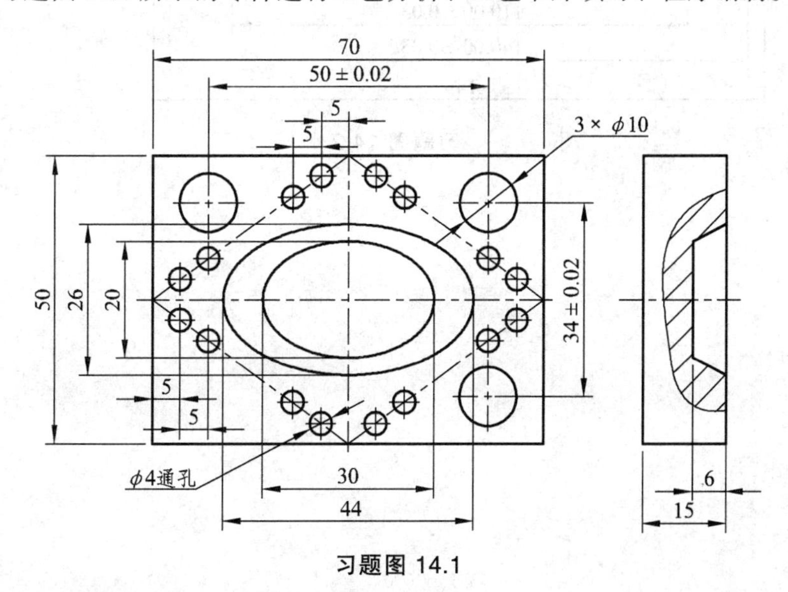

习题图 14.1

2. 试对习题图 14.2 所示的零件进行工艺分析、工艺卡片填写、程序编制。

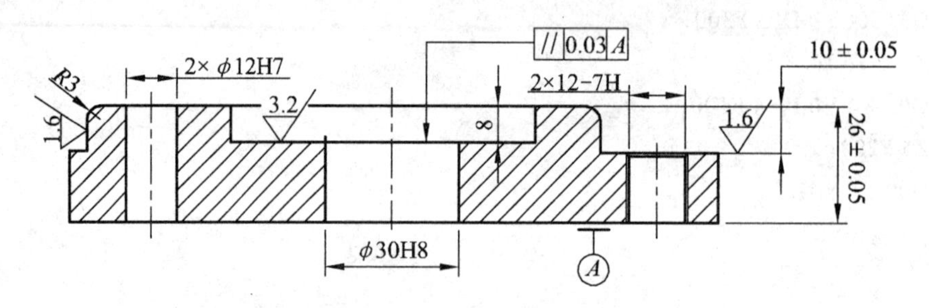

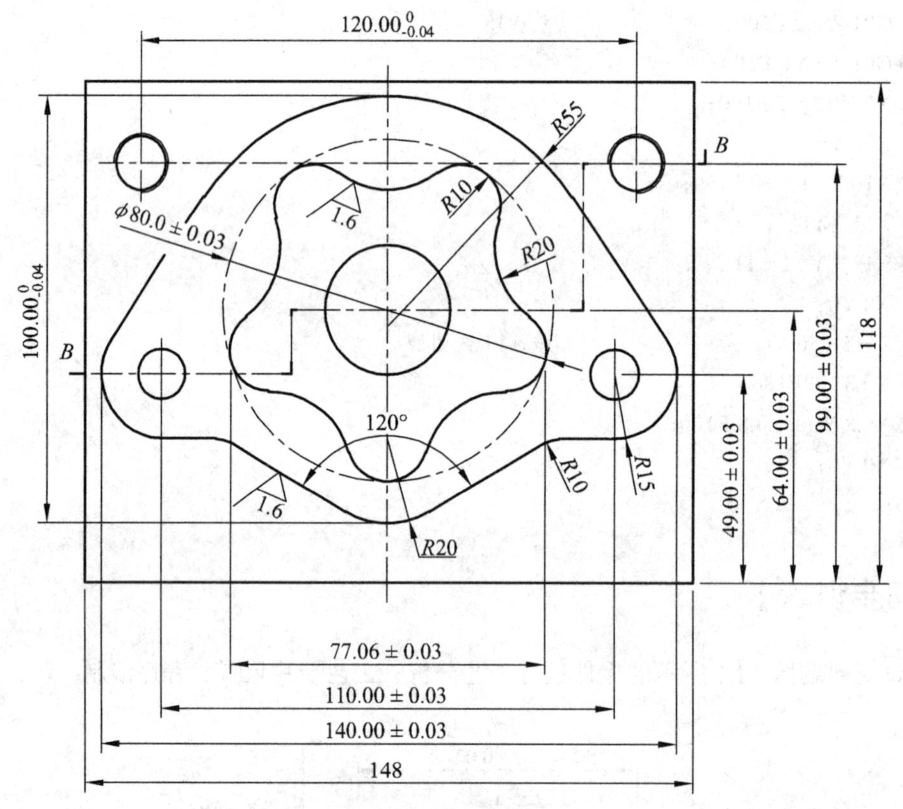

习题图 14.2

模块三　Siemens 802D 系统编程

Siemens 802D 是一种具有免维护性能的操作面板控制系统，是西门子公司针对中国市场进行性价比优化的产品，其核心部件 PCU（面板控制单元）将 CNC、PLC、人机界面和通信等功能集成于一体，具有无电池、风扇，免维护等特点。

Siemens 802D 数控系统具有完善的刀具补偿功能，包括刀具半径补偿、长度补偿、螺距补偿、反向间隙补偿、位置补偿和刀具磨损补偿等。符合 ISO 国际标准，具有轮廓编程、循环编程、示教编程、后台编程、极坐标编程以及螺旋插补等功能，可进行加工路线模拟，并具有完善的自诊断功能。

【知识目标】

- 理解 Siemens 802D 编程指令系统特点。
- 熟悉 Siemens 与 Fanuc 系统的编程差异。
- 理解 Siemens 802D 系统孔加工循环指令。
- 理解 Siemens 802D 系统车削循环指令。
- 理解 Siemens 802D 系统 R 参数编程方法。

【能力目标】

- 熟练掌握 Siemens 802D 指令系统。
- 能使用 Siemens 802D 常用指令完成程序编制。
- 掌握 Siemens 802D 循环编程指令编程的特点。
- 熟练掌握 Siemens 802D 加工坐标系的建立与调整。
- 能正确合理使用 Siemens 802D 的刀具补偿功能。
- 能够熟练操作 Siemens 802D 数控系统。
- 能完成中等复杂零件的编程及加工。

项目十五　Siemens 802D 编程基础

【学习目标】

➢ 熟悉 Siemens 802D 系统编程特点。
➢ 掌握 Siemens 802D 基本指令的特殊用法。
➢ Siemens 802D 系统加工坐标系的建立方法。
➢ 熟悉 Siemens 802D 系统的基本操作。
➢ 掌握图形变换的编程方法。
➢ 能完成简单零件的程序编制。

【工作任务】

（1）Siemens 802D 系统加工坐标系的建立。
（2）Siemens 802D 系统基本操作。
（3）加工图 15.1 所示的轮廓，毛坯尺寸为 90 mm。

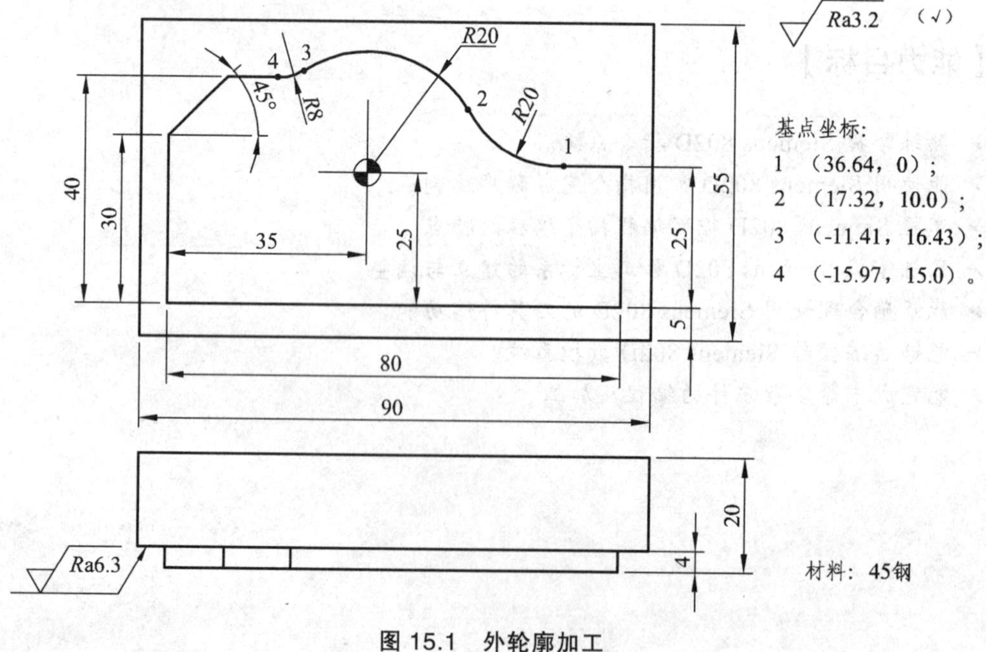

图 15.1　外轮廓加工

【知识准备】

一、Siemens 802D 系统代码

由于前面模块项目已对 Fanuc 0i 系统的代码进行了详细介绍，本篇主要针对 Siemens 802D 系统的特殊指令进行讲解，其他指令与 Fanuc 0i 类似，请读者参照使用。

表 15.1、15.2 列出 Siemens 802D 系统的常用 G、M 代码。

表 15.1 Siemens 802D 常用 G 代码

分类	代码	意 义	格 式	备 注
常用插补指令	G0	快速定位	G0 *X Y Z*	*X*、*Y*、*Z* 表示坐标，以下相同
			G0 *AP*=____ *RP*=____	*AP* 为极角，*RP* 为极距，*Z* 为在极坐标垂直方向上的坐标
			G0 *AP*=____*RP*=____*Z*=____	
	G1*	直线插补	G1 *X Y Z F*	
			G1 *X Y Z ANG*=	角度 *ANG* 采用极坐标方式计算
			G1 *AP*=____*RP*=____*F* G1 *AP*=___*RP*=___*Z*=___ *F*	
			G1 *Y CHF*=	倒斜角
			G1 *Y RND*=	倒圆角
	G2/3	顺/逆圆弧插补	G2/3 *XYZ I J K*____*F*	终点 + 圆心
			G2/3 *XYZ*____*CR*=____*F*____	终点 + 半径（*CR*），当圆心角小于或等于 180 度时，*CR* 取正，否则取负值
			G2/3 *AR*=____*IJK*____*F*____	张角（*AR*）+ 圆心
			G2/3 *AR*=____*X Y Z F*	张角 + 终点
			G2/3 *AR*=____*RP*=____*F*	极坐标 + 极点
	TURN	螺旋插补	G2/3 *XYZ*____*CR*=____ TURN=*F*____	在 G2/3 后可以跟“TURN=”参数，表示螺旋铣削，TURN 表示螺旋圈数
	CT/CIP	相切圆弧	CT *X Y Z*	直接指定终点
		三点画圆弧	CIP *XYZ I1*= *J1*= *K1*=	终点 + 中间点（*I1*、*J1*、*K1*）
	G33	攻螺纹	G33 *Z K*	*K*>0：右旋旋纹，反之左旋
	G331	攻螺纹	G331 *Z K S*	使用该指令之前必须使用 SPOS=0，使主轴处于控制状态，因此要求主轴必须具有位置测量装置
	G332	攻螺纹退刀	G331 *Z K*	同 G331 的动作

续表 15.1

分类	代码	意　义	格　式	备　注
常用插补指令	G9	准确定位	G9　G0　X　Y	单段有效
	G60	准确定位	G60　G0　X　Y	模态有效
	G64	连续路径加工	G64 G1 X　Y　F	在一个程序段到下一个程序段转换过程中避免进给停顿，单段有效
暂停	G4	加工中暂停	G4　F	表示暂停时间，单位为秒
			G4　S	表示暂停主轴转数
尺寸控制	G90*	绝对尺寸	G90	
			X = AC（　）Z = AC（　）	局部限制，单段有效
	G91	增量尺寸	G91	
			X = IC（　）Z = IC（　）	局部限制，单段有效
单位	G70	英制尺寸	G70	G700/G710 则会包含 F 指令的单位
	G71*	公制尺寸	G71	
选择工作平面	G17*	选择 XY 平面	G17	在加工中心孔时要求
	G18	选择 ZX 平面	G18	
	G19	选择 YZ 平面	G19	
工件坐标	G500*	取消零点设置	G500	
	G53	取消零点设置	G53	按程序段方式取消
	G54～59	零点偏值	G54～59	同 Fanuc
	G74	回参考点	G74　X…Z…	
	G75	回固定点	G75　X1 = …Z1 = …	
刀具补偿	G40*	取消半径补偿	G40	
	G41	半径左补偿	G41　G0/G1	
	G42	半径右补偿	G42　G0/G1	
	G450*	圆弧过渡	G450	刀补时拐角走圆角
	G451	等距线的交点	G451	刀具在工件转角处切削
速度控制	G94	进给率 F	G94	单位：mm/min
	G95	主轴进给率 F	G95	单位：mm/r
	G96	恒线速控制	G96 S200 LIMS = 2 500	LIMS：限制主轴最高转速
	G97	直接转速控制	G97 S600	
	G25	主轴转速下限设定	G25　S____	
	G26	主轴转速上限设定	G26　S____	

注：加“*”的功能在程序启动时自动生效。

表 15.2 Siemens 802D 常用 M 代码

代码	意 义	备 注
M0	程序停止	用 M0 停止程序的执行；按“启动”键继续执行加工程序
M1	程序有条件停止	与 M0 一样，但仅在出现专门信号后才生效
M2	程序结束	在程序的最后一段被写入
M3	主轴顺时针旋转	
M4	主轴逆时针旋转	
M5	主轴停转	
M6	更换刀具	在机床数据有效时用 M6 更换刀具，其他情况下用 T 指令进行
M8	冷却液开	
M9	冷却液关	
M40	自动变换齿轮级	主要用于分段无级调速齿轮换挡使用
M41～M45	齿轮级 1～5	

在 Siemens 中还经常要用到一些重要的（如 F 指令、T 指令和 S 指令等）属于参数指令范畴的指令，表 15.3 为 Siemens 802D 系统常用参数指令表。

表 15.3 Siemens 802D 常用参数指令

地址	含 义	赋 值	说 明
X	坐标轴	±0.001～99 999.999	位移信息
Y	坐标轴	±0.001～99 999.999	位移信息
Z	坐标轴	±0.001～99 999.999	位移信息
I、*J*	插补参数	±0.001～99 999.999 螺纹：0.001～2 000.000	*X*、*Y* 轴尺寸，在 G2 和 G3 中为圆心坐标； 在 G33、G331、G332 中则表示螺距大小
K	插补参数	±0.001～99 999.999 螺纹：0.001～2 000.000	*Z* 轴尺寸，在 G2 和 G3 中为圆心坐标； 在 G33 中则表示螺距大小
*I*1＝ *J*1＝ *K*1＝	圆弧插补的中心点	±0.001～99 999.999	分别属于 *X*、*Y*、*Z* 轴：用 CIP 进行圆弧插补的参数
D	刀具补偿号	0～9 整数，不带符号	用于某个刀具 T _ 的补偿参数;D0 表示补偿值＝0；一个刀具最多有 9 个刀具补偿号
N	副程序段	0～99 999.999 整数，无符号	与程序段段号一起标识程序段，N 位于程序段开始
L	子程序名及子程序调用	7 位十进制数，无符号	可以选择 *L*1～*L*9 999 999；子程序调用需要一个独立的程序段。注意：*L*0001 不等于 *L*1
P	子程序调用次数	1～9 999 整数，无符号	在同一程序段中多次调用子程序；例如：“N10 L123 P2”表示调用子程序 2 次
RET	子程序结束		代替 M02 使用，保证路径连续运行
*R*0～ *R*299	计算参数	±0.000 000 1～99 999 999（8 位）或带指数±（10^{-300}～10^{+300}）	

续表 15.3

地址	含　义	赋　值	说　明
F	进给率	0.001～99 999.999	刀具/工件的进给速度，对应 G94 或 G95，单位分别为 mm/min 或 mm/r；与 G4 一起可以编程暂停时间
S	主轴转速	0.001～99 999.999	主轴转速单位是 r/min，G4 中作为主轴旋转停留时间
T	刀具号	1～32 000 整数，无符号	可以用 T 指令直接更换刀具，也可由 M6 进行，由机床数据设定
AP	极坐标	0～±359.999 99	单位为度；以极坐标移动；极点定义； 此外，RP 为极坐标半径
AR	圆弧插补张角	0.000 01～359.999 99	单位是度，用于在 G2/G3 中确定圆弧大小
CR	圆弧插补半径	0.010～99 999.999 大于半圆的圆弧带负号	在 G2/G3 中确定圆弧
CHF	倒角，一般使用	0.001～99 999.999	在两个轮廓之间插入给定长度的倒角
CHR	倒角，轮廓连线	0.001～99 999.999	在两个轮廓之间插入给定边长的倒角

二、基本指令编程

（一）基本指令示例

如图 15.2 所示，采用一个轮廓加工图形就 Siemens 基本编程方法进行说明。假定其铣削深度为 10 mm，编程原点在其顶面。

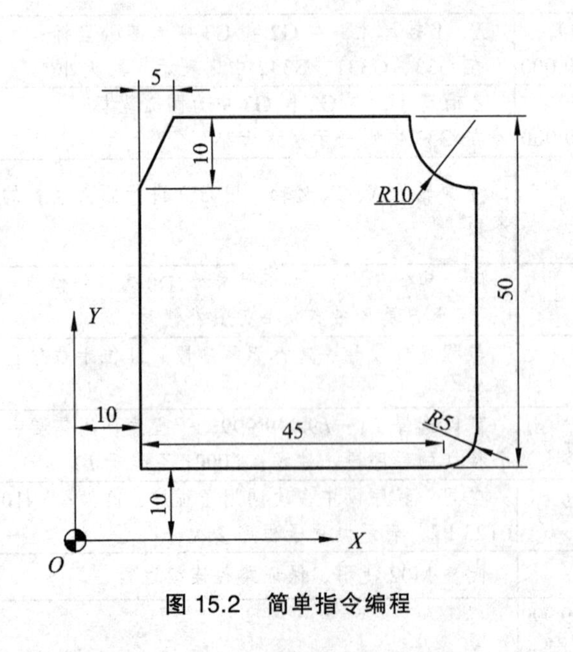

图 15.2　简单指令编程

编制的加工程序如下：

```
Con1.mpf;
M3 S1500 T1D1;
G90 G54 G0 XO Y0;
Z5;
G1 Z－10 F150;
G41 G1 X10 Y0;
Y50;
G91 X5 Y10;
X35;
G3 X＝AC（60）Y－10 CR＝10;
G90 G1 X＝IC（0）Y15;
G2 X55 Y10 CR＝5;
G1 X0;
G40 G0 X0 Y0;
Z10;
G74 X0 Z0;
M05;
M02;
```

从该实例可以看出，Siemens 802D 的简单编程与 Fanuc 系统基本一样。下面针对一些不同的地方进行说明。

1. Con.mpf

Con 表示程序名，程序名可以由数字、字母和下划线组成，但是前两个字符必须是字母，最长为 16 个字符。mpf 为后缀名，表示该程序为主程序；如果后缀名为 spf 表示为子程序。

2. T1D1

T1 表示选用 1 号刀具，D1 表示采用 1 号刀补。每把刀具最多可以设定 9 个刀补号（D1 ~ D9），如果选用 D1 号刀补，可以省略；也可以采用 T1D3 等，表示选用 1 号刀具 3 号刀补；而 D0 表示取消刀补。

3. AC/IC

AC 表示绝对坐标，IC 表示相对坐标，都是本程序段有效。而 G90/91 是模态量，连续有效。

（二）轮廓定义编程

1. 倒角（CHF）

在直线轮廓之间、圆弧轮廓之间以及直线和圆弧轮廓之间切入一直线并倒去棱角，如图 15.3 所示。

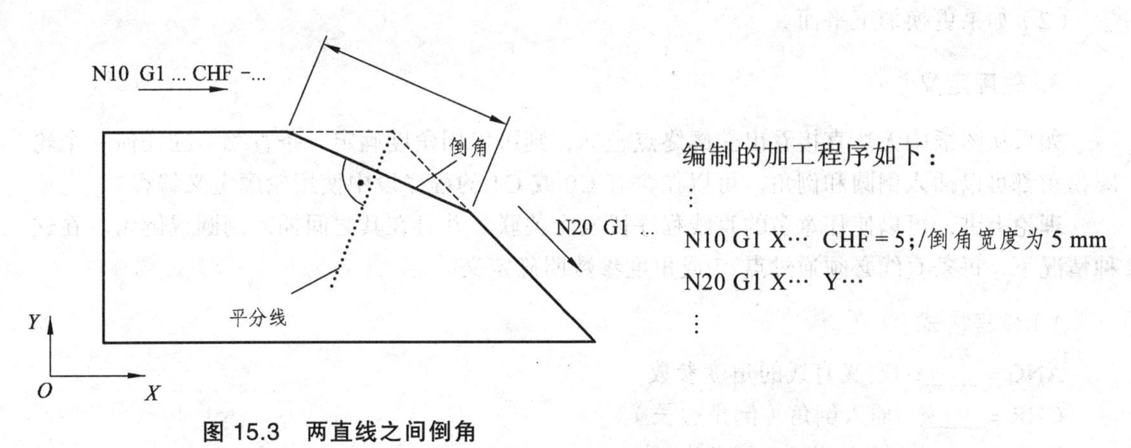

图 15.3 两直线之间倒角

2. 倒圆（RND）

在直线轮廓之间、圆弧轮廓之间以及直线轮廓和圆弧轮廓之间切入一圆弧，圆弧与轮廓进行切线过渡。

具体使用方法如图 15.4、图 15.5 所示。

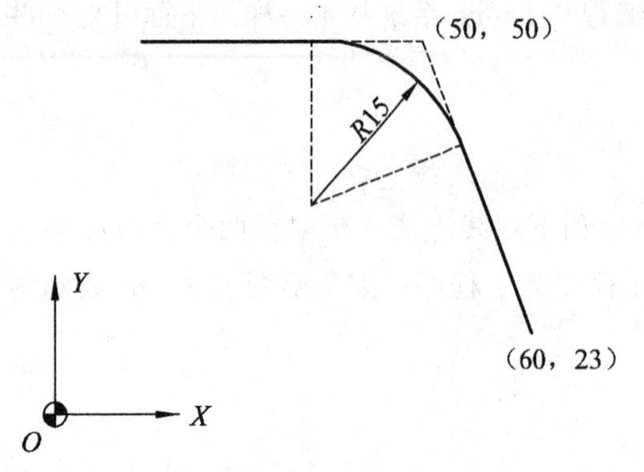

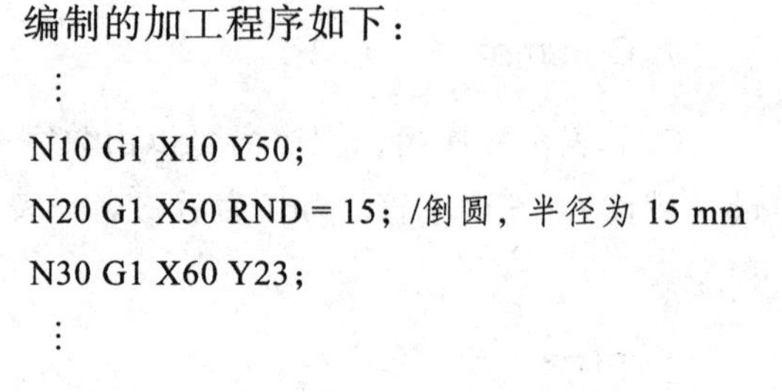

编制的加工程序如下：

```
⋮
N10 G1 X10 Y50;
N20 G1 X50 RND = 15; /倒圆，半径为 15 mm
N30 G1 X60 Y23;
⋮
```

图 15.4　两直线之间倒圆角

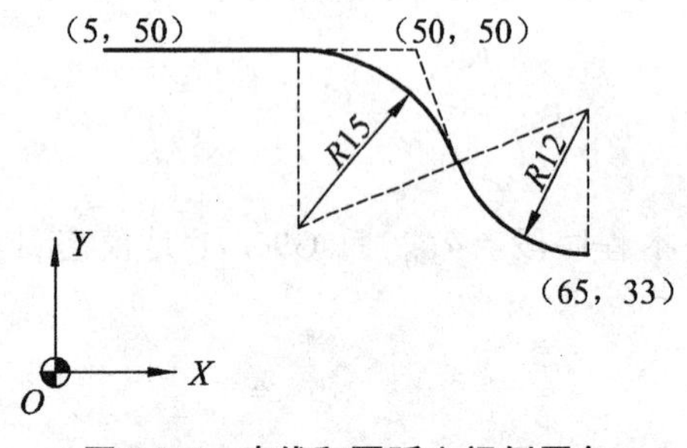

编制的加工程序如下：

```
⋮
N10 G1 X5 Y50;
N20 G1 X50 RND = 15; /倒圆，半径为 15 mm
N30 G3 X65 Y33 CR = 12;
⋮
```

图 15.5　直线和圆弧之间倒圆角

如果在程序段中轮廓长度不够，则会自动地削减倒角和倒圆的编程值。在下列情况中，不能插入倒角或倒圆。

（1）如果连续编程的程序段超过 3 段没有运行指令。

（2）如果更换加工平面。

3. 轮廓定义

如果从图纸中无法直接看出轮廓终点坐标，则可以用角度确定一条直线。在任何一个轮廓拐角都可以插入倒圆和倒角。可以在含有 G0 或 G1 的程序段中使用轮廓定义编程。

理论上讲，可以使任意多的直线程序段发生关联，并且在其之间插入倒圆或倒角。在这种情况下，每条直线必须通过点和/或角度参数明确定义。

1）编程格式

ANG = ____；/定义直线的角度参数

CHR = ____；/插入倒角（倒角边长）

RND = ____；/插入倒圆（圆角半径）

2）角度编程

如果在平面中一条直线只给出一终点坐标，或者几个程序段确定的轮廓仅给出其最终终点坐标，则可以通过一个角度参数来明确地定义该直线。该角度始终指与 *X* 轴的夹角（一般情况下在平面 G17 中），以逆时针方向为正方向，如图 15.6 所示。

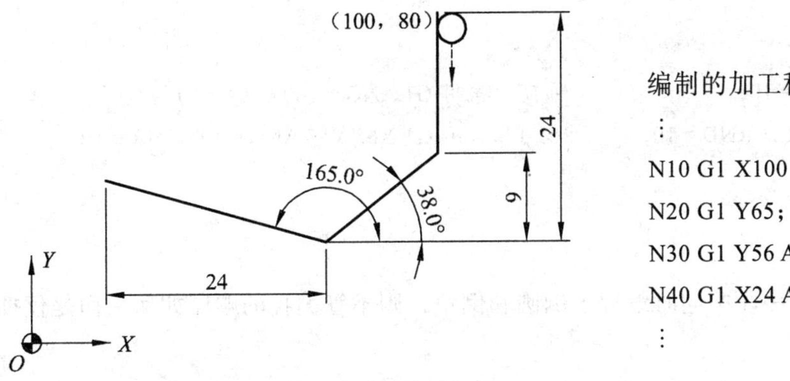

编制的加工程序如下：

```
⋮
N10 G1 X100 Y80；
N20 G1 Y65；
N30 G1 Y56 ANG＝38；
N40 G1 X24 ANG＝165；
⋮
```

图 15.6 在 G17 平面中定义直线的角度参数

3）倒角编程

在拐角处的两段直线之间插入一段直线，编程值就是倒角的直角边长，如图 15.7 所示。

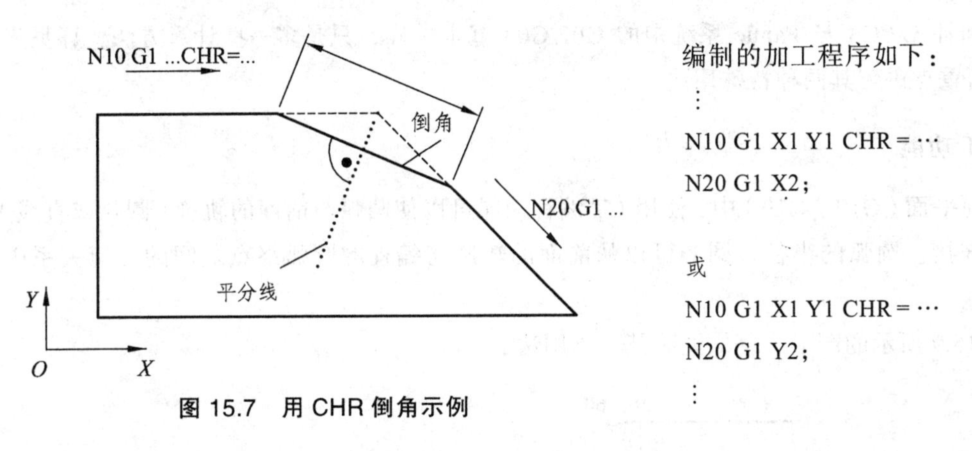

编制的加工程序如下：

```
⋮
N10 G1 X1 Y1 CHR＝⋯
N20 G1 X2；
```

或

```
N10 G1 X1 Y1 CHR＝⋯
N20 G1 Y2；
⋮
```

图 15.7 用 CHR 倒角示例

4）倒圆编程

在拐角处的两段直线之间插入一个圆弧，并使它们切线相连。如图 15.8 所示，在编程中用户并不需要去计算大量的中间点坐标（如图中的 $A\sim E$），Siemens 系统可以自动完成其计算工作，并可减少编程工作量及代码。

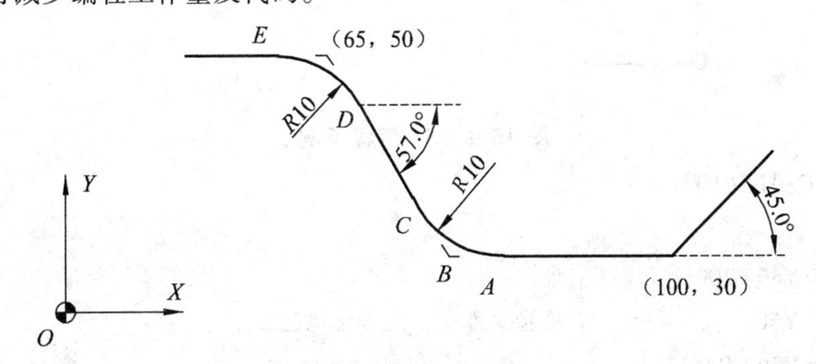

图 15.8 倒圆编程示例

编制的加工程序如下：

```
⋮
G1 X100 Y30;
G1 ANG = 180 RND = 10;                /也可以采用 G1 ANG = 180 CHR = 10
G1 X65 Y50 ANG = 123 RND = 10;        /也可以采用 G1 X65 Y50 ANG = 123 CHR = 10
G1 X50;
⋮
```

注意:

（1）如果在一个程序段中同时编程了倒圆和倒角，则不管编程的顺序如何，而是仅插入倒圆半径。

（2）除了轮廓定义 CHR 倒角编程之外，也可用前面所讲的 CHF 来定义倒角。CHF 定义的是倒角斜边长度，而 CHR 定义的是倒角直角边长。

（三）圆弧功能

圆弧插补 G2/G3 与 Fanuc 系统中的 G02/G03 基本一样，只是多一些计算方法，详见表 15.1。下面重点讲解其两种特殊用法。

1. CT 功能

在当前平面（G17 ~ G19）中，使用 CT 编程功能可以使圆弧与前面的轨迹（圆弧或直线）进行相切连接。圆弧的半径、圆心可以从前面的轨迹与编程的圆弧终点之间的几何关系中得出。

以图 15.9 所示的图形为例，说明其具体用法。

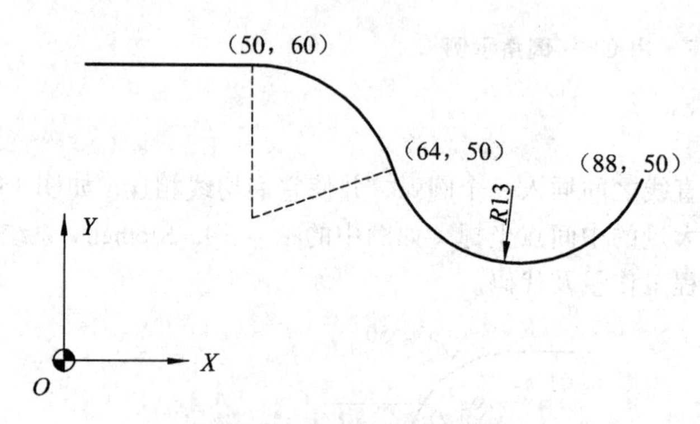

图 15.9 CT 编程示例

编制的加工程序如下:

```
⋮
N10 G1 X50 Y60 F200;          /直线
N20 CT X64 Y50;               /直接指定终点，走出相切圆弧
N30 G3 X88 Y50 CR = 13;
⋮
```

2. CIP 功能

如果已经知道圆弧轮廓上 3 个点而不知道圆弧的圆心、半径和张角，则可以使用 CIP 功能。而圆弧方向由中间点的位置确定（中间点位于起始点和终点之间）。

以图 15.10 的图形为例，说明其具体用法。

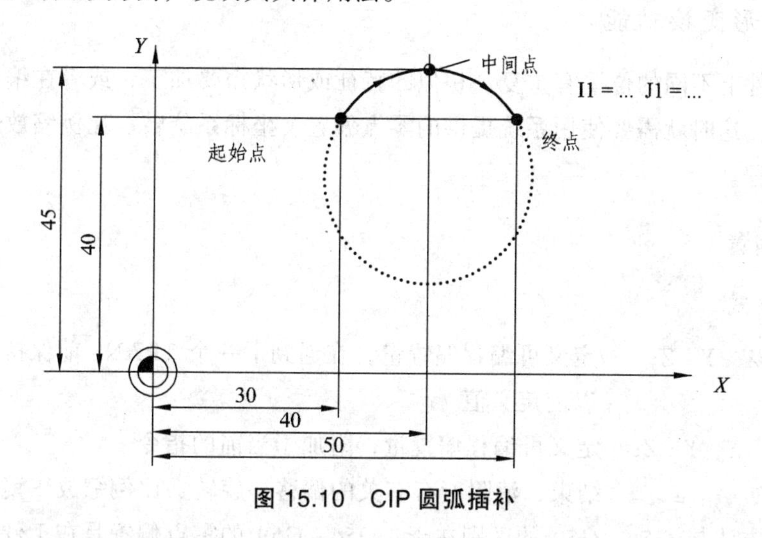

图 15.10　CIP 圆弧插补

编制的加工程序如下：

⋮

N05 G90 G1 X30 Y40;　　　　　/用于 N10 的圆弧起始点

N10 CIP X50 Y40 I1 = 40 J1 = 45;　/终点和中间点

⋮

（四）子程序

用子程序可编写需经常重复进行的加工内容，比如某一确定的轮廓形状。具体使用中有以下几种方式。

1. 直接调用

在一个程序中（主程序或子程序）可以直接用程序名调用子程序。子程序调用要求占用一个独立的程序段。

N10 SUB78；/调用子程序 SUB78 一次

2. P 指令

如果要求多次连续的执行某一子程序，则在编程时就必须在所调用子程序的程序名后用地址 P 指定调用次数，最大次数可以为 9 999。

N10 SUB78 P3；/调用子程序 SUB78 三次

3. RET 指令

当子程序结束返回时，可用 M2 指令或 RET 指令。其中，用 RET 指令结束子程序、返回主程序时不会中断 G64 连续路径运行方式，用 M2 指令则会中断 G64 运行方式，并进入停止状态。

注意：子程序的命名规则和主程序一致，但后缀名为 SPF。

（五）图形变换功能

如果在工件上不同的位置有重复、相似的特征或形状需要加工，或者在编程中选用了一个新的参考点，这时就需要使用系统提供的零点偏置、坐标系旋转、比例缩放以及镜像等图形变换功能编程。

1. 零点偏置

1）编程格式

TRANS　X　Y　Z；　/定义可编程偏置量，在遇到下一个 TRANS 前保持有效，并取消以前定义值

ATRANS　X　Y　Z；/定义可编程偏置量，附加于当前的指令

TRANS；　　　　　　结束，清除所有有关的偏移、旋转、比例缩放、镜像指令

注意：该方法与 G54 ~ G59 的区别在于，G54 ~ G59 的零点偏置是在工件装夹到机床上以后才可以确定偏置关系，每一点的偏置都是相对于机床坐标系来计算的。而这里的偏置是可以在编程时就确定的，一般相对于一个编程原点进行偏置，即几何中的坐标系平移。

2）程序示例

以图 15.11 所示的图形为例，说明其具体用法。

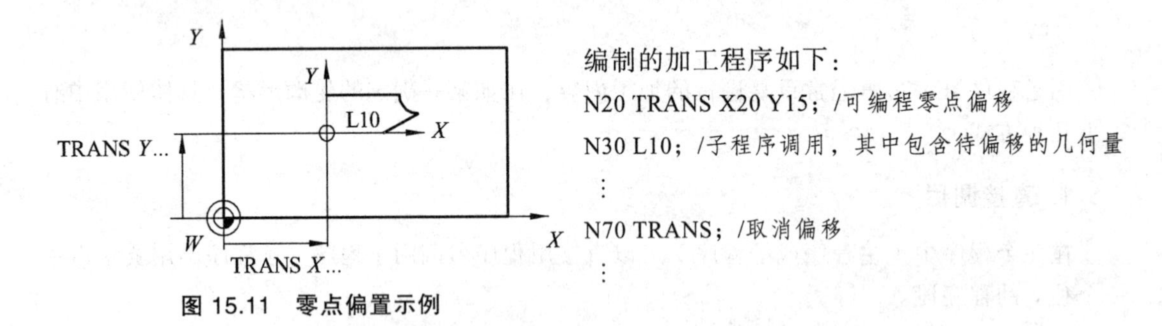

编制的加工程序如下：

N20 TRANS X20 Y15；/可编程零点偏移

N30 L10；/子程序调用，其中包含待偏移的几何量

⋮

N70 TRANS；/取消偏移

⋮

图 15.11　零点偏置示例

2. 坐标系旋转

1）编程格式

ROT　RPL =　/定义坐标系旋转，在遇到下一个 ROT 前保持有效，并取消以前定义值。RPL 表示旋转角度（度），逆时针旋转为正，具体方向如图 15.12 所示

AROT RPL =　/定义坐标系旋转，附加于当前的指令

ROT　　　　/结束，清除所有有关的偏移、旋转、比例缩放、镜像指令

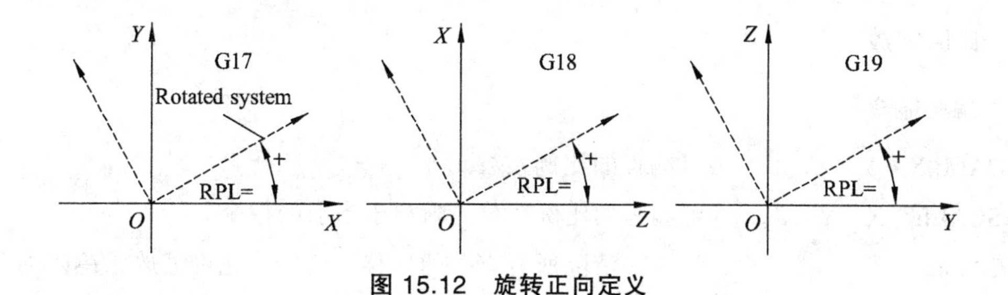

图 15.12 旋转正向定义

2）程序示例

以图 15.13 的图形为例，说明其具体用法。

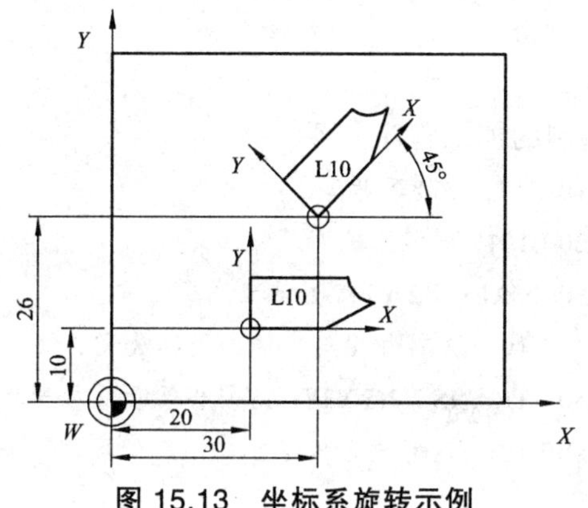

图 15.13 坐标系旋转示例

编制的加工程序如下：

N10 G17；X/Y 平面

N20 TRANS X20 Y10；/可编程的偏置

N30 L10；/子程序调用，含有待偏移的几何量

N40 TRANS X30 Y26；/新的偏移

N50 AROT RPL＝45；/附加旋转 45 度

N60 L10；/子程序调用

N70 TRANS；/删除偏移和旋转

⋮

3. 镜像编程

1）编程格式

MIRROR X Y Z; /可编程的镜像功能，X、Y、Z、为镜像对称轴

AMIRROR X Y Z; /定义可编程的镜像功能，附加于当前的指令

MIRROR; /结束，清除所有有关的偏移、旋转、比例缩放、镜像指令

2）程序示例

以图 15.14 的图形为例，说明其具体用法。

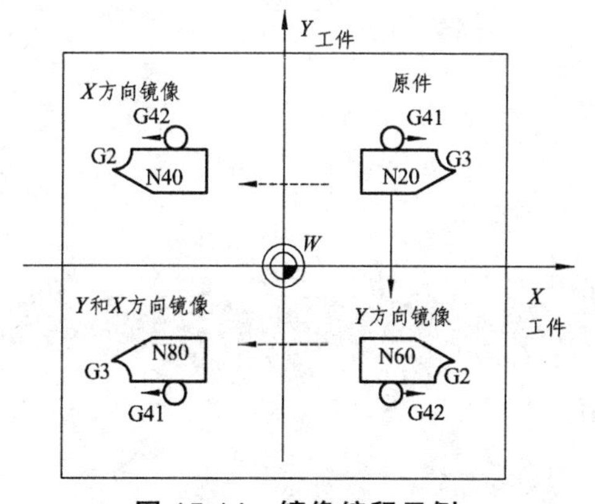

图 15.14 镜像编程示例

编制的加工程序如下：

N10 G17；/X/Y 平面，Z 轴垂直于该平面

N20 L10；/编程原轮廓，带 G41

N30 MIRROR X0；/在 X 轴改变方向

N40 L10；/Y 轴镜像轮廓

N50 MIRROR Y0；/在 Y 轴改变方向

N60 L10；/X 轴镜像轮廓

N70 AMIRROR X0；/再次镜像，X0Y0 镜像

N80L10；/轮廓关于原点镜像

N90 MIRROR；/取消镜像功能

⋮

4. 比例缩放

1）编程格式

SCALE X　Y　Z；　　　/可编程的比例系数

ASCALE　X　Y　Z；　/可编程的比例系数，附加于当前的指令

SCALE；　　　　　　　/结束，清除所有有关的偏移、旋转、比例缩放、镜像指令

2）程序示例

以图 15.15 所示的图形为例，说明其具体用法。

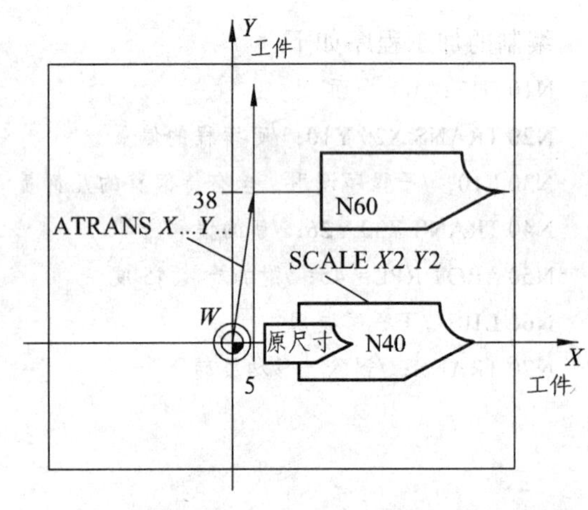

编制的加工程序如下：

N10 G17；/X/Y 平面

N20 L10；/编程原轮廓

N30 SCALE X2 Y2；/放大 2 倍

N40 L10；/X 轴和 Y 轴方向的轮廓放大 2 倍

N50 ATRANS X2.5 Y18；/零点偏置值也按比例放大

N60 L10；/轮廓放大和偏置

⋮

图 15.15　比例缩放编程示例

本项目简单介绍了 Siemens 802D 系统提供的一些基本指令及其用法，Siemens 系统的编程指令对于车床、铣床/加工中心都可使用，本系统还提供了功能强大的其他指令，这里就不再详述，请读者参考相关手册。

【项目实施】

（1）演示 Siemens 802D 系统的基本操作。

（2）演示 Siemens 802D 系统的坐标系建立方法。

（3）图 15.1 所示的加工程序如下：

```
CON2.MPF;
G90 G94 G71 G54;
T1D1;
G74 Z0;
G0 X-50 Y-40;
    Z20;
```

```
M3 S500;
G1 Z-4 F100;
G41 G1 X-35;
    Y5;
    X-25 Y15;
    X-15.97;
G3 X-11.41 Y16.43 CR=8;
G2 X17.32 Y10 CR=20;
G3 X34.64 Y0 CR=20;
G1 X45;
   Y-25;
   X-40;
G40 G1 X-50 Y-40;
G74 Z0;
M5;
M30;
```

【同步训练】

1. 采用 Siemens 802D 系统编写习题图 15.1 所示零件的加工程序。

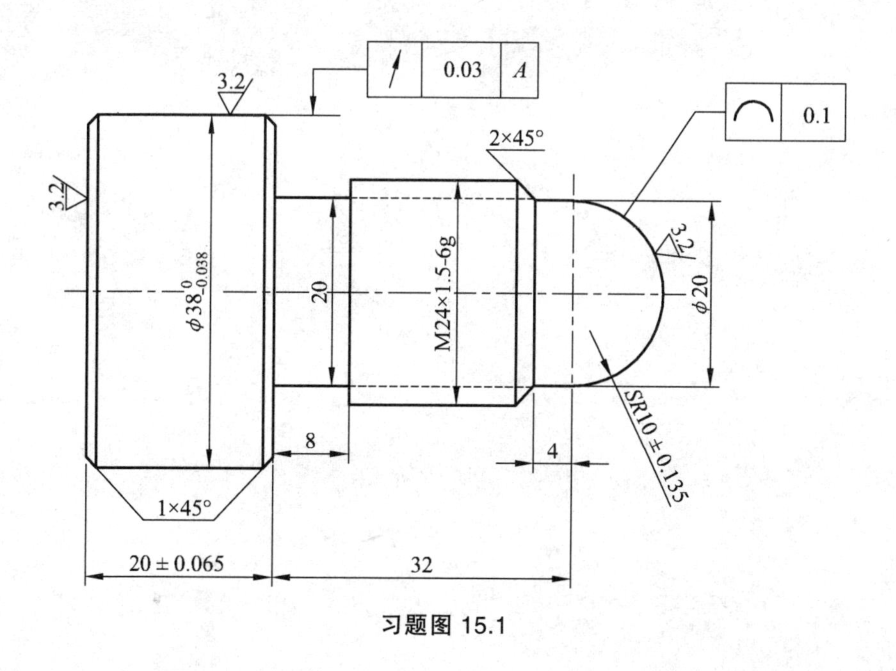

习题图 15.1

2. 采用 Siemens 802D 系统编写习题图 15.2 所示零件的加工程序。

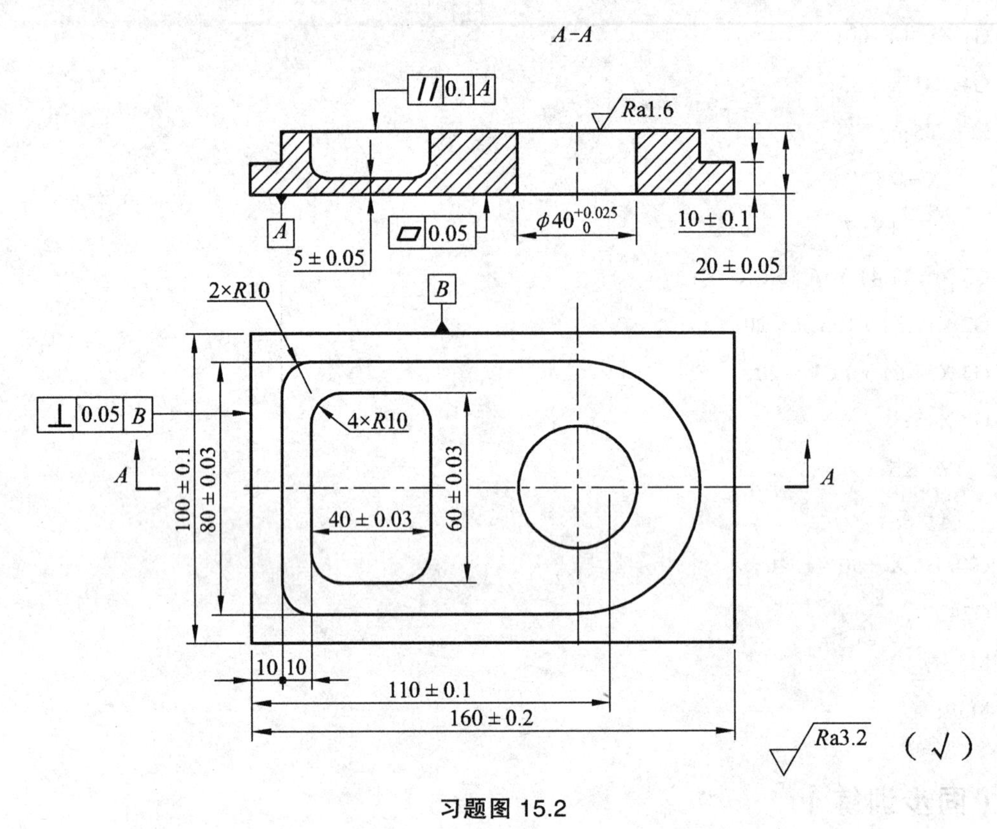

习题图 15.2

项目十六 孔加工循环指令编程

【学习目标】

➢ 掌握 Siemens 802D 系统孔加工循环指令参数。
➢ 掌握孔加工的难点。
➢ 能完成不同分布孔加工的程序编制。

【工作任务】

采用 Siemens 802D 指令编写图 16.1 所示零件孔的加工程序，假定外轮廓、ϕ30 孔已加工。

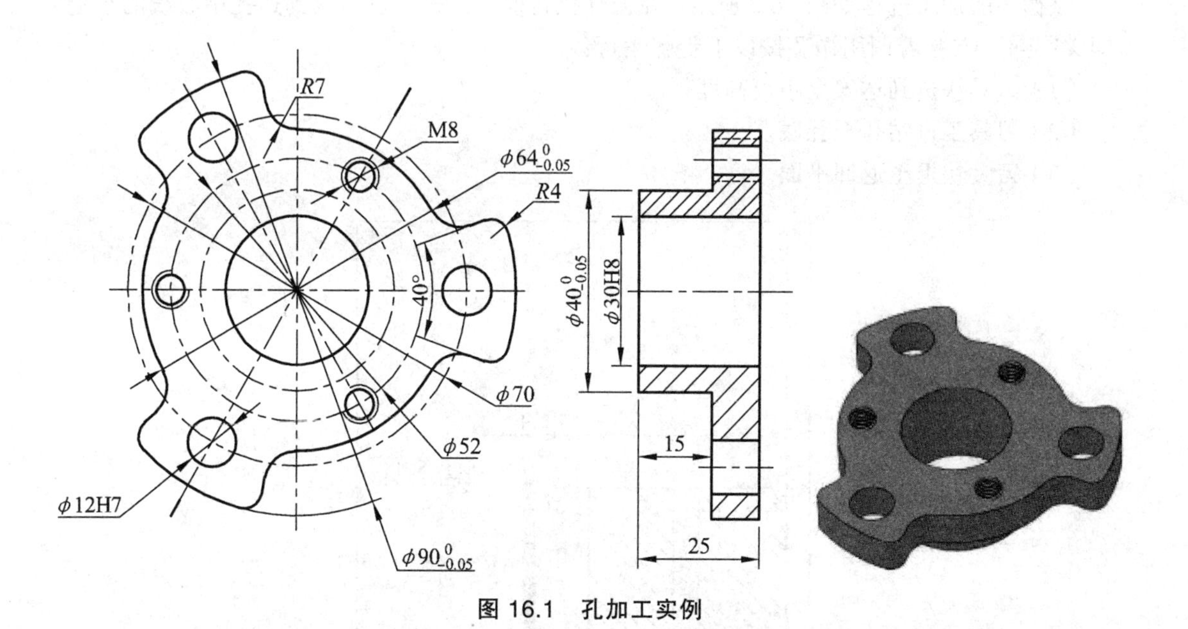

图 16.1 孔加工实例

【知识准备】

Siemens 802D 的循环指令主要有孔加工循环和铣削循环。

一、单一孔加工循环指令

1. 钻中心孔——CYCLE81

1）指令格式

CYCLE81（RTP，RFP，SDIS，DP，DPR）；

刀具按照指令中设定的主轴转速和进给速度钻孔至最终深度。该循环功能的具体参数如表 16.1 所示。

表 16.1　CYCLE81 循环参数说明

参数	数值类型	参数说明
RTP	Real（实型）	返回平面（绝对坐标）
RFP	Real	参考平面（绝对坐标），一般为孔顶 Z 坐标值
SDIS	Real	安全距离（无符号输入）
DP	Real	最后钻孔深度（绝对坐标），即孔底 Z 坐标值
DPR	Real	相对于参考平面的最后钻孔深度（无符号输入），即为 DP 与 RFP 的差值

注意：如果同时指定 DP 和 DPR，最后钻孔深度以 DPR 为准，以后相同。

2）循环动作

该循环的加工过程如图 16.2 所示。在循环执行前，首先定位刀具到达孔中心线的正上方（即 XY 定位），接着调用循环按以下步骤运行：

（1）刀具快进到达安全距离高度处。

（2）刀具工进钻孔至孔底。

（3）刀具快退至返回平面。

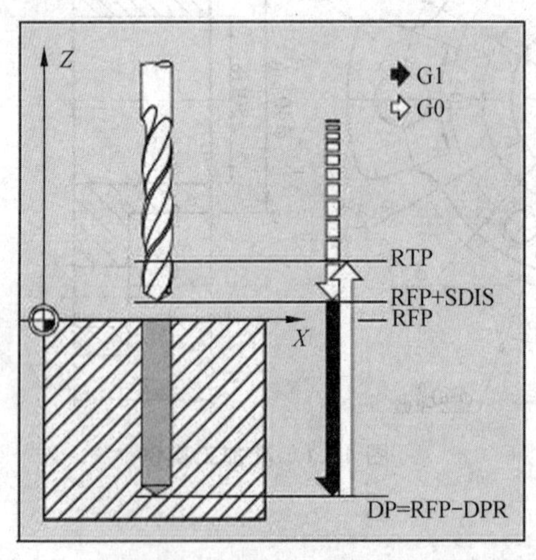

图 16.2　CYCLE81 循环动作

3）加工实例

用一个简单例子来说明其具体使用方法，如图 16.3 所示。

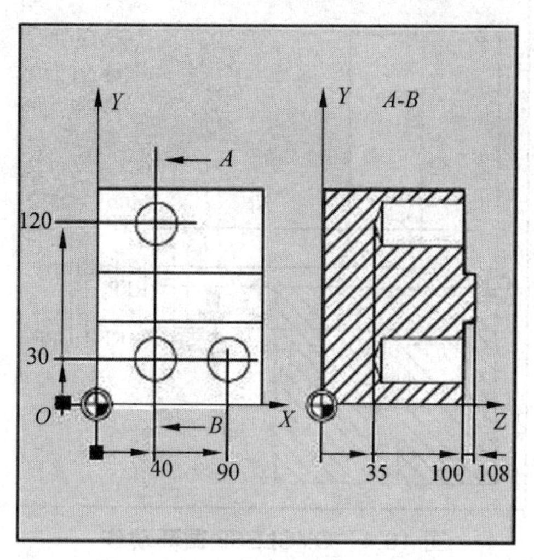

图 16.3　CYCLE81 加工示例

编制的加工程序如下：

```
N10 G0 G17 G90 F200 S300 M3;          /初始化定义
N20 D3 T3 Z110;       /接近返回平面
N30 X40 Y120;         /达到孔正上方位置
N40 CYCLE81（110，100，2，35）；/使用绝对最后钻孔深度，安全间隙以及不完整的参数表调用循环
N50 G0 Y30;           /移到下一个钻孔位置
N60 CYCLE81（110，102，2，35）；         /无安全间隙调用循环
N70 G0 X90;           /移到下一个钻孔位置
N80 CYCLE81（110，100，2，65）；      /使用相对最后钻孔深度，安全间隙调用循环
N90 M02;              /程序结束
```

从以上分析及编程可以看出，Siemens 802D 的孔加工循环与 Fanuc 系列有所差别。主要表现在：

（1）由于循环参数中没有 X、Y 坐标定位，因此需要在循环调用前先将刀具定位到孔的正上方。

（2）调用一次循环只加工一个孔。

2. 中心钻孔（深孔加工）——CYCLE82

1）指令格式

CYCLE82（RTP，RFP，SDIS，DP，DPR，DTB）

其中，DTB 表示最后钻孔深度时的停顿时间，其余参数与 CYCLE81 相同。

2）循环动作

循环动作与 CYCLE81 基本相同，只是在到达孔底时允许暂停，以便断屑。该循环的加工过程如图 16.4 所示。

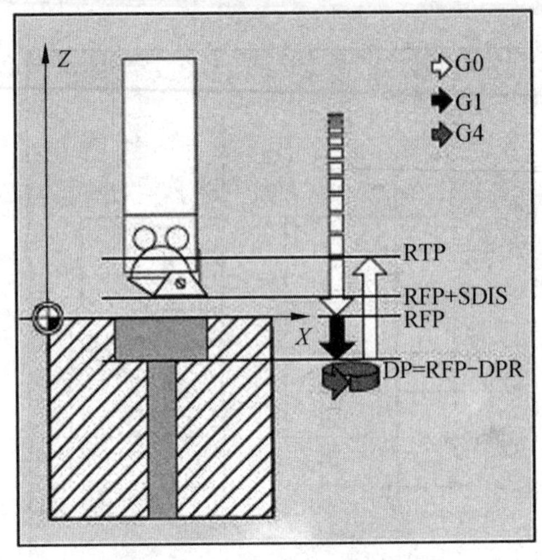

图 16.4　CYCLE82 循环动作

3. 深孔钻削——CYCLE83

1）指令格式

CYCLE83（RTP，RFP，SDIS，DP，DPR，FDEP，FDPR，DAM，DTB，DTS，FRF，VART，_AXN，_MDEP，_VRT，_DTD，_DIS1）

该循环功能的具体参数如表 16.2 所示。

表 16.2　CYCLE83 循环参数说明

参数	数值类型	参数说明
FDEP	Real	首钻深度（绝对坐标）
FDPR	Real	首钻相对于参考平面的深度
DAM	Real	递减量（>0，按参数值递减；<0，递减速率；＝0，不做递减）
DTB	Real	在此深度停留的时间（>0，停留秒数；<0，停留转数）
DTS	Real	在起点和排屑时的停留时间（>0，停留秒数；<0，停留转数）
FRF	Real	首钻进给率
VARI	Int（整型）	加工方式（0—断屑；1—排屑）
_AXN	Int	工具坐标轴（1 表示第一坐标轴；2 表示第二坐标轴；其他的表示第三坐标轴）
_MDEP	Real	最小钻孔深度
_VRT	Real	可变的切削回退距离（>0，回退距离；0 表示设置为 1 mm）
_DTD	Real	在最终深度处的停留时间（>0，停留秒数；<0，停留转数；＝0，停留时间同 DTB）
_DIS1	Real	可编程的重新插入孔中的极限距离

注：其余参数的意义同 CYCLE81。

2）循环动作

该循环的加工过程如图 16.5 所示。

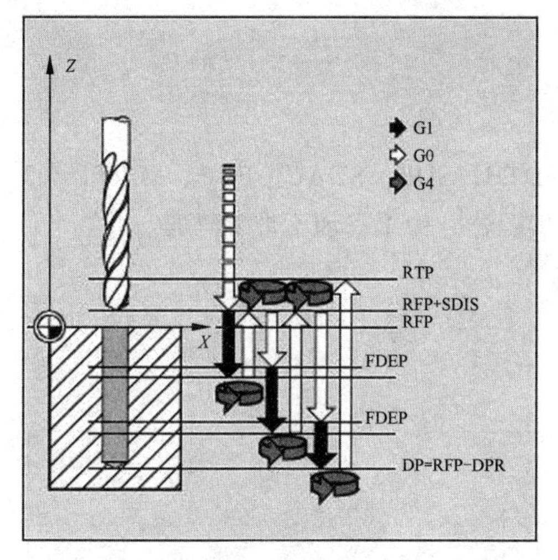

（a）VARI = 1 排屑

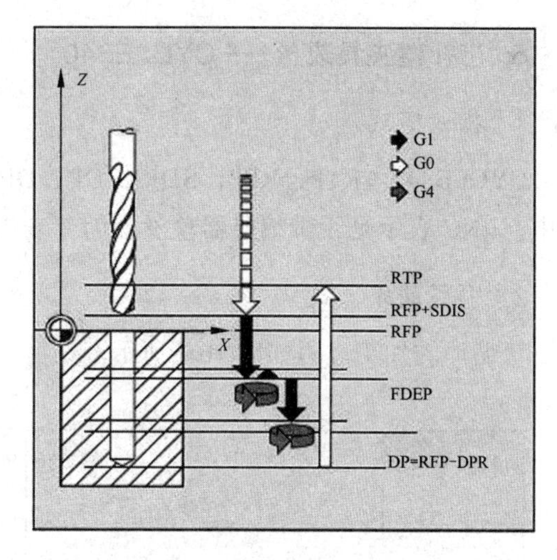

（b）VARI = 0 断屑

图 16.5 CYCLE83 循环动作

4. 刚性攻螺纹循环指令——CYCLE84

1）指令格式

CYCLE84（RTP，RFP，SDIS，DP，DPR，DTB，SDAC，MPIT，PIT，POSS，SST，SST1）

该循环功能的具体参数如表 16.3 所示。

表 16.3 CYCLE84 循环参数说明

参数	数值类型	参数说明
DTB	Real	停顿时间，攻螺纹建议不采用
SDAC	Int	循环结束后的旋转方向； 可取值：3、4、5，分别对应 M3、M4、M5
MPIT	Real	公称直径（有符号），螺距由公称直径决定； 取值：3～48，分别表示 M3～M48，为正表示右旋螺纹，为负表示左旋
PIT	Real	螺距（有符号）； 取值：0.001～2 000.000，符号表示螺纹旋向
POSS	Real	循环结束时，主轴准停角度； 攻螺纹前，必须采用 SPOS 参数定义主轴的准停位置，并将主轴的运行状态转换为位置控制模式，常用 SPOS = 0
SST	Real	攻螺纹的进给速度（包含主轴转速）
SST1	Real	回退速度，为 0 时，与 SST 相同

注：其余参数的意义同 CYCLE82。

2）循环动作

该循环的加工过程如图 16.6 所示。

5. 带补偿夹具攻丝——CYCLE840

1）指令格式

CYCLE840（RTP，RFP，SDIS，DP，DPR，DTB，SDR，SDAC，ENC，MPIT，PIT）

其中，ENC 表示是否带编码器攻丝，为 0 表示带编码器，为 1 表示不带编码器。

2）循环动作

该循环的加工过程如图 16.7 所示。

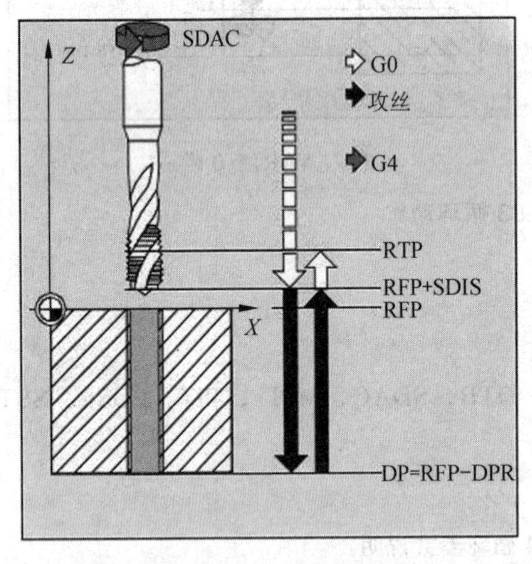

图 16.6　CYCLE84 循环动作

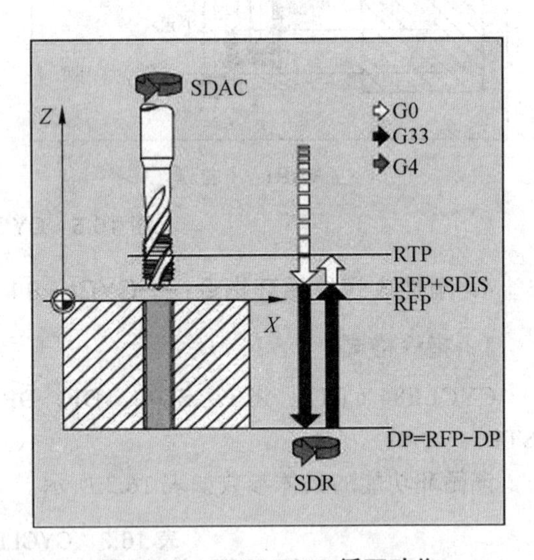

图 16.7　CYCLE840 循环动作

6. 铰孔循环指令——CYCLE85

1）指令格式

CYCLE85（RTP，RFP，SDIS，DP，DPR，DTB，FFR，RFF）

其中，FFR 表示进给速率，RFF 表示回退速率，其余参数的意义同 CYCLE82。

2）循环动作

该循环的加工过程如图 16.8 所示，主要用于铰通孔。

7. 镗孔循环指令——CYCLE86

1）指令格式

CYCLE86（RTP，RFP，SDIS，DP，DPR，DTB，SDIR，RPA，RPO，RPAP，POSS）

该循环功能的具体参数如表 16.4 所示。

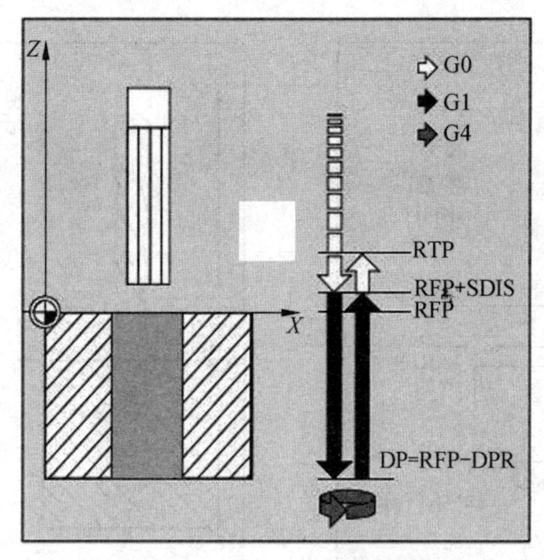

图 16.8　CYCLE85 循环动作

表 16.4　CYCLE86 循环参数说明

参数	数值类型	参数说明
DTB	Real	停顿时间，攻螺纹建议不采用
SDIR	Int	旋转方向（可取值为 3，4）
RPA	Real	在活动平面上横坐标的回退方式
RPO	Real	在活动平面上纵坐标的回退方式
RPAP	Real	在活动平面上钻孔的轴的回退方式
POSS	Real	循环停止时主轴的位置

注：其余参数的意义同 CYCLE81。

2）循环动作

该循环的加工过程如图 16.9 所示。

8. 带停止镗孔循环指令——CYCLE87

1）指令格式

CYCLE87（RTP，RFP，SDIS，DP，DPR，DTB，SDIR）

该指令中的参数与 CYCLE86 中的相关参数一致，就不再赘述。

刀具按照编程的主轴速度和进给率进行钻孔，直至达到最后钻孔深度。带停止镗孔时，一旦到达钻孔深度，便激活了不定位主轴停止功能 M5 和编程的停止。按“加工启动”键继续快速返回直至到达返回平面。

2）循环动作

该循环的加工过程如图 16.10 所示。

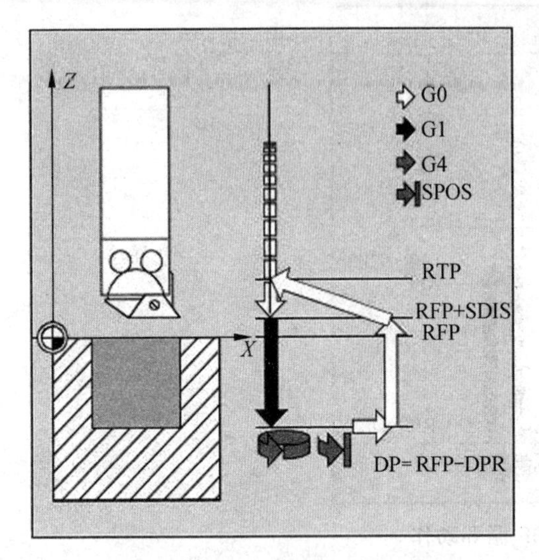

图 16.9　CYCLE86 循环动作

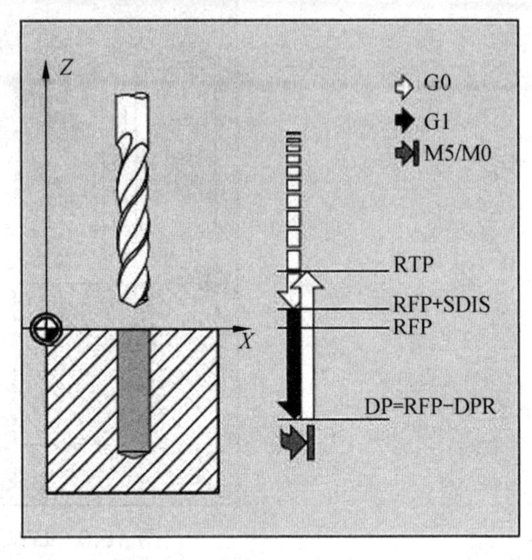

图 16.10　CYCLE87 循环动作

9. 带停止钻孔循环指令——CYCLE88

1）指令格式

CYCLE88（RTP，RFP，SDIS，DP，DPR，DTB，SDIR）

该指令中的参数与 CYCLE86 中的相关参数一致，就不再赘述。

2）循环动作

该循环的加工过程如图 16.11 所示。

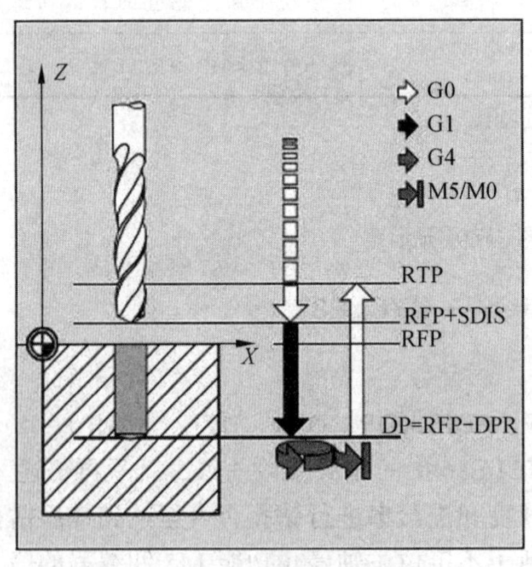

图 16.11　CYCLE88 循环动作

10. 铰孔 2——CYCLE89

1）指令格式

CYCLE89（RTP，RFP，SDIS，DP，DPR，DTB）

该指令中的参数与 CYCLE86 中的相关参数一致，就不再赘述。

2）循环动作

该循环的加工过程如图 16.12 所示，主要用于铰盲孔。

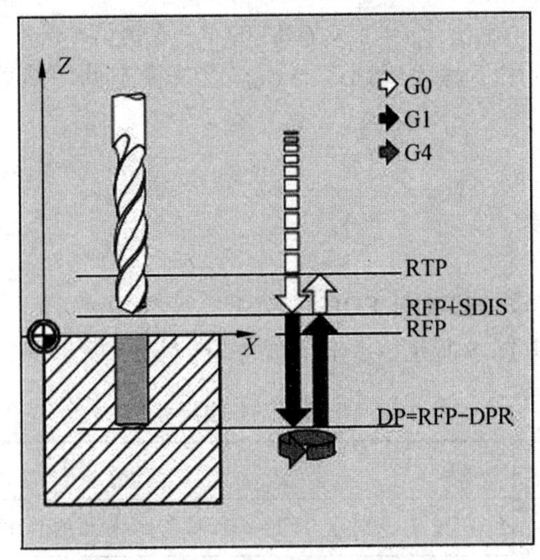

图 16.12　CYCLE89 循环动作

二、钻孔样式循环指令

前面的孔加工循环，一次调用只能加工一个孔，系统把常用的孔加工动作都包含在这些单一孔循环里。Siemens 802D 系统还提供了多孔样式加工循环：一是排孔循环，用来加工沿直线等距分布的若干个孔或网格分布的孔；二是圆周孔循环，用来加工沿圆周均匀分布的若干个孔。

1. 循环调用方法

1）直接调用加工循环

循环是指用于特定加工过程的工艺子程序，比如用于钻削、坯料切削或螺纹切削等。循环在用于各种具体加工过程时只要改变参数就可以。

例如：

N10　CYCLE83（110，90，…）　/直接指定循环参数，调用 CYCLE83，单独程序段

⋮

N40 RTP = 100 RFP = 95　/设置 CYCLE82 的传送参数

N50 CYCLE82（RTP，RFP，…）/调用 CYCLE82，单独程序段

2）模态调用固定循环与子程序

在含有 MCALL 指令的程序段中调用子程序或固定循环，如果其后的程序段中含有轨迹运行，则子程序或固定循环会自动调用。因此可以使用 MCALL 指令来方便地加工各种排列形状的孔。

例如：

N10 MCALL CYCLE82（…）；　　　　/钻削循环 82

N20 HOLES1（…）；　　　　　　　/行孔循环，在每次到达孔位置之后，使用传送参数执行 CYCLE82（…）循环

N30 MCALL；　　　　　　　　　　/结束 CYCLE82（…）的模态调用

用 MCALL 指令模态调用子程序或固定循环，以及模态调用结束指令均需要一个独立的程序段。

2. 排孔——HOLES1

1）指令格式

HOLES1（SPCA，SPCO，STA1，FDIS，DBH，NUM）

该循环包含的参数如表 16.5 所示，具体示意如图 16.13 所示。

表 16.5　HOLES1 循环参数

参数	数值类型	参数说明
SPCA	Real	直线（绝对值）上一参考点的平面的第一坐标轴（横坐标）
SPCO	Real	此参考点（绝对值）平面的第二坐标轴（纵坐标）
STA1	Real	与平面第一坐标轴（横坐标）的角度，$-180° < \mathrm{STA1} \leq 180°$
FDIS	Real	第一个孔到参考点的距离（无符号输入）
DBH	Real	孔间距（无符号输入）
NUM	Int	孔的数量

2）程序示例

下面以图 16.14 所示为例，对该循环的使用方法作一简单的说明。

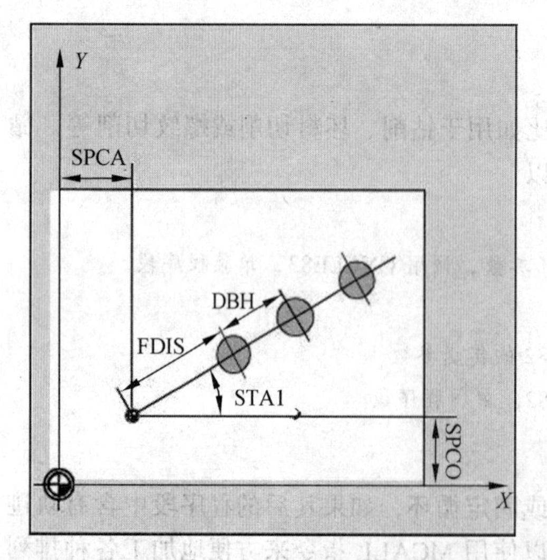

图 16.13　HOLES1 循环参数示意图

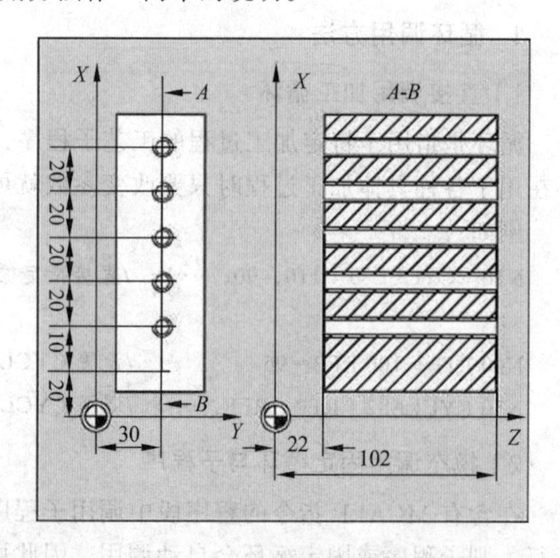

图 16.14　HOLES1 加工示例

编制的加工程序如下：

```
Hole1.mpf;
N10 G90 F30 S500 M3 T10 D1;
N20 G17 G90 G0 X20 Y30 Z105;
N30 MCALL CYCLE82（105，102，2，22，0，1）;    /钻孔循环的形式调用
N40 HOLES1（20，30，0，10，20，5）;           /调用排孔循环，循环从第一孔开始加工，
                                              此循环中只回到钻孔位置
N50 MCALL;                                    /取消调用
N60 M02;
```

3. 圆周孔——HOLES2

1）指令格式

HOLES2（CPA，CPO，RAD，STA1，INDA，NUM）

该循环包含的参数如表 16.6 所示，具体示意如图 16.15 所示。

表 16.6　HOLES1 循环参数

参数	数值类型	参数说明
CPA	Real	圆周孔的中心点（绝对值），平面的第一坐标轴
CPO	Real	圆周孔的中心点（绝对值），平面的第二坐标轴
RAD	Real	圆周孔的半径（无符号输入）
STA1	Real	起始角范围值：$-180^\circ < \text{STA1} \leq 180^\circ$
INDA	Real	增量角
NUM	Int	孔的数量

2）程序示例

下面以图 16.16 所示为例，对该循环的使用方法作一简单说明。

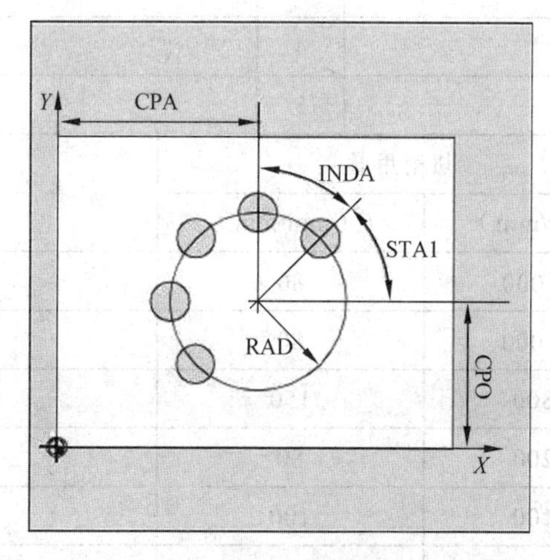

图 16.15　HOLES2 循环参数示意图

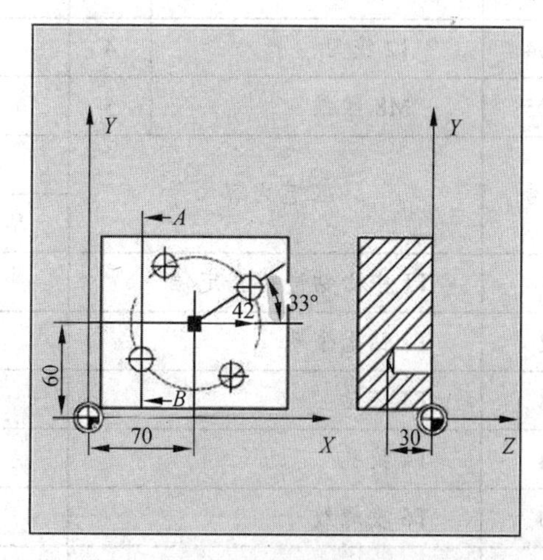

图 16.16　HOLES2 加工示例

编制的加工程序如下：

```
Holc2.mpf;
N10 G90 F140 S170 M3 T10 D1;
N20 G17 G0 X50 Y45 Z2;
N30 MCALL CYCLE82（2，0，2，，30，0）; /钻孔循环调用，无停顿时间，未编程 DP
N40 HOLES2（70，60，42，33，0，4）;    /调用圆周孔循环，由于省略了参数 INDA，增量角
                                       在循环中自动计算
N50 MCALL;                             /取消循环调用
N60 M02;
```

本项目对 Siemens 802D 系统提供的孔加工循环指令进行了详细说明，另外系统还提供有铣削类循环，使用方法类似，这里就不再一一详述，请读者参考相关手册。

【项目实施】

一、加工工艺制订

根据图 16.1 所示零件特点，填写表 16.7 所示的加工工艺卡。

表 16.7　加工工艺卡

<table>
<tr><td>零件图号</td><td colspan="2">16001</td><td colspan="2" rowspan="2">数控铣床加工工艺卡</td><td>机床型号</td><td colspan="2"></td></tr>
<tr><td>零件名称</td><td colspan="2">凸台零件</td><td>机床编号</td><td colspan="2"></td></tr>
<tr><td colspan="3">刀具表</td><td colspan="2">量具表</td><td colspan="3">工具表</td></tr>
<tr><td>T01</td><td colspan="2">A2.5 中心钻</td><td>1</td><td>游标卡尺</td><td>1</td><td colspan="2">平口钳</td></tr>
<tr><td>T02</td><td colspan="2">6.7 钻头</td><td>2</td><td>内径千分尺</td><td>2</td><td colspan="2">分中棒</td></tr>
<tr><td>T03</td><td colspan="2">11.8 钻头</td><td>3</td><td></td><td>3</td><td colspan="2">Z 轴定位仪</td></tr>
<tr><td>T04</td><td colspan="2">12 铰刀</td><td>4</td><td></td><td>4</td><td colspan="2"></td></tr>
<tr><td>T05</td><td colspan="2">M8 丝锥</td><td>5</td><td></td><td>5</td><td colspan="2"></td></tr>
<tr><td rowspan="2">序号</td><td colspan="2" rowspan="2">工艺内容</td><td colspan="4">切削用量</td><td rowspan="2">备注</td></tr>
<tr><td colspan="2">S（r/min）</td><td colspan="2">F（mm/min）</td></tr>
<tr><td>1</td><td colspan="2">T1 中心钻进行孔定位</td><td colspan="2">2 000</td><td colspan="2">80</td><td></td></tr>
<tr><td>2</td><td colspan="2">T2 钻七个孔</td><td colspan="2">1 000</td><td colspan="2">80</td><td></td></tr>
<tr><td>3</td><td colspan="2">T3 扩钻</td><td colspan="2">800</td><td colspan="2">150</td><td></td></tr>
<tr><td>4</td><td colspan="2">T4 铰孔</td><td colspan="2">200</td><td colspan="2">80</td><td></td></tr>
<tr><td>5</td><td colspan="2">T6 攻螺纹</td><td colspan="2">100</td><td colspan="2">100</td><td></td></tr>
<tr><td>6</td><td colspan="2">工件去毛刺、倒棱</td><td colspan="2"></td><td colspan="2"></td><td></td></tr>
</table>

二、编写程序单

编制的加工程序如下：

```
SL.MPF;
G90 G94 G40 G71 G17;
T1D1;                                          /钻 6 个中心孔
M06;
S2000 M3;
G54 G0 X0 Y0 M8;
Z20;
MCALL CYCLE82（20，0，5，－2，，）;
        X35 Y0;
        X－17.5 Y30.311;
   X－17.5 Y－30.311;
   X13 Y－22.517;
   X13 Y22.517;
   X－26 Y0;
MCALL;
G0 Z100 M5;
T2D1;
S1000 M3;
G54 G0 X0 Y0;
Z20;
MCALL CYCLE82（20，0，5，－15，，1）;           /钻 6 个通孔
        X35 Y0;
        X－17.5 Y30.311;
   X－17.5 Y－30.311;
   X13 Y－22.517;
   X13 Y22.517;
   X－26 Y0;
MCALL;
G0 Z100 M5;
T3D1;
S800 M3;
G54 G0 X0 Y0;
Z20;
MCALL CYCLE82（20，0，5，－15，，1）;           /扩钻 3 个ϕ12 的孔
HOLES2（0，0，35，0，120，3）;
```

```
MCALL;
G0 Z100 M5;
T4D1;
S200 M3;
MCALL CYCLE89（20，0，5，－12，，1）;                    /铰 3 个φ12 的孔
HOLES2（0，0，35，0，120，3）;
MCALL;
G0 Z100 M5;
T5D1;
S200 M3;
MCALL CYCLE84（20，0，5，－12，，1，4，8，，0，200，0）; /攻 3 个 M8 螺纹
HOLES2（0，0，26，60，120，3）;
MCALL;
G0 X0 Y0;
   Z100;
M5;
M9;
M02;
```

【同步训练】

1. 采用 Siemens 802D 系统编写习题图 16.1 所示零件的加工程序。

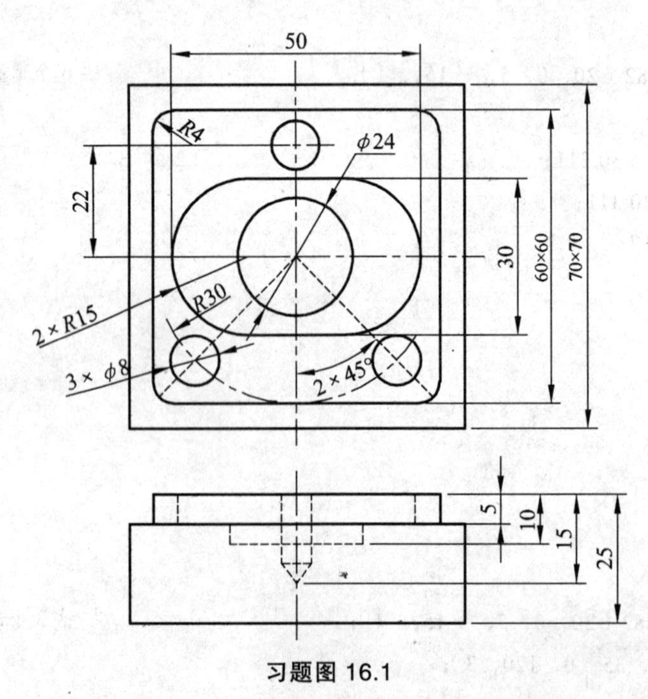

习题图 16.1

2. 采用 Siemens 802D 系统编写习题图 16.2 所示零件的加工程序。

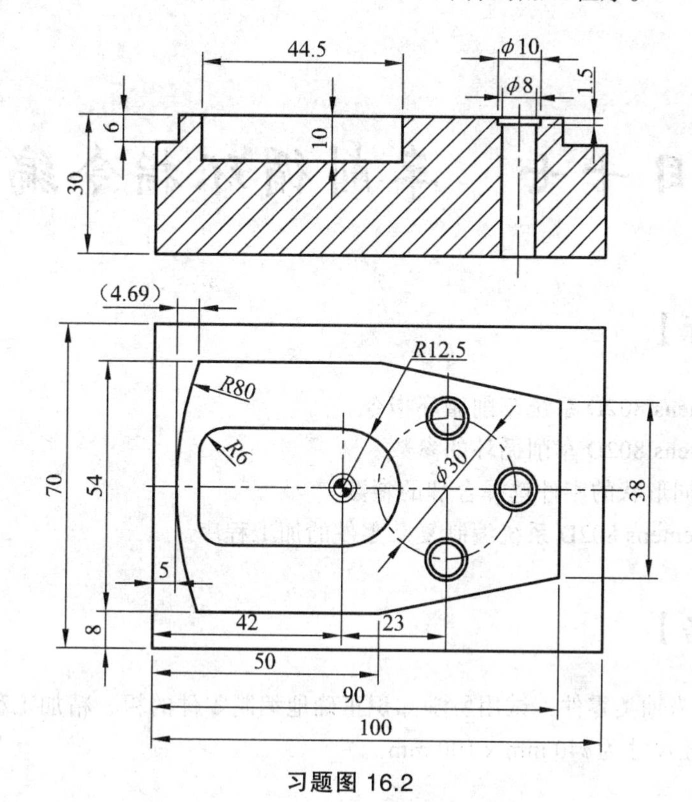

习题图 16.2

3. 采用 Siemens 802D 系统编写习题图 16.3 所示零件的加工程序。

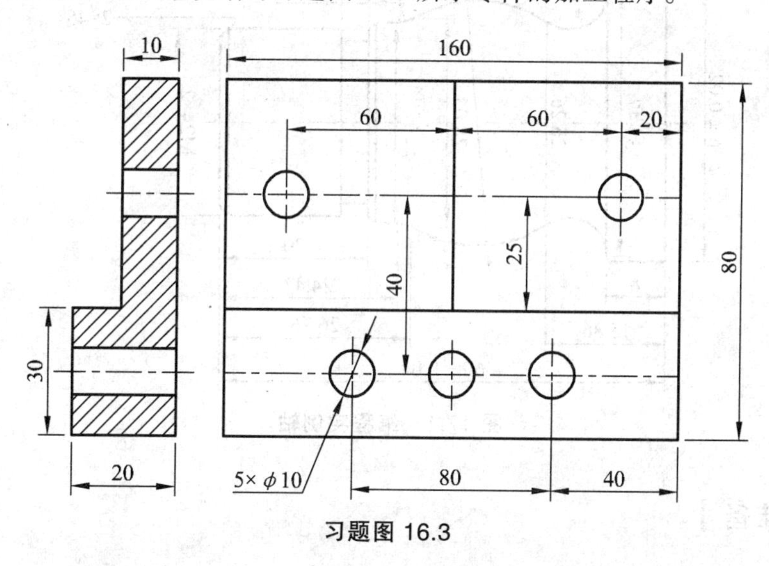

习题图 16.3

项目十七　车削循环指令编程

【学习目标】

➢ 掌握 Siemens 802D 系统车削循环指令。
➢ 掌握 Siemens 802D 车削循环的参数。
➢ 能根据不同形状的零件选择合理的参数。
➢ 能应用 Siemens 802D 系统编制复杂零件的加工程序。

【工作任务】

图 17.1 所示为轴类零件，试用所学知识正确地编制零件的粗、精加工程序。材料为 45#钢，该零件的毛坯尺寸为ϕ40 mm × 100 mm。

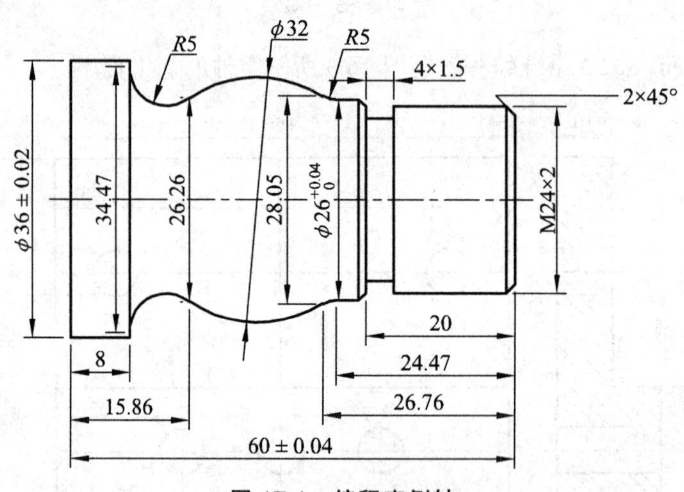

图 17.1　编程实例轴

【知识准备】

循环是指用于特定加工过程的工艺子程序，一般应用于切槽、轮廓切削或螺纹车削等编程量较大的加工过程。循环在用于上述加工过程时只要改变相应的参数，进行少量的编程即可。调用一个循环之前，必须对该循环的传递参数已经赋值。循环结束后传递参数的值保持不变。

使用加工循环时，编程人员必须事先保留参数 $R100 \sim R249$，保证这些参数只用于加工循环而不被程序中的其他地方使用。在调用循环之前，直径尺寸指令 G23 必须有效，否则系统会报警。如果在循环中没有设定 F 指令、S 指令和 M03 指令等，则在加工程序中必须设定这些指令。循环结束以后 G00、G90、G40 指令一直有效。

一、切槽循环指令——CYCLE93

在圆柱形工件上，不管是进行纵向加工还是进行横向加工均可以利用切槽循环 CYCLE93 指令对称加工出切槽，包括外部切槽和内部切槽。在调用切槽循环 CYCLE93 指令之前必须激活用于进行加工的刀具补偿参数，且切槽刀完成对刀过程。

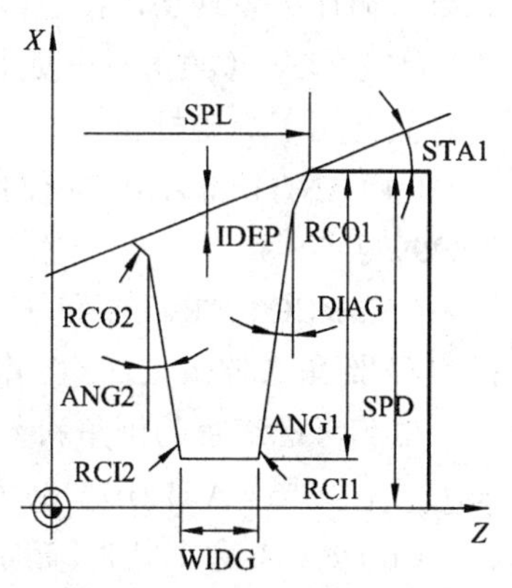

图 17.2　CYCLE93 参数图形

1. 指令格式

CYCLE93（SPD，SPL，WIDG，DIAG，STA1，ANG1，ANG2，RCO1，RCO2，RCI1，RCI2，FAL1，FAL2，IDEP，DTB，VARI）

切槽循环 CYCLE93 指令可加工槽形，如图 17.2 所示。

2. 参数说明

CYCLE93 循环指令参数见表 17.1。

表 17.1　CYCLE93 切槽循环参数表

参数名	类型	含　义
SPD	Real	横向坐标轴起始点
DPL	Real	纵向坐标轴起始点
WIDG	Real	切槽宽度（无符号输入）
DIAG	Real	切槽深度（无符号输入）
STAG1	Real	轮廓和纵向轴之间的角度
ANG1	Real	侧面角 1：在切槽一边，由起始点决定
ANG2	Real	侧面角 2：在另一边
RCO1	Real	半径/倒角 1，外部：位于由起始点决定的一边
RCO2	Real	半径/倒角 2，外部
RCI1	Real	半径/倒角 1，内部：位于起始点侧
RCI2	Real	半径/倒角 2，内部
FAL1	Real	槽底的精加工余量
FAL2	Real	侧面的精加工余量
IDEP	Real	进给深度（无符号输入）
DIB	Real	槽底停顿时间
VARI	Int	加工类型范围值：1~8 和 11~18

（1）SPD 和 SPL（起始点）——可以使用这些坐标来定义槽的起始点，从起始点开始，在循环中计算出轮廓。循环计算出在循环开始的起始点。切削外部槽时，刀具首先会按纵向轴方向移动，切削内部槽时，刀具首先按横向轴方向移动。

（2）WIDG 和 DIAG（槽宽和槽深）——参数槽宽（WIDG）和槽深（DIAG）是用来定义槽的形状。计算时，循环始终认为是以 SPD 和 SPL 为基准。

去掉切削沿半径后，最大的进给量是刀具宽度的 95%，从而会形成切削重叠。如果所设置的槽宽小于实际刀具宽度，将出现错误信息 61602“刀具宽度定义不正确”同时加工终止。如果在循环中发现切削沿宽度等于零，也会出现报警。

（3）STA1（角）——使用参数 STA1 来编程加工槽时的斜线角。该角可以采用 0°～180°并且始终用于纵坐标轴。

（4）ANG1 和 ANG2（侧面角）——不对称的槽可以通过不同定义的角来描述，范围 0°～89.999°。

（5）RCO1，RCO2 和 RCI1，RCI2（半径/倒角）——槽的形状可以通过输入槽边或槽底的半径/倒角来修改。注意：输入的半径是正号，而倒角是负号。

如何考虑编程的倒角和参数 VARI 的十位数有关。如果 VARI<0（十位数 = 0），倒角 CHF =____；如果 VARI>10，倒角带 CHR 编程。

（6）FAL1 和 FAL2（精加工余量）——可以单独设置槽底和侧面的精加工余量。在加工过程中，进行毛坯切削直至最后余量。然后使用相同的刀具沿着最后轮廓进行平行于轮廓的切削。

（7）IDEP（进给深度）——通过设置一个进给深度，可以将近轴切槽分成几个深度进给。每次进给后，刀具退回 1 mm 以便断削。在所有情况下必须设置参数 IDEP。

（8）VARI（加工类型）——槽的加工类型由参数 VARI 的单位数定义，如表 17.2 所示。

表 17.2　切槽循环加工类型 VARI

VARI 数值	纵向/横向	外部/内部	起始点位置
1	纵向	外部	左边
2	横向	外部	左边
3	纵向	内部	左边
4	横向	内部	左边
5	纵向	外部	右边
6	横向	外部	右边
7	纵向	内部	右边
8	横向	内部	右边

参数的十位数表示倒角是如何考虑的。

VARI…8：倒角被考虑成 CHF；

VARI1…18：倒角被考虑成 CHR。

如果该参数为其他值，循环将终止并产生报警 61002“加工类型定义错误”。

如果半径/倒角在槽底接触或相交，或者在平行于纵向轴的轮廓段进行表面切槽，循环将不能执行，并出现报警 61603“槽形状定义不正确”。

注意：调用切槽循环之前，必须使用一个双刀沿刀具。两个切削沿偏移值必须以两个连续刀具沿保存，而且在首次循环调用之前必须激活第一个刀具号。循环本身定义将使用哪一个加工步骤和哪一个刀具补偿值并自动使用。循环结束后，在循环调用之前设置的刀具补偿号重新有效。当循环调用时如果刀具补偿未设置刀具号，循环执行将终止并出现报警 61000“无有效的刀具补偿”。

【例 17.1】 编制如图 17.3 所示槽形的加工程序。

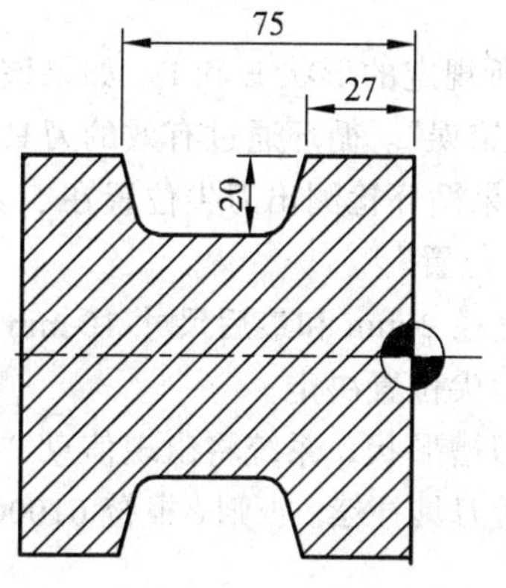

图 17.3 YCLE93 编程实例

编制的加工程序如下：

G54 G0 X200 Z200；/坐标系设定

T1 D1；/1 号刀具 M3 S800

G0 X200；

CYCLE93（100.000，-30.000，45.000，20.000，0.000，15.000，15.000，0.000，0.000，2.000，2.000，0.200，0.200，4.000，1.000，5）；/调用切槽循环

G0 X200 Z200 M5；

M2；

二、退刀槽循环指令——CYCLE94

使用此循环，可以按 DIN509 进行形状为 E 和 F 的退刀槽切削，并要求成品直径大于 3 mm。

1. 指令格式

CYCLE94（SPD，SPL，FORM）

切槽循环 CYCLE94 指令可加工槽形，如图 17.4 所示。

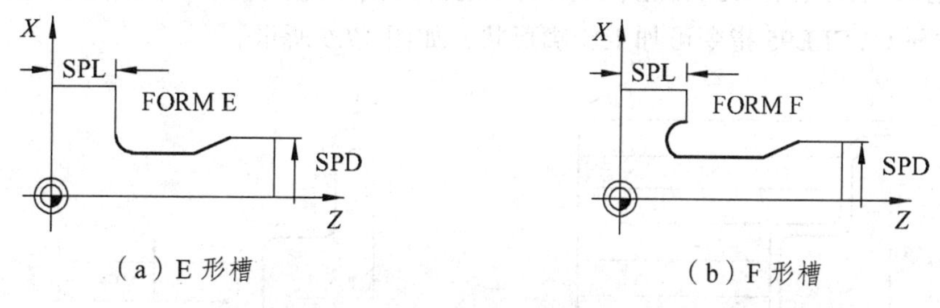

图 17.4 CYCLE94 图形参数

2. 参数说明

CYCLE94 循环指令参数见表 17.3。

表 17.3 CYCLE94 循环指令参数表

参数名	类型	含　义
SPD	Real	横向轴的起始点（无符号输入）
SPL	Real	纵向轴刀具补偿的起始点（无符号输入）
FORM	Char	设定形状：E（用于形状 E）F（用于形状 F）

（1）SPD 和 SPL（起始点）——使用参数 SPD 定义用于加工的成品的直径。在纵向轴的成品直径使用参数 SPL 定义，如果根据 SPD 所编程的成品直径小于 3 mm，则循环中断并产生报警 61601“成品直径太小”。

（2）FORM（形状）——通过此参数确定 DIN509 标准所规定的形状 E 和 F。如果该参数的值不是 E 或 F，则循环终止并产生报警 61609“形状设定错误”。循环通过有效的刀具补偿自动计算刀尖方向，循环可以在刀尖方向 1 ~ 4 时运行。如果循环检测出刀尖位置在 5 ~ 9 的任一位置，则循环终止并产生报警 61608“设定错误的刀尖位置”。

循环自动计算起始点值。它的位置是在纵向距离末尾直径 2 mm 和最后尺寸 10 mm 的位置。有关设置的坐标值的起始点的位置由当前有效刀具的刀尖位置决定。

如果由于刀具后角太小而无法使用所选的刀具加工退刀槽形状，系统将出现信息“退刀槽形状已改变”，但加工依然继续。调用循环之前，必须激活刀具补偿。否则，报警 61000“无有效的刀具补偿”输出，然后循环终止。

三、毛坯切削（轮廓）循环指令——CYCLE95

使用该循环指令可以进行轮廓切削，轮廓可以包括凹凸切削。

CYCLE95 指令可沿坐标轴平行方向加工由子程序编程的轮廓循环，通过变量名调用子程序，可以进行纵向和横向加工，也可以进行内外轮廓的加工；可以选择不同的切削工艺方式：粗加工、精加工或者综合加工。只要刀具不会发生碰撞就可以在任意位置调用此循环指令。这是一种非常实用的循环指令，可以大大简化编程工作量，并且在循环过程中没有空切削。

1. 指令格式

CYCLE95（NPP，MID，FALZ，FALX，FAL，FF1，FF2，FF3，VARI，DT，DAM，_VRT）

切槽循环 CYCLE95 指令可加工轮廓形状，如图 17.5 所示。

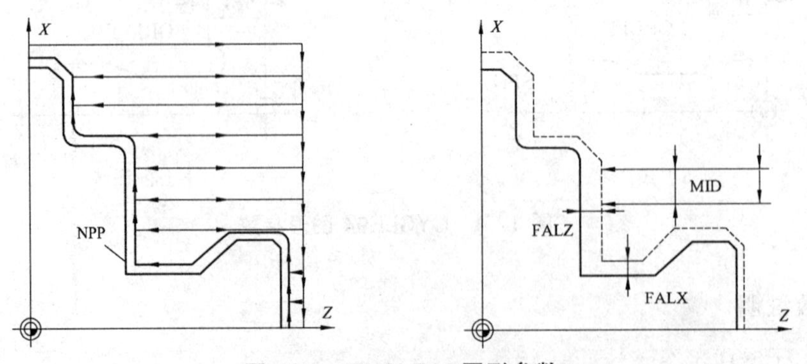

图 17.5 CYCLE94 图形参数

2. 参数说明

CYCLE95 轮廓循环参数见表 17.4。

表 17.4　CYCLE95 循环指令参数表

参数名	类型	含　义
NPP	String	轮廓子程序名称
MID	Rcal	进给深度（无符号输入）
FALZ	Rcal	在纵向轴的精加工余量（无符号输入）
FALX	Rcal	在横向轴的精加工余量（无符号输入）
FAL	Rcal	轮廓的精加工余量
FF1	Rcal	非切槽加工的进给率
FF2	Rcal	切槽时的进给率
FF3	Rcal	精加工的进给率
VARI	Rcal	加工类型 范围值：1~12
DT	Rcal	粗加工时用于断屑时的停顿时间
DAM	Rcal	粗加工因断屑而中断时所经过的长度
_VRT	Rcal	粗加工时从轮廓的退回行程，增量（无符号输入）

加工类型由参数 VARI 的单位数定义见表 17.5。

表 17.5　轮廓循环加工类型 VARI

VARI 数值	纵向/横向	外部/内部	粗加工/精加工/综合加工
1	纵向	外部	粗加工
2	横向	外部	粗加工
3	纵向	内部	粗加工
4	横向	内部	粗加工
5	纵向	外部	精加工
6	横向	外部	精加工
7	纵向	内部	精加工
8	横向	内部	精加工
9	纵向	外部	综合加工
10	横向	外部	综合加工
11	纵向	内部	综合加工
12	横向	内部	综合加工

四、螺纹切削循环指令——CYCLE97

螺纹切削循环也是一种非常实用的循环编程指令，它可以按纵向或横向加工圆柱螺纹、圆锥螺纹、外螺纹或内螺纹，既能加工单线螺纹又能加工多线螺纹。背吃刀量可自动设定。在螺纹加工期间，进给修调开关和主轴修调开关均无效。

1. 指令格式

CYCLE97（PIT，MPIT，SPL，FPL，DM1，DM2，APP，ROP，TDEP，FAL，IANG，NSP，NRC，NID，VARI，NUMT）

CYCLE97 螺纹循环参数如图 17.6 所示。

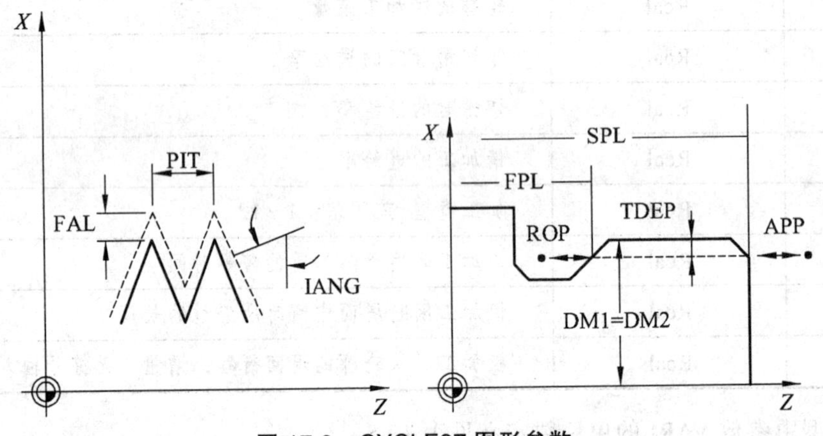

图 17.6　CYCLE97 图形参数

2. 参数说明

CYCLE97 轮廓循环参数见表 17.6。

表 17.6　CYCLE97 循环指令参数表

参数名	类型	含　义
PIT	Real	螺距
MPIT	Real	螺纹尺寸值：3（用于 M3）…60（用于 M60）
SPL	Real	螺纹终点，位于横向轴上
FPL	Real	螺纹终点，位于纵向轴上
DM1	Real	起始点的螺纹直径
DM2	Real	终点的螺纹直径
APP	Real	空刀导入量（无符号输入）
ROP	Real	空刀退出量（无符号输入）
TDEP	Real	螺纹深度（无符号输入）
FAL	Real	精加工余量（无符号输入）
IANG	Real	进给切入角：“+”或“−”

续表 17.6

参数名	类型	含　义
NSP	Real	首圈螺纹的起始点偏移（无符号输入）
NRC	Int	粗加工切削量（无符号输入）
NID	Int	停顿次数
VARI	Int	定义螺纹的加工类型：1～4
NUMT	Int	螺纹头数（无符号输入）

（1）PIT 和 MPIT（螺距和螺纹尺寸）——要获得公制的圆柱螺纹，也可以通过参数 MPIT（M03 ~ M60）设置螺纹尺寸。在使用时，只能选择使用其中一种参数，如果参数冲突，循环将产生报警 61001“螺距无效”且中断。

（2）DM1 和 DM2（直径）——使用此参数来定义螺纹起始点和终点的螺纹直径。如果是内螺纹，则是孔的直径。

（3）SPL，FPL，APP 和 ROP（起始点，终点，空刀导入量，空刀退出量）——编程的起始点（SPL）和（FPL）为螺纹最初的起始点。但是，循环中使用的起始点是由空刀导入量 APP 产生的起始点。而终点是由空刀退出量 ROP 返回的编程终点。在横向轴中，循环定义的起始点始终比设置的螺纹直径大 1 mm。此返回平面在系统内部自动产生。

（4）TDEP，FAL，NRC 和 NID（螺纹深度，精加工余量，切削量，停顿次数）——粗加工量为 TDEP-FAL，循环将根据参数 VARI 自动计算各个进给深度。

当螺纹深度分成具有切削截面积的进给量时，切削力在整个粗加工时将保持不变。在这种情况下，将使用不同的进给深度值来切削。

当螺纹深度分成恒定的进给深度。这时，每次的切削截面积越来越大，但由于螺纹深度值较小，则形成较好的切削条件。完成第一步中的粗加工以后，将取消精加工余量 FAL，然后执行 NID 参数下设置的停顿路径。

（5）IANG（切入角）——如果要以合适的角度进行螺纹切削，此参数的值必须设为零。如果要沿侧面切削，此参数的绝对值必须设为刀具侧面倒角的一半。

进给的执行是通过参数的符号定义的。如果是正值，进给始终在同一侧面执行（即斜向赶刀）；如果是负值，在两个侧面分别执行（即左右赶刀）。在两侧交替的切削类型只适用于圆螺纹，如果用于锥形螺纹的 IANG 值虽然是负，但是循环只沿一个侧面切削。

（6）NSP（起始点偏移）和 NUMT（头数）——用 NSP 参数可设置角度值用来定义待切削部件的螺纹圈的起始点，这称为起始点偏移，范围为 0 ~ + 359.999 9。如果未定义起始点偏移或该参数未出现在参数列表中，螺纹起始点则自动在零度标号处。

使用参数 NUMT 可以定义多头螺纹的头数。对于单头螺纹，此参数值必须为零或在参数列表中不出现。螺纹在待加工部件上平均分布；第一圈螺纹由参数 NSP 定义。如果要加工一个具有不对称螺纹的多头螺纹，在编程起点偏移时必须调用每个螺纹的循环。

（7）VARL（加工类型）——使用参数 VARL 可以定义是否执行外部或内部加工，及对于粗加工时的进给采取任何加工类型。VARI 参数见表 17.7。

表 17.7 螺纹循环加工类型 VARI

VARI 数值	外部/内部	恒定进给/恒定切削截面积
1	A	恒定进给
2	I	恒定进给
3	A	恒定切削截面积
4	I	恒定切削截面积

【例 17.2】 编制如图 17.7 所示螺纹的加工程序。

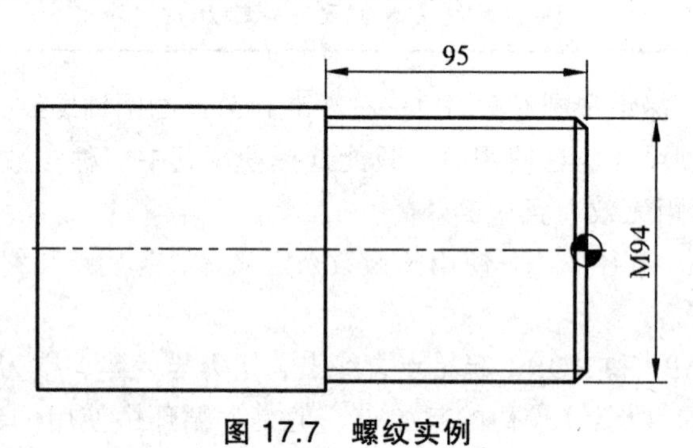

图 17.7 螺纹实例

⋮

M3 S400 F500;

CYCLE97 （2.000，，0，－95.000，94.000，94.000，2.000，2.000，2.000，0.200，0.000，，8.000，4.000，1，1.000）；/调用螺纹切削循环

⋮

本项目对 Siemens 802D 系统提供的车削加工循环指令进行了详细说明，由于参数复杂，系统对各类循环均提供对话框编程，请读者参考相关手册。

【项目实施】

根据图 17.1 所示零件的特点，编制的加工程序如下：

Main.MPF； 主程序

T1D1 M3 S1200;

G90 G0 X40 Z2;

CYCLE95（“CON9.SPF”，2，0.2，0.4，，0.15，0.1，0.2，1，，，1）；

G0 X100 Z100 M5;

T2D1 M3 S400;

G0 X40 Z－20；

G1 X21 F0.05;

G0 X40;

G0 X100 Z100 M5;

```
T3D1 M3 S2000;
G0 X40 Z2;
CYCLE95 ("CON9.SPF",,,,,,, 0.2, 5,,, 1);
G0 X100 Z100 M5;
T4D1 M3 S600;
G0 X26 Z5;
CYCLE97 (2.000,, 0, -16.0, 23.7, 23.7, 5, 2.000, 1.08, 0.200, 0.000,, 0.88, 4.000, 1, 1.000);
G0 X100 Z100 M5;
M2;

CON9.SPF;      子程序
GO X18;
G1 X23.7 Z-2;
   Z-20;
   X26 Z-21;
   Z-24.47;
G2 X28.05 Z-26.76 CR=5;
G3 X26.26 Z-44.14 CR=16;
G2 X34.47 Z-52 CR=5;
G1 X36;
   Z-65;
RET;
```

【同步训练】

1. 采用 Siemens 802D 系统编写习题图 17.1 所示零件的加工程序。

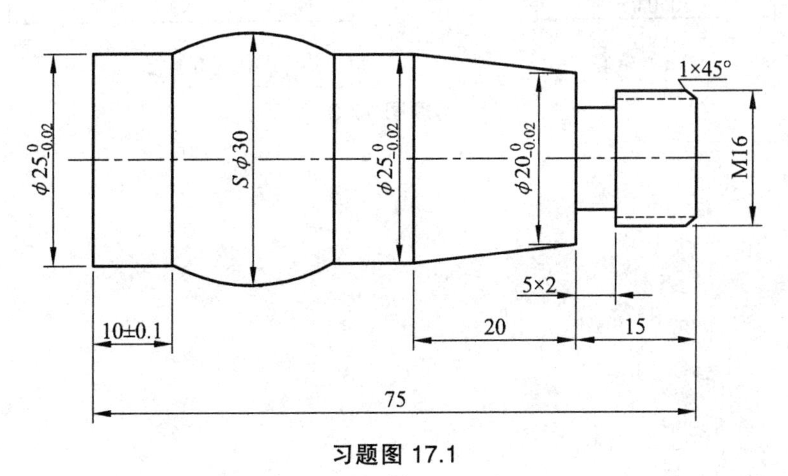

习题图 17.1

2. 采用 Siemens 802D 系统编写习题图 17.2 所示零件的加工程序。

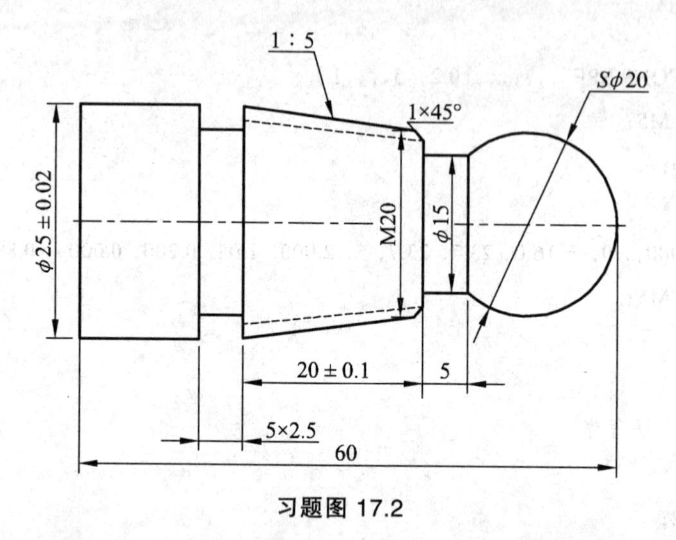

习题图 17.2

3. 采用 Siemens 802D 系统编写习题图 17.3 所示轴类配合件的加工程序。

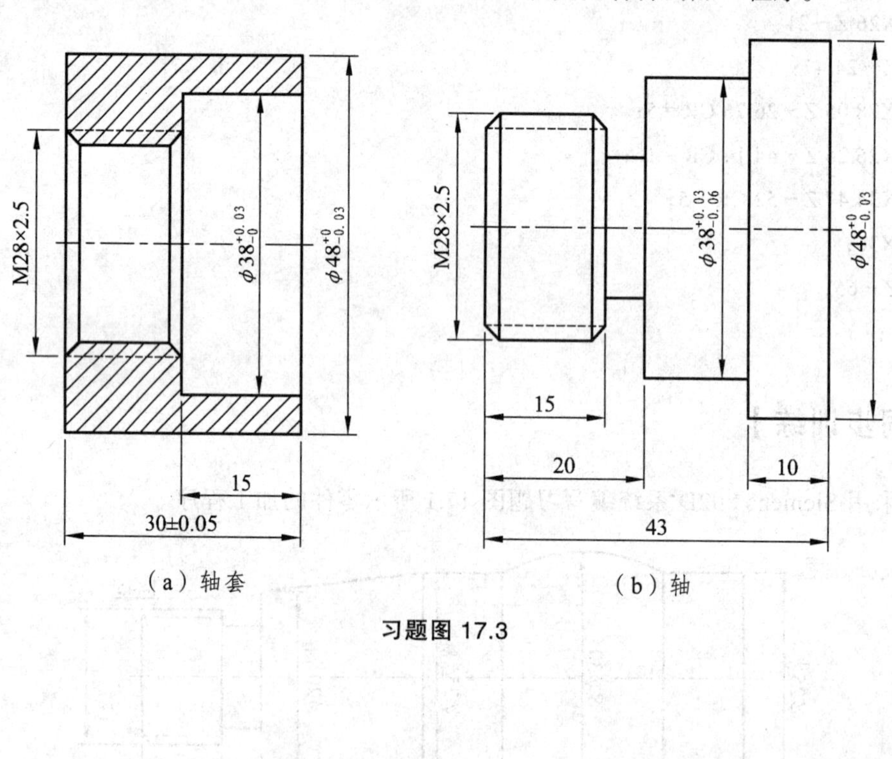

习题图 17.3

项目十八　R参数编程

【学习目标】

- 理解 Siemens 系统 R 参数的使用特点。
- 掌握 R 参数的运算与引用方法。
- 掌握程序跳转的使用方法。
- 能使用 R 参数编制程序。

【工作任务】

采用 R 参数编写如图 18.1 所示的孔阵列加工程序。

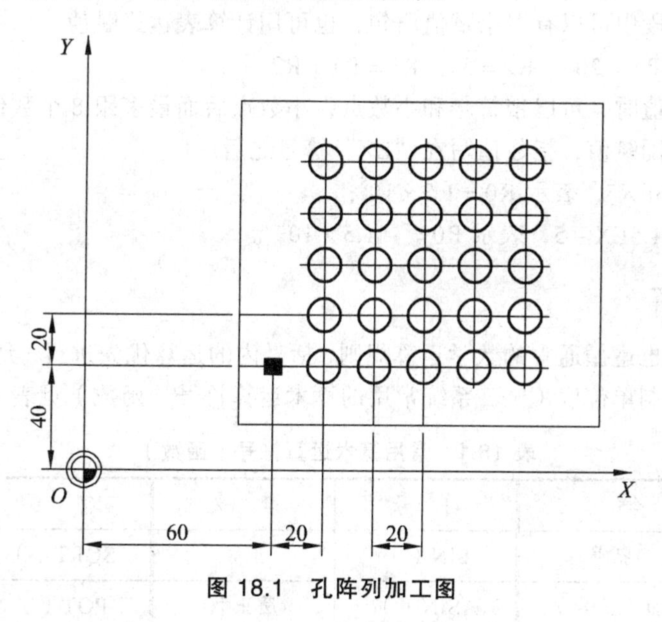

图 18.1　孔阵列加工图

【知识准备】

同 Fanuc 宏程序一样，Siemens 系统的参数化编程也可以采用变量，使程序更具有通用性。不同的是，在 Siemens 系统中，采用计算参数（R 参数）来作为变量使用，R 参数可以在程序运行时由控制器计算或设定所需要的数值；也可以通过操作面板设定数值。如参数已被赋值，在程序中可被重新赋值。

一、计算参数（R 参数）

1. R 参数格式

Siemens 系统可使用的计算参数为 R0 ~ R299，共 300 个，其使用要求如下：

（1）R0 ~ R99：可供用户自由使用；

（2）R100 ~ R249：加工循环传递参数；

（3）R250 ~ R299：加工循环内部计算参数。

如程序中没有使用加工循环，R100 ~ R299 部分参数可自由使用。

2. 赋值方式

在使用 R 参数前，往往需要对 R 参数进行赋值。在赋值时，需要注意以下几点：

（1）可用数值、算术表达式或计算参数对程序的地址字赋值，在地址字之后使用字符“=”。通过给其他的地址分配计算参数或参数表达式，可增加程序的通用性，但对地址 N、G、L 除外。赋值语句可以带负号赋值。给坐标轴地址赋值时，要有一独立的程序段。

例如：R2 = 10.98

R3 = －50

G0　X = R2　Y = R3

（2）一个程序段中可以有多个赋值语句，也可用计算表达式赋值。

例如：N20　R1 = 20　R2 = 5　R3 = R1 + R2

（3）用数值赋值时，可以带符号和小数点，小数点后面最多跟 8 个数位。如用指数表示可在更大的数值范围赋值，指数值写在“EX”符号之后。

例如：R0 = 1.5EX5，表示 R0 = 1.5×10^5；

R1 = －1.5EX－5，表示 R0 = -1.5×10^{-5}。

3. R 参数运算

在计算参数时也遵循通常的数学运算规则，括号内的运算优先进行，允许进行算术运算，角度计算为为十进制单位度（°）。系统常用的算术运算符号（函数）见表 18.1。

表 18.1　常用算术运算符号（函数）

符　号	含　义	符　号	含　义	符　号	含　义
（ ）	括号	SIN（ ）	正弦	SQRT（ ）	开方
+	加（正号）	ASIN（ ）	反正弦	POT（ ）	平方值
—	减（负号）	COS（ ）	余弦	ABS（ ）	绝对值
*	乘	ACOS（ ）	反余弦	TRUNC（ ）	取整
/	除（跳跃符）	TAN（ ）	正切		
EX（ ）	指数	ATAN（ ）	反正切		

注：ATAN2（ ）是由两个垂直矢量计算得出的，角度范围在－180°～＋180°。如 R3 = ATAN2（30, 80），则有 R3 = 20.556 1°，反之即有 TAN（20.556 1）= 30/80 = 0.375。

4. R 参数的引用

在 Siemens 系统中，地址符后的数值可使用一个 R 参数来表达，也可以用一个表达式，例如“G0 X =（R1 - R2）*2 Z = - R5”。

在引用时，注意以下几点：

（1）赋值时，在地址符后需加上“ = ”符号。

（2）对 N、G、L 不能采用 R 参数及表达式进行赋值。

（3）在给坐标轴地址赋值时，要求有一独立的程序段。

二、程序跳转

Siemens 系统的程序跳转和 Fanuc 类似，都是控制程序流的执行方向。程序跳转分为无条件跳转和有条件跳转两种，可实现程序运行分支。

1. 标记符

标记符用于标记程序中所跳转的目标位置，可以实现程序的分支。使用标记符注意以下几点：

（1）标记符后面必须为冒号。

（2）标记符必须要由 2 ~ 8 个字母或数字组成，其中开始的两个符号必须是字母或下划线。

（3）标记符必须位于目标程序段段首。如果程序段有顺序号字，则标号紧跟顺序号字。

例如：

```
LAB1：G1 X20；
⋮
N50 LAB2：G1 X50 Y100；
```

2. 无条件跳转

无条件跳转的指令格式如下：

```
GOTOF   Label;        /向前跳转（向程序结束方向跳转）
GOTOB   Label;        /向后跳转（向程序开始方向跳转）
```

其中，Label 表示标记符。

3. 有条件跳转

有条件跳转指令格式如下：

```
IF  判断条件  GOTOF  Label；/若满足条件，向前跳转
IF  判断条件  GOTOB  Label；/若满足条件，向后跳转
```

如果满足判断条件，跳转到标号处；如果不满足条件，执行下一条指令。有条件跳转指令要求一个独立的程序段，在一个程序段中可以有多个条件跳转指令。

判断条件经常采用 R 参数、比较运算符及常数等组成条件表达式来表达，系统提供的比较运算符见表 18.2。

表 18.2　比较运算符

比较运算符	意义	比较运算符	意义
>	大于	<	小于
>=	大于或等于	<=	小于或等于
=	等于	<>	不等于

比较运算表示跳转条件，计算表达式也可用于比较运算。比较运算的结果有两种：一种为“是”（指满足条件），一种为“非”（不满足条件）。

例如：

```
N10 IF R1<10 GOTOF LAB1;
⋮
N100 LAB1：G0 Z80；
```

【项目实施】

根据图 18.1 所示零件的特点，编制的加工程序如下：

```
RH12.MPF;
R10 = 102;          /参考平面
R11 = 105;          /返回平面
R12 = 2;            /安全间隙
R13 = 75;           /钻孔深度
R14 = 60;           /参考点：平面第一坐标轴的排孔
R15 = 40;           /参考点：平面第二坐标轴的排孔
R16 = 0;            /起始角
R17 = 20;           /第一孔到参考点的距离
R18 = 20;           /孔间距
R19 = 5;            /每行孔的数量
R20 = 5;            /行数
R21 = 0;            /行计数
R22 = 20;           /行间距
N10 G90 F300 S500 M3 T10 D1;
N20 G17 G0 X = R14 Y = R15 Z105;                          /回到起始位置
N30 MCALL CYCLE82（R11，R10，R12，R13，0，1）;              /钻孔循环的形式调用
N40 LABEL1：HOLES1（R14，R15，R16，R17，R18，R19）;        /调用排孔循环
N50 R15 = R15 + R22;                                      /计算下一行的 Y 值
N60 R21 = R21 + 1;                                        /增量行计数
N70 IF R21<R20 GOTOB LABEL1;                              /如果条件满足，返回
N80 MCALL;                                                /取消调用
N90 G90 G0 X30 Y20 Z105;
N100 M02;
```

【同步训练】

1. 采用 Siemens 802D 系统编制如习题图 18.1 所示零件的加工程序。

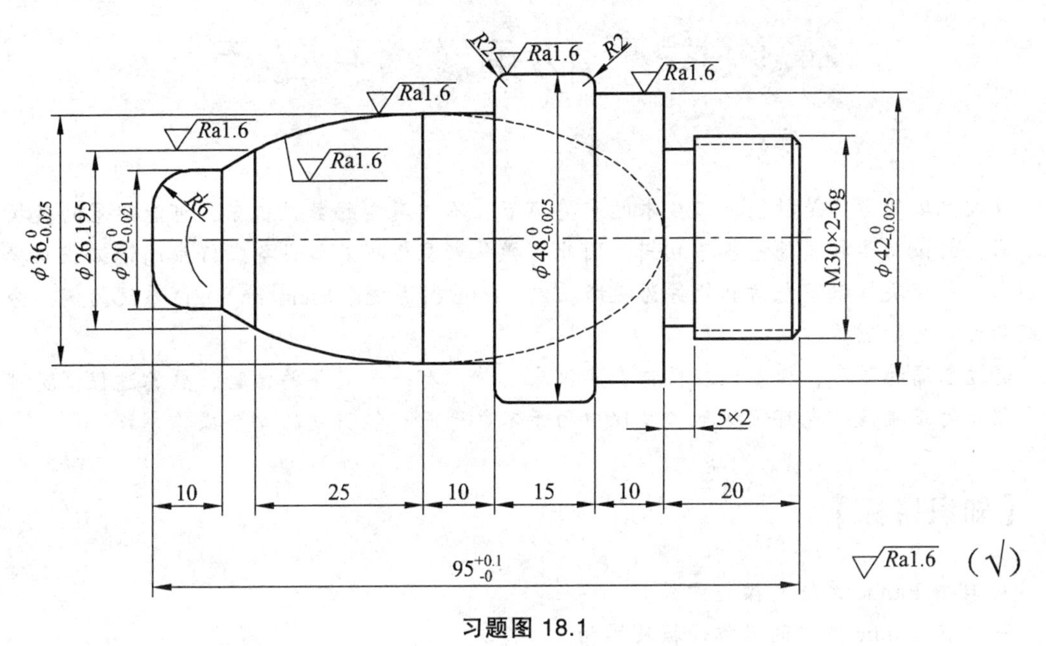

习题图 18.1

2. 试用宏程序编制如习题图 13.3 所示零件的加工程序。

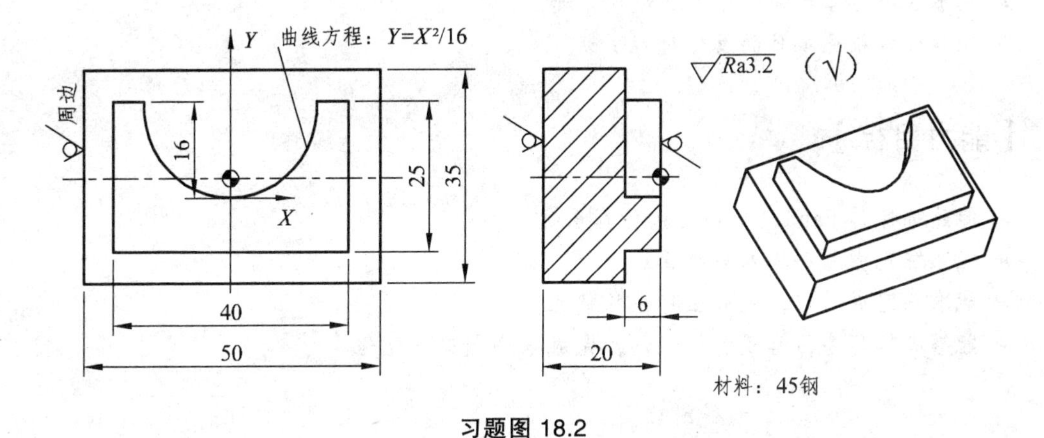

习题图 18.2

模块四　仿真软件应用

数控机床的操作是数控加工技术的重要环节。不同类型的数控机床，可能配置的数控系统不同，面板功能和布局也各不相同。因此，操作者应根据具体设备，仔细阅读编程与操作说明书。本模块将以宇龙仿真软件为模版，以 Fanuc 0i 系统、Siemens 802D 系统为例，分别介绍两大系统的操作方法。

通过本篇的学习，使学生在操作真实机床之前，有一个完整的体验、熟悉过程，既可以检查程序的正确性，也可预防操作过程中由于不熟悉而可能引发的安全操作事故。

【知识目标】

- 理解 Fanuc 系统的操作方式。
- 熟悉 Fanuc 系统的操作面板及界面。
- 理解 Siemens 系统的操作方式。
- 熟悉 Siemens 系统的操作面板及界面。
- 理解数控机床操作的总体过程。

【能力目标】

- 能熟练操作 Fanuc、Siemens 仿真系统。
- 能熟练完成程序输入与编辑。
- 能准确完成对刀，完成坐标系的建立。
- 能够进行程序仿真或首件试切，完成程序调整及优化。

项目十九　Fanuc 系统仿真

数控机床的操作是数控加工技术的重要环节。数控车床的操作是通过系统控制面板和机床操作面板来完成的。不同类型的数控车床，由于配置的数控系统不同，面板功能和布局也各不相同。因此，操作者应根据具体设备，仔细阅读编程与操作说明书。本节将以宇龙仿真软件为模版，以 Fanuc 0i 系统的标准面板为例，介绍数控系统的基本操作。

一、机床、工件和刀具操作

（一）选择机床类型

打开菜单“机床/选择机床”，在选择机床对话框中选择控制系统类型和相应的机床并按“确定”按钮，此时界面如图 19.1 所示。

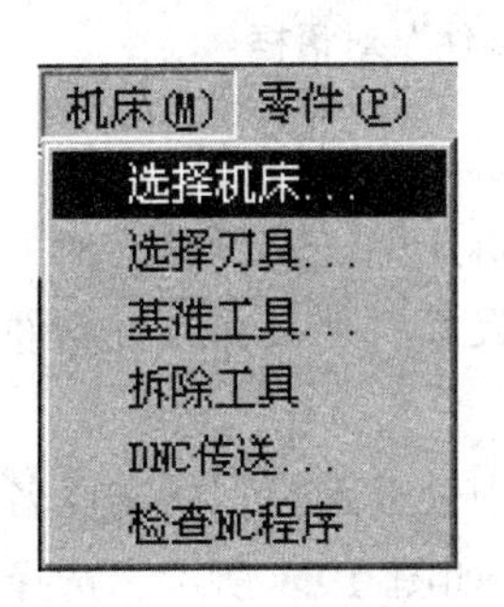

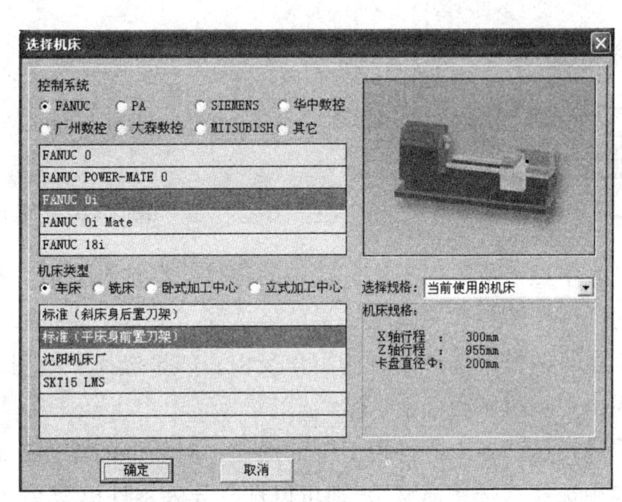

图 19.1 “选择机床”对话框

（二）工件的定义和使用

1. 定义毛坯

打开菜单“零件/定义毛坯”或在工具条上选择▱，输入毛坯名字，选择材料和形状，再输入毛坯尺寸，点击“确定”保存定义的毛坯并且退出本操作便定义好了我们仿真加工所用的毛坯，如图 19.2 所示。

2. 导出零件模型

导出零件模型功能是把经过部分加工的零件作为成型毛坯。通过打开菜单“文件/导出零件模型”予以单独保存，可在以后需要时被调用。文件的后缀名为“prt”，请不要更改后缀名。

3. 导入零件模型

打开菜单“文件/导入零件模型”，若已通过导出零件模型功能保存过成型毛坯，则可打开所需的后缀名为“prt”的零件文件，选中的零件模型就被放置在工作台面上了。

4. 放置零件

打开菜单“零件/放置零件”命令或者在工具条上选择图标，系统弹出操作对话框。如图 19.3 所示。

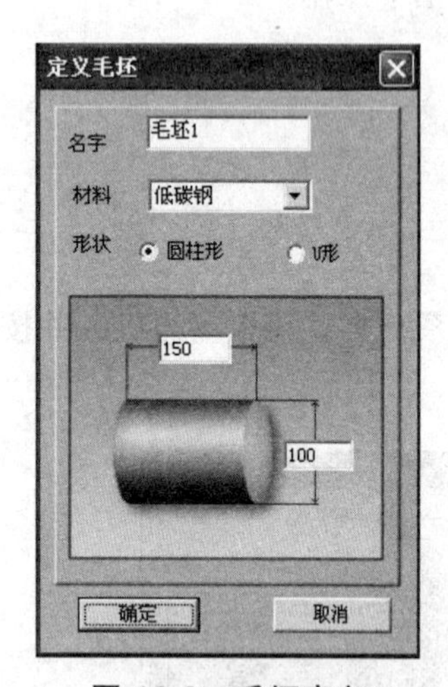

图 19.2　毛坯定义

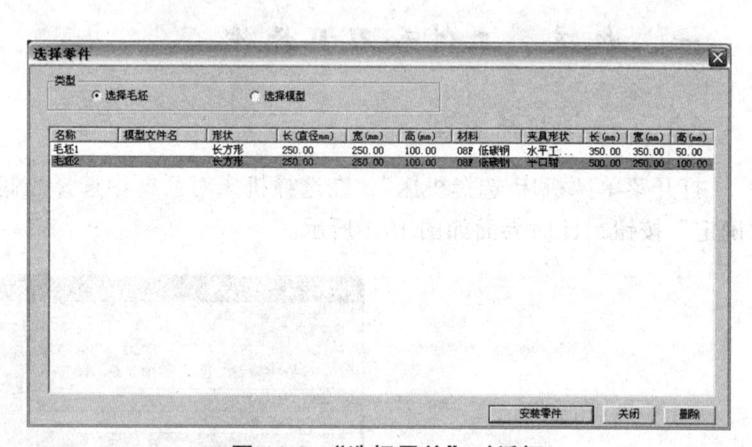

图 19.3　“选择零件”对话框

在列表中点击所需的零件，选中的零件信息加亮显示，点击“安装零件”按钮，系统自动关闭对话框，零件和夹具（如果已经选择了夹具）将被放到机床上。对于卧式加工中心还可以在上述对话框中选择是否使用角尺板。如果选择了使用角尺板，那么在放置零件时，角尺板同时出现在机床台面上。

如果进行过“导入零件模型”的操作，对话框的零件列表中会显示模型的文件名，若在类型列表中选择“选择模型”，则可以选择导入零件模型文件，如图 19.3 所示。选择的零件模型即经过部分加工的成型毛坯被放置在机床台面上或卡盘上，如图 19.4 所示。

5. 调整零件位置

零件可以在工作台面上移动。毛坯放上卡盘后，系统将自动弹出一个如图 19.5 所示的小键盘。通过点击“方向”按钮，实现零件的平移和调头。小键盘上的“退出”按钮用于关闭小键盘。选择菜单“零件/移动零件”也可以打开小键盘。请在执行其他操作前关闭小键盘。

图 19.4　成型毛坯图

图 19.5　零件平移/调头

（三）选择刀具和安装刀具

打开菜单“机床/选择刀具”或者在工具条中选择 ，系统弹出刀具选择对话框。系统中数控车床允许同时安装 8 把刀具（后置刀架）或 4 把刀具（前置刀架），如图 19.6 所示。

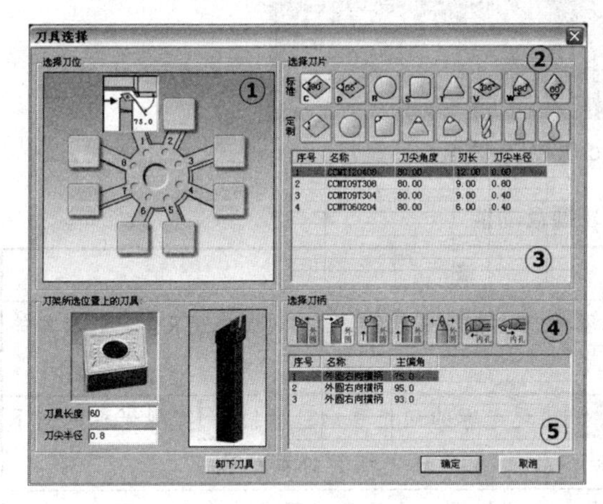

（a）八方刀架

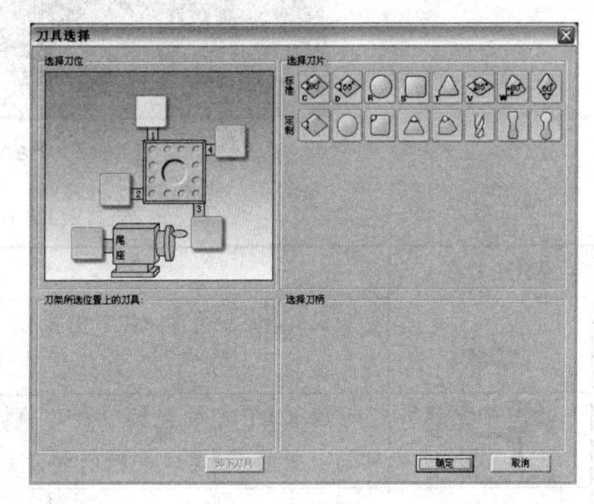

（b）四方刀架

图 19.6　刀具选择

1. 选择、安装车刀

（1）在刀架图中点击所需的刀位。该刀位对应程序中的 T01 ~ T08。

（2）选择刀片类型。

（3）在刀片列表框中选择刀片型号尺寸。

（4）选择刀柄类型。

（5）在刀柄列表框中选择刀柄型号尺寸。

2. 变更刀具长度和刀尖半径

“选择车刀”完成后，该界面的左下部位显示出刀架所选位置上的刀具。其中显示的“刀具长度”和“刀尖半径”均可以由操作者修改。

3. 拆除刀具

在刀架图中点击要拆除刀具的刀位，点击”卸下刀具”按钮。

二、Fanuc 0i MDI 键盘操作说明

（一）MDI 键盘说明

图 19.7 所示为 Fanuc 0i 系统的 MDI 键盘（右半部分）和 CRT 界面（左半部分）。MDI 键盘用于程序编辑、参数输入等功能。MDI 键盘上各个键的功能列于表 19.1。

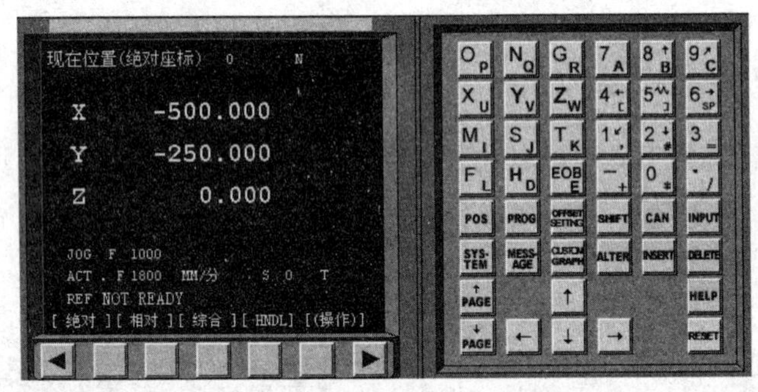

图 19.7　Fanuc 0i MDI 键盘

表 19.1　MDI 键盘功能

MDI 软键	功　能
↑PAGE ↓PAGE	软键↑PAGE实现左侧 CRT 中显示内容的向上翻页；软键↓PAGE实现左侧 CRT 显示内容的向下翻页
↑ ← ↓ →	移动 CRT 中的光标位置。软键↑实现光标的向上移动；软键↓实现光标的向下移动；软键←实现光标的向左移动；软键→实现光标的向右移动
O_P N_Q G_R X_U Y_V Z_W M_I S_J T_K F_L H_D EOB_E	实现字符的输入，点击SHIFT键后再点击字符键，将输入右下角的字符。例如：点击O_P将在 CRT 的光标所处位置输入“O”字符，点击软键SHIFT后再点击O_P将在光标所处位置处输入 P 字符；软键中的“EOB”将输入“;”号表示换行结束
7 8 9 4 5 6 1 2 3 - 0 .	实现字符的输入，例如：点击软键5将在光标所在位置输入“5”字符，点击软键SHIFT后再点击5将在光标所在位置处输入”]”
POS	在 CRT 中显示坐标值
PROG	CRT 将进入程序编辑和显示界面
OFFSET SETTING	CRT 将进入参数补偿显示界面
SYS-TEM	系统参数管理（本软件未用）
MESS-AGE	信息参数管理（本软件未用）
CUSTOM GRAPH	在自动运行状态下将数控显示切换至轨迹模式
SHIFT	输入字符切换键

续表 19.1

MDI 软键	功　　能
CAN	删除单个字符
INPUT	将数据域中的数据输入到指定的区域
ALTER	字符替换
INSERT	将输入域中的内容输入到指定区域
DELETE	删除一段字符
HELP	帮助（本软件未用）
RESET	机床复位

（二）机床位置界面

点击POS进入坐标位置界面。点击菜单软键“绝对”、菜单软键“相对”、菜单软键“综合”，对应 CRT 界面将对应显示相对坐标（见图 19.8）、绝对坐标（见图 19.9）和综合坐标（见图 19.10）。

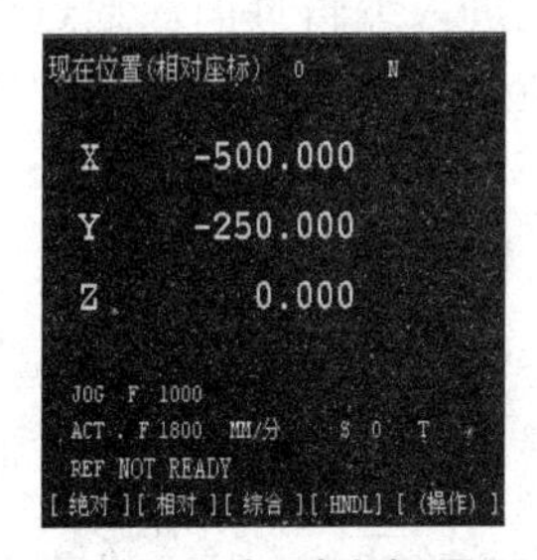

图 19.8　相对坐标界面

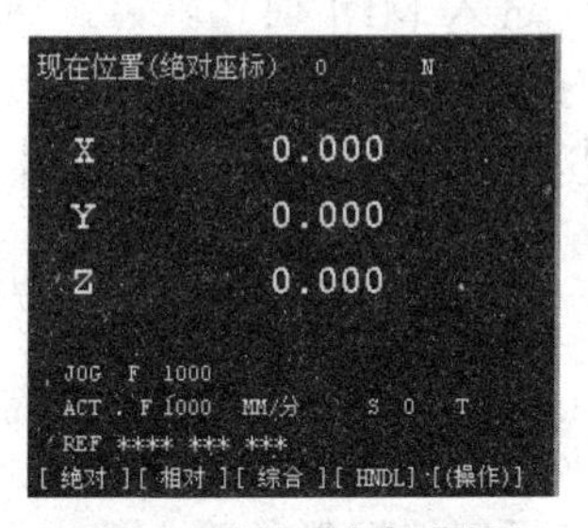

图 19.9 绝对坐标界面

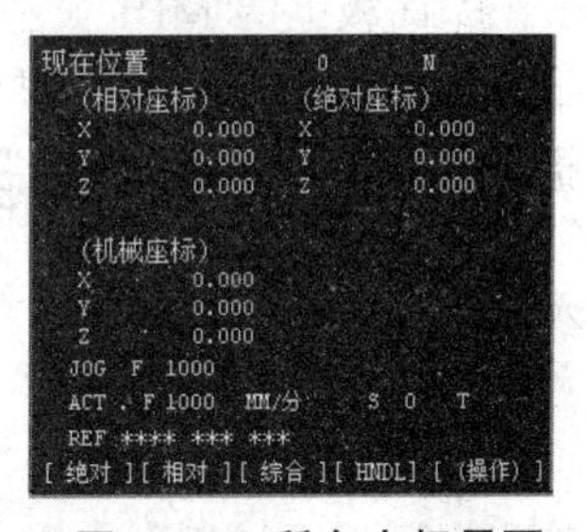

图 19.10 所有坐标界面

（三）程序管理界面

点击POS进入程序管理界面，点击菜单软键“LIB”，将列出系统中所有的程序，如图 19.11 所示。在所列出的程序列表中选择某一程序名，点击PROG将显示该程序，如图 19.12 所示。

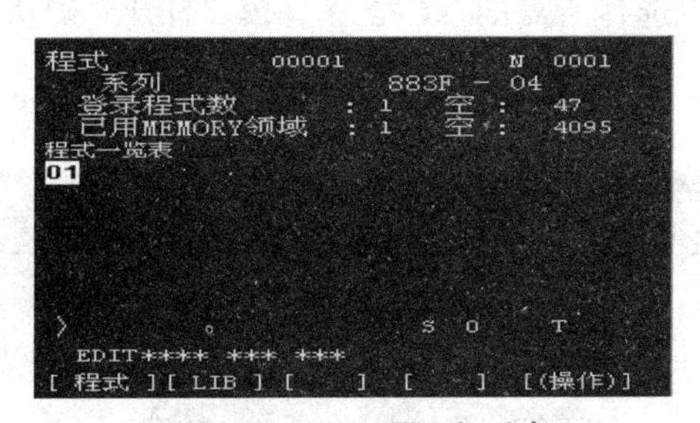

图 19.11　显示程序列表

图 19.12　显示当前程序

（四）刀具补偿界面

车床刀具补偿包括刀具的磨损补偿和形状补偿，两者之和构成车刀偏置量补偿。

输入磨耗量补偿参数和形状补偿参数：在 MDI 键盘上点击OFFSET SETTING键，可分别进入磨耗补偿参数设定界面和形状补偿参数设定界面，如图 19.13、19.14 所示。点击数字键，按菜单软键“输入”或按INPUT，输入补偿值到 *X*、*Z* 指定位置。

工具补正/摩耗　　O　　N

番号	X	Z	R	T
01	0.000	0.000	0.000	0
02	0.000	0.000	0.000	0
03	0.000	0.000	0.000	0
04	0.000	0.000	0.000	0
05	0.000	0.000	0.000	0
06	0.000	0.000	0.000	0
07	0.000	0.000	0.000	0
08	0.000	0.000	0.000	0

现在位置(相对座标)
U　-114.567　W　89.550
>　S 0　T
JOG **** *** ***

图 19.13　刀具磨耗补偿

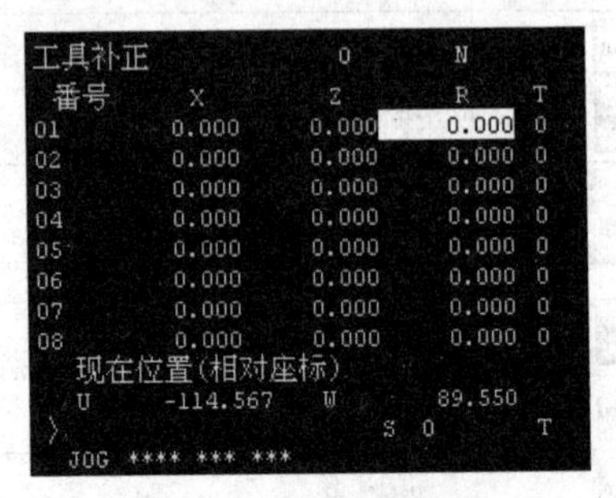

图 19.14　形状补偿

输入刀尖半径和方位号参数：分别把光标移到 R 和 T，点击数字键输入半径或方位号，再点击菜单软键“输入”。

（五）MDI 模式

点击操作面板上的 MDI 键，进入 MDI 模式。再按PROG键进入编辑页面。通过键盘输入数据指令，按INSERT键数据指令显示于 CRT 上，用回车键EOB E结束一行的输入后换行。输入完整数据指令后，按循环启动按钮运行程序。

（六）数控程序处理

1. 导入数控程序

数控程序可以通过记事本或写字板等编辑软件输入并保存为文本格式（*.txt 格式）文件，也可直接用 Fanuc 0i 系统的 MDI 键盘输入。点击操作面板上的编辑键，进入编辑状态。点击 MDI 键盘上的PROG，转入编辑页面。再按菜单软键“操作”，在出现的下级子菜单中按软键▶，按菜单软键“READ”，转入如图 19.15 所示的程序界面，点击 MDI 键盘上的数字/字母键，输入程序名：O×（×为任意不超过四位的数字），按软键“EXEC”，点击菜单“机床/DNC 传送”，在弹出的对话框（见图 19.16）中选择所需的 NC 程序，按“打开”确认，则数控程序被导入并显示在 CRT 界面上。

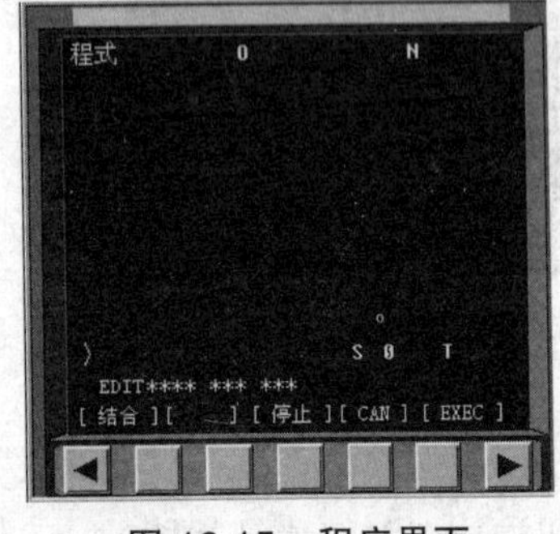

图 19.15　程序界面

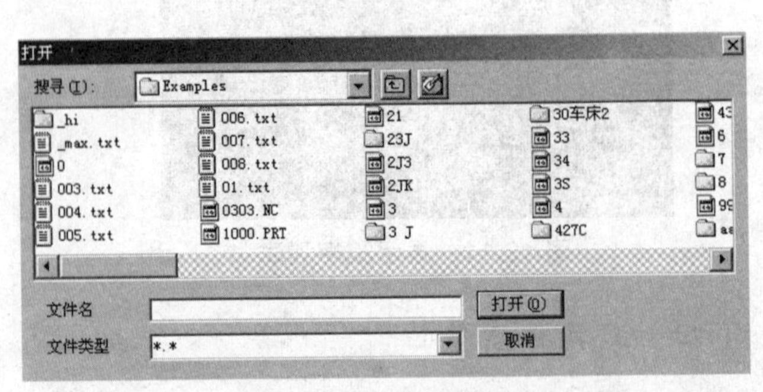

图 19.16　存储程序目录

2. 数控程序管理

经过导入数控程序操作后，在编辑状态下，点击PROG，CRT界面转入编辑页面。按菜单软键[LIB]，经过DNC传送的数控程序名列表显示在CRT界面上。利用MDI键盘输入“O×”（×为数控程序目录中显示的程序号），即可对数控程序进行↓搜索、DELETE删除、INSERT新建程序（但不能与已有的程序号重复）等操作。利用MDI键盘输入“0-9 999”，按DELETE键，可删除全部数控程序。

3. 数控程序处理

点击操作面板上的编辑键，进入编辑状态。点击PROG，CRT界面转入编辑页面。选定了一个数控程序后，此程序显示在CRT界面上，可对数控程序进行INSERT插入字符、CAN删除输入数据、DELETE删除字符、ALTER替换等编辑操作。

4. 保存程序

程序编辑后，在编辑状态下按菜单软键“操作”，在下级子菜单中按菜单软键“Punch”，在弹出的对话框中输入文件名，选择文件类型和保存路径，按“保存”按钮，如图19.17所示。

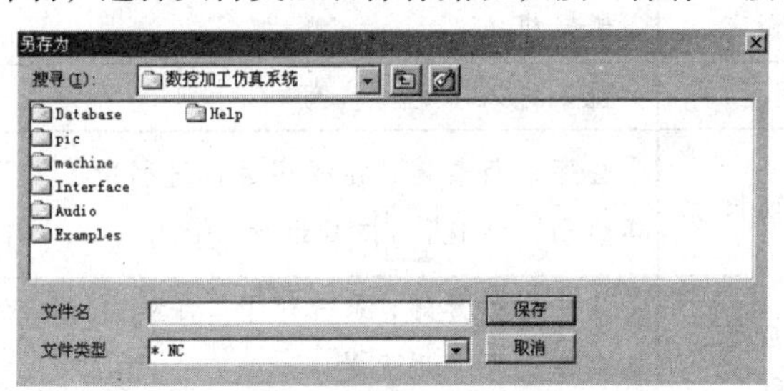

图19.17　程序存储对话框

三、Fanuc 0i系统车床标准面板与操作

Fanuc 0i系统车床标准操作面板如图19.18所示。

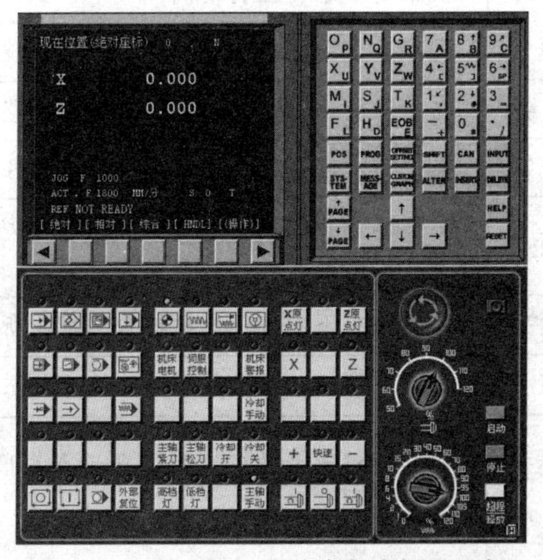

图19.18　Fanuc 0i系统车床标准面板

（一）面板按钮说明

Fanuc 0i 系统提供的标准面板功能见表 19.2。

表 19.2 机床面板按钮功能

按 钮	名 称	功能说明
	自动运行	此按钮被按下后，系统进入自动加工模式
	编辑	此按钮被按下后，系统进入程序编辑状态，用于直接通过操作面板输入数控程序和编辑程序
	MDI	此按钮被按下后，系统进入 MDI 模式，手动输入并执行指令
	远程执行	此按钮被按下后，系统进入远程执行模式即 DNC 模式，输入输出资料
	单节	此按钮被按下后，运行程序时每次执行一条数控指令
	单节忽略	此按钮被按下后，数控程序中的注释符号“/”有效
	选择性停止	当此按钮按下后，“M01”代码有效
	机械锁定	锁定机床
	试运行	机床进入空运行状态
	进给保持	程序运行暂停，在程序运行过程中，按下此按钮运行暂停。按“循环启动”按钮恢复运行 
	循环启动	程序运行开始，系统处于“自动运行”或“MDI”位置时按下有效，其余模式下使用无效
	循环停止	程序运行停止，在数控程序运行中，按下此按钮停止程序运行
	回原点	机床处于回零模式，机床必须首先执行回零操作，然后才可以运行
	手动	机床处于手动模式，可以手动连续移动
	手动脉冲	机床处于手轮控制模式
	手动脉冲	机床处于手轮控制模式
X	*X* 轴选择按钮	在手动状态下，按下此按钮则机床移动 *X* 轴
Z	*Z* 轴选择按钮	在手动状态下，按下此按钮则机床移动 *Z* 轴
 +	正方向移动按钮	手动状态下，按下此按钮系统将向所选轴正向移动；在回零状态时，按下此按钮系统将所选轴回零
-	负方向移动按钮	手动状态下，按下此按钮系统将向所选轴负向移动
快速	快速按钮	按下此按钮，机床处于手动快速状态
	主轴倍率选择旋钮	将光标移至此旋钮上后，通过点击鼠标的左键或右键来调节主轴旋转倍率

续表 19.2

按　钮	名　称	功能说明
	进给倍率	调节主轴运行时的进给速度倍率
	急停按钮	按下“急停”按钮，使机床移动立即停止，并且所有的输出（如主轴的转动等）都会关闭
超程释放	超程释放	系统超程释放
	主轴控制按钮	从左至右分别为：正转、停止、反转
H	手轮显示按钮	按下此按钮，则可以显示出手轮面板
	手轮面板	按下“手轮显示按钮”H将隐藏手轮面板
	手轮轴选择旋钮	手轮模式下，将光标移至此旋钮上后，通过点击鼠标的左键或右键来选择进给轴
	手轮进给倍率旋钮	手轮模式下将光标移至此旋钮上后，通过点击鼠标的左键或右键来调节手轮步长。×1、×10、×100 分别代表移动量为 0.001 mm、0.01 mm、0.1 mm
	手轮	将光标移至此旋钮上后，通过点击鼠标的左键或右键来转动手轮
启动	启动	启动控制系统
停止	关闭	关闭控制系统

（二）车床准备

1. 激活车床

点击“启动”按钮启动，此时车床电机和伺服控制的指示灯变亮机床电机 伺服控制。检查“急停”按钮是否松开至状态，若未松开，点击“急停”按钮，将其松开。

2. 车床回参考点

在回原点模式下，先将 X 轴回原点，点击操作面板上的“X 轴选择”按钮 X，使 X 轴方向移动指示灯变亮 X，点击“正方向移动”按钮 +，此时 X 轴将回原点，X 轴回原点灯变亮 X原点灯，CRT 上的 X 坐标变为“390.00”。同样，再点击“Z 轴选择”按钮 Z，使指示灯变亮，点击 +，Z 轴将回原点，Z 轴回原点灯变亮 X原点灯 Z原点灯，此时 CRT 界面如图 19.19 所示。

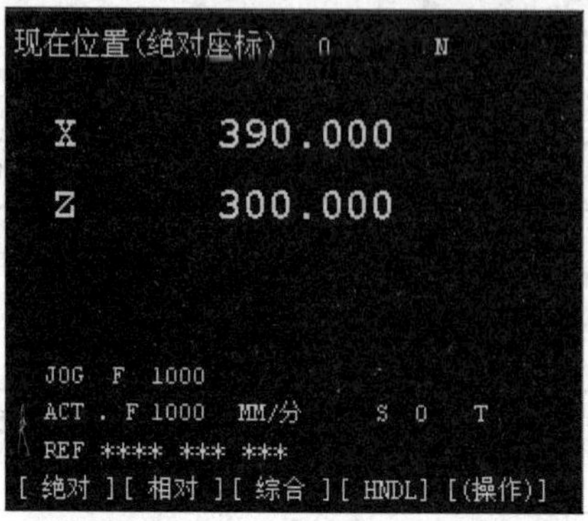

现在位置(绝对座标) O N

X 390.000

Z 300.000

JOG F 1000
ACT . F 1000 MM/分 S 0 T
REF **** *** ***
[绝对][相对][综合][HNDL] [(操作)]

图 19.19 机床绝对坐标

（三）手动操作

1. 手动/连续方式

点击操作面板上的“手动”按钮，机床进入手动模式。分别点击X、Z键，选择移动的坐标轴。分别点击+、-键，控制机床的移动方向。点击控制主轴的转动和停止。

注：刀具切削零件时，主轴需转动。加工过程中刀具与零件发生非正常碰撞（包括车刀的刀柄与零件发生碰撞；铣刀与夹具发生碰撞等）后，系统弹出警告对话框，同时主轴自动停止转动。刀具调整到适当位置，继续加工时需再次点击按钮，使主轴重新转动。

2. 手动脉冲方式

在手动/连续方式或在对刀需精确调节机床时，可用手动脉冲方式调节机床。点击操作面板上的“手动脉冲”按钮或，使指示灯变亮。点击按钮，显示手轮。鼠标对准“轴选择”旋钮，点击左键或右键，选择坐标轴。鼠标对准“手轮进给速度”旋钮，点击左键或右键，选择合适的脉冲当量。鼠标对准手轮，点击左键或右键，精确控制机床的移动。点击控制主轴的转动和停止。点击，可隐藏手轮。

（四）自动加工方式

1. 自动/连续方式

（1）自动加工流程：检查机床是否回零，若未回零，先将机床回零。导入数控程序或自行编写一段程序。点击操作面板上的“自动运行”按钮，使其指示灯变亮。点击操作面板上的“循环启动”按钮，程序开始执行。

（2）中断运行：数控程序在运行过程中可根据需要暂停，急停和重新运行。按“进给保持”按钮，程序停止执行；再点击“循环启动”按钮，程序从暂停位置开始执行。按下“急停”按钮，数控程序中断运行，继续运行时，先将急停按钮松开，再按“循环启动”按钮，余下的数控程序从中断行开始作为一个独立的程序执行。

2. 自动/单段方式

点击操作面板上的“自动运行”按钮，进入自动加工模式。点击操作面板上的“单节”按钮。点击操作面板上的“循环启动”按钮，程序开始单段执行。

注：自动/单段方式执行每一行程序均需点击一次“循环启动”按钮；点击“单节跳过”按钮，则程序运行时跳步符号“/”有效，该行不执行；点击“选择性停止”按钮，则程序中 M01 有效；可以通过“主轴倍率”旋钮和“进给倍率”旋钮来调节主轴旋转的速度和移动的速度；按“复位”按钮可将程序重置。

3. 检查运行轨迹

NC 程序导入后，可检查运行轨迹。点击操作面板上的“自动运行”按钮，进入自动加工模式。点击 MDI 键盘上的按钮，输入“O×”（×为所需要检查运行轨迹的数控程序号），程序显示在 CRT 界面上。点击按钮，进入检查运行轨迹模式。点击操作面板上的“循环启动”按钮，即可观察数控程序的运行轨迹，此时也可通过“视图”菜单中的动态旋转、动态缩放、动态平移等方式对三维运行轨迹进行全方位的动态观察。

四、数控车床的基本操作

1. 数控车床操作注意事项

（1）在操作数控车床之前，必须详细认真地阅读有关操作说明书，充分了解和掌握所用车床的特性及各项操作与编程规定。

（2）开机前，要仔细检查数控车床电源是否正常，润滑油是否充足，油路是否畅通。

（3）数控车床通电后，检查各开关、旋钮和按键是否正常、灵活。

（4）加工过程中，一定要关好防护门。

（5）工作完毕后，必须做好数控车床及周边场所的清洁整理工作。

2. 开关机操作

（1）电源接通前检查。检查机床防护门、电气控制门等是否已关闭。

（2）机床启动。打开机床总电源开关→按下控制面板上电源“开启”按钮→再开启“急停”按钮。

（3）机床的关停。按下“急停”按钮→按下控制面板电源“关闭”按钮→关掉机床电源总开关。

3. 手动返回参考点

对于使用相对编码器的数控车床，只要数控系统断电重新启动后，就必须执行返回参考点操作。如果断电重新启动后没有返回参考点，则参考点指示灯不停地闪烁，提醒操作者进行该项操作。

在手动返回参考点过程中，为了保证车床及刀具的安全，一般按先回 X 轴后回 Z 轴的顺序进行。

4. 编辑操作

编辑方式是用来输入、修改、删除、查询和调用加工程序的一种工作方式。

5. 车床锁住操作

为了对编好的程序进行模拟刀具运动轨迹的操作，通常要进行车床锁住操作。按下车床“锁住”键，此时该键指示灯亮，车床锁住状态有效。要解除车床锁住状态，只要再一次按下车床“锁住”键，即可解除。

注：在车床锁住状态下，只是锁住了各伺服轴的运动，主轴、冷却和刀架照常工作。

6. 毛坯装夹与刀具安装

毛坯装夹定位准确合理，刀具安装顺序尽量与程序里的刀具号对应。

7. 对刀操作

对于近距离对刀操作，一般选择手摇轮进给方式，操作者可以转动手轮使溜板进行前后左右的精确移动。具体对刀操作参考前面相关项目。

8. 安全功能操作

1）急停按钮操作

（1）机床在遇到紧急情况时，应立即按“急停”按钮，主轴和进给全部停止。

（2）“急停”按钮按下后，机床被锁住，并在屏幕上出现“EMG”字样，车床报警指示灯点亮。

（3）当清除故障因素后，沿箭头指示方向旋转一定角度，“急停”按钮自动弹起，机床操作正常。

注意：此按钮按下时，会产生自锁，但通常旋转此按钮即可释放。当机床故障排除，急停按钮旋转复位后，一定要先回零（回参考点）然后再进行其他操作。

2）超程解除操作

在车床操作过程中，可能由于某种原因会使车床的溜板在某方向的移动位置超出设定的安全区域，数控系统会产生超程报警并停止溜板的移动，此时机床不能工作。解除超程应按着超程释放按键并沿着超程的相反方向移动溜板，直至释放被压住的限位开关，解除报警状态。

9. 自动操作方式

选择要执行的程序→选择自动操作方式→按下“循环启动”键，按键灯亮。自动加工循环开始直到程序执行完毕，循环启动指示灯灭，加工循环结束。

10. 倍率调整

倍率调整包括主轴倍率、快速倍率和进给倍率的修调，在自动加工过程中，为了达到最佳的切削效果，可以利用倍率修调来调整程序中给定的速度。

11. 数控车床的安全操作规程

（1）操作者必须熟悉使用车床的性能、结构，严禁超性能使用。

（2）开机前应检查数控车床各部分是否完整、正常，数控车床的安全防护装置是否可靠。

（3）操作者必须严格按照操作步骤操作数控车床，未经操作者同意，其他人员不得私自开动。

（4）佩戴防护眼镜并穿好工作服，严禁戴手套或饰品操作数控车床。

（5）吃过有副作用的药物后不要操作数控车床。

（6）遇到紧急情况，应立即按下“急停”按钮。

（7）数控车床发生故障时，应立即停车检查，及时排除故障。

（8）严禁任意修改或删除数控车床参数。

（9）操作者离开数控车床、变换速度、更换刀具、测量尺寸、调整工件时，都应停车。

（10）工作完毕后，做好数控车床清扫工作，保持清洁，使数控车床各部位处于原始状态，并切断电源。

项目二十 Siemens 系统仿真

本节将以宇龙仿真软件为模版，以 Siemens 802D 数控系统标准面板为例，介绍系统的基本操作过程。

一、进入仿真系统

（1）启动宇龙仿真软件。

（2）选择机床类型。

选择控制系统类型和机床，这里选择 Siemens 802D 系统的立式加工中心，如图 20.1 所示。

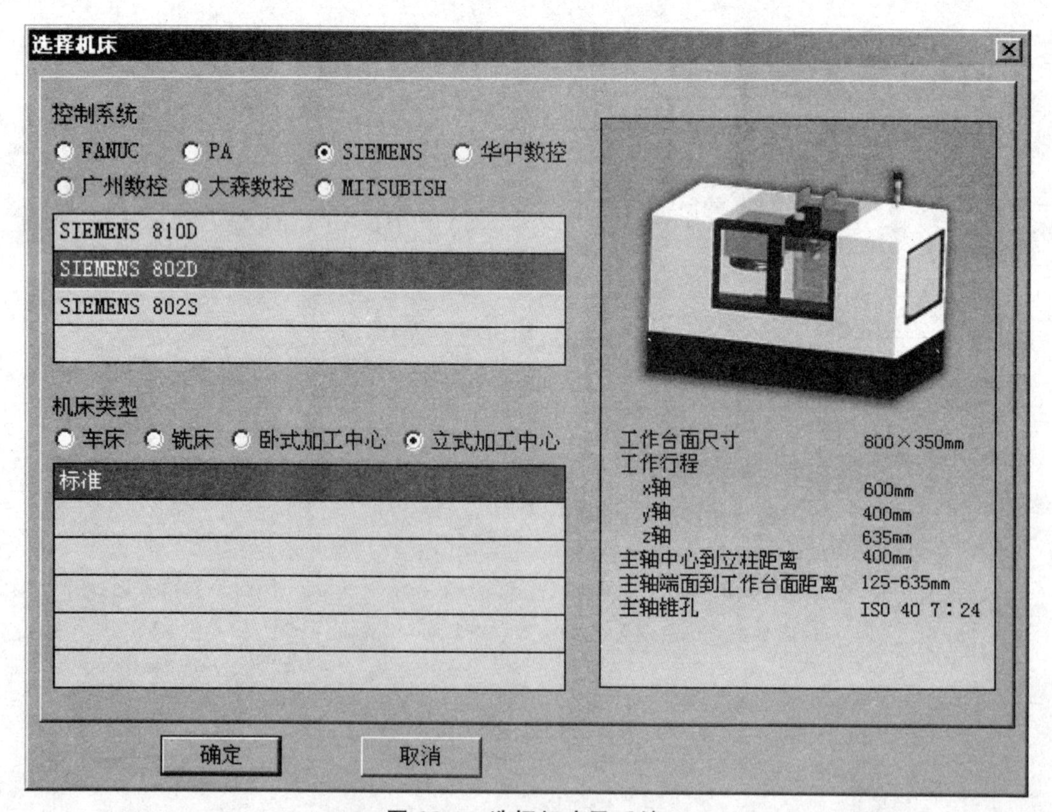

图 20.1 选择机床及系统

二、软件功能

（一）面板说明

配置 Siemens 802D 数控系统的加工中心，一般配置其两块标准面板。一是操作面板，如图 20.2 所示，二是系统面板，如图 20.3 所示。

图 20.2　Siemens 802D 操作面板

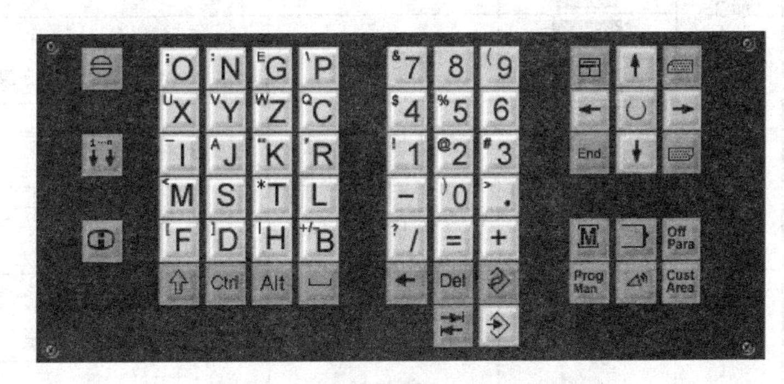

图 20.3　Siemens 802D 系统面板

两块面板中用到的按钮说明如表 20.1 所示。

表 20.1　Siemens 802D 面板按钮说明

类别	按　钮	名　称	功能简介
操作方式选择		点动选择按钮	在单步或手轮方式下，用于选择移动距离
		手动方式	手动方式，连续移动
		回零方式	返回参考点
		自动方式	进入自动加工模式
		单段	此按钮被按下时，运行程序每次执行一条数控指令
		手动数据输入（MDA）	单程序段执行模式
机床运动控制按钮		主轴正转	
		主轴停止	
		主轴反转	
		快速按钮	在手动方式下，按下此按钮后，再按下移动按钮则可以快速移动机床
	+Z　-Z	移动按钮	还包含有 +Y、-Y、+X、-X 等方向

续表 20.1

类别	按 钮	名 称	功能简介
加工控制键		复位	按下此键，复位 CNC 系统，包括取消报警、主轴故障复位、中途退出自动操作循环和输入、输出过程等
		循环保持	程序运行暂停，按 恢复运行
		运行开始	程序运行开始
		紧急停止	按下“急停”按钮，使机床移动立即停止，并且所有的输出（如主轴的转动等）都会关闭
		主轴倍率修调	调节主轴旋转倍率
		进给倍率修调	调节数控程序自动运行时的进给速度倍率，调节范围为 0～120%
常用编辑功能键		上挡键	对键上的两种功能进行转换。用了上挡键，当按下字符键时，该键上行的字符（除了光标键）就被输出
		空格键	
		删除键（退格键）	自右向左删除字符
	Del	删除键	自左向右删除字符
		取消键	
		制表键	
		回车/输入键	（1）接受一个编辑值； （2）打开、关闭一个文件目录； （3）打开文件
		选择转换键	一般用于单选、多选框
		翻页键	
主界面操作区域键	M	加工操作区域键	按此键，进入机床操作区域
		程序操作区域键	
	Off Para	参数操作区域键	按此键，进入参数操作区域
	Prog Man	程序管理操作区域键	按此键，进入程序管理操作区域
		报警/系统操作区域键	
其他功能键		报警应答键	
		通道转换键	
		信息键	

（二）屏幕功能

Siemens 802D 数控系统的屏幕，如图 20.4 所示。

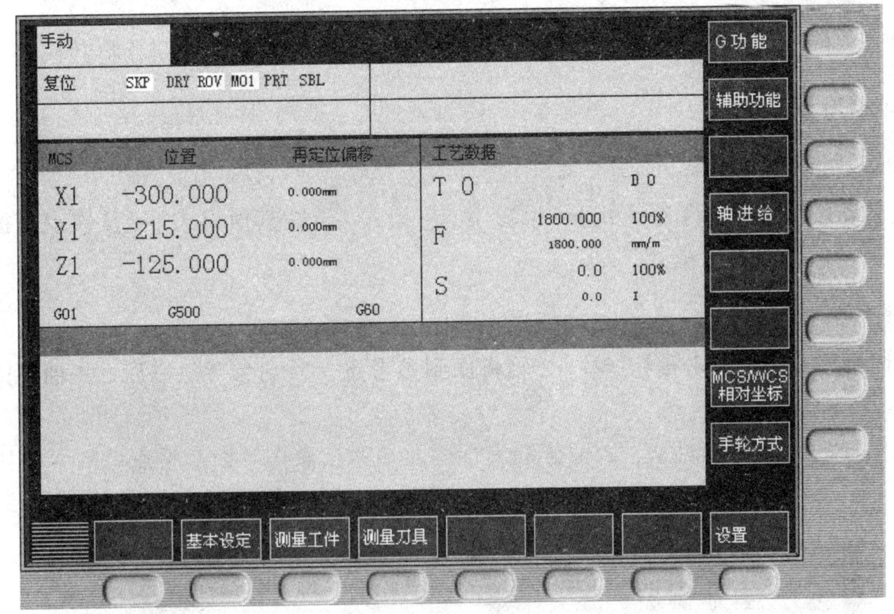

图 20.4　Siemens 802D 系统屏幕显示

Siemens 802D 系统屏幕主要有以下功能：

1. 状态显示

在屏幕的顶部可以显示当前的操作方式、程序控制状态以及报警信息等。系统提供的程序控制状态信号主要有：

SKP：程序跳跃。在某程序段前加上“/”符号，表示该段程序在运行时不执行。

DRY：空运行。

ROV：快进修调。该功能对快速进给也有效。

M01：选择停止。该功能有效时，程序中的 M01 指令才有效。

PRT：程序测试。

SBL：单段运行。

2. 显示区域

屏幕的中部为显示工作区域，主要显示数控系统的工作状态数据，比如：坐标、刀具号、工艺数据、编辑或加工程序等信息。

3. 软键区

屏幕的下方和右侧为软键操作区域。其中下方软键主要用于各界面下主要功能的选择，而右侧的软键主要用于在该功能下的操作控制软键，具体的使用方法在后续项目进行介绍。

三、准备机床

1. 激活机床

检查“急停”按钮是否至松开状态，若未松开，点击“急停”按钮，将其松开。

2. 回参考点

1）进入回参考点模式

系统启动之后，机床将自动处于“回参考点”模式，若在其他模式下，依次点击按钮和进入“回参考点”模式。

2）操作方法

Z 轴回参考点——点击按钮 +Z，*Z* 轴将回到参考点，回到参考点之后，*Z* 轴的回零“图示”将从变为。

采用同样的方法可以对 *X*、*Y* 轴分别进行返回参考点操作。回参考点后的界面如图 20.5 所示。

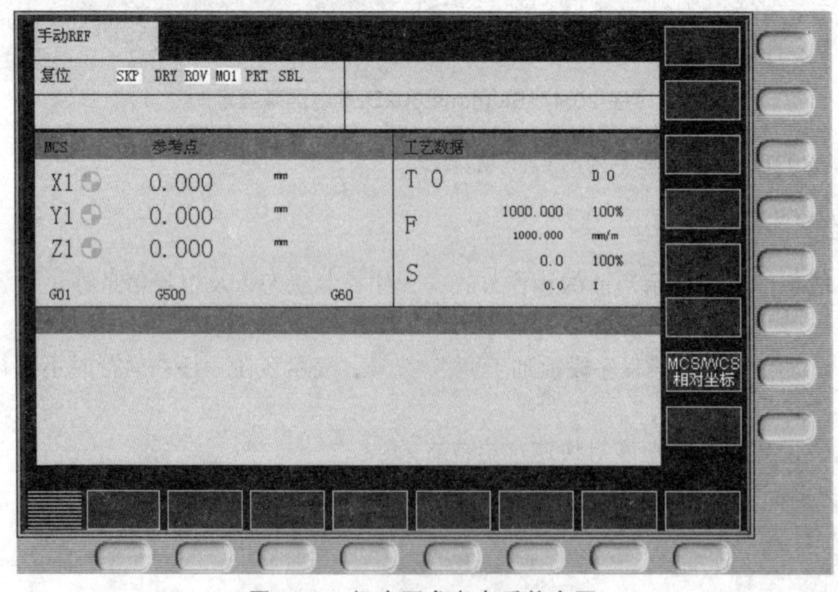

图 20.5 机床回参考点后状态图

四、手动操作

广义的手动操作主要包括 JOG 和 MDA 两种运行模式。

1. JOG 运行模式

在操作面板上按下 JOG 按钮，即可进入 JOG 运行模式，下面主要介绍在该模式下的手动移动和手轮操作。

1）手动移动

在该方式下，通过选择相应的坐标方向键，即可实现坐标轴的点动、连续或快速移动。其操作与 Fanuc 系统的类似，这里就不再详细介绍，下面重点介绍其手轮操作。

2）手轮操作

在手动/连续加工或在对刀，需精确调节机床时，可用手动脉冲方式调节机床。

（1）点击进入手动方式，并点击设置手轮进给速率（根据点击次数系统设置手轮步长分别为 1INC、10INC、100INC、1000INC）。

（2）选择屏幕右侧的软键手轮方式，出现如图 20.6 所示的界面。

（3）用软键 *X*、*Y*、*Z* 可以选择当前需要用手轮操作的轴。

（4）在操作面板中可以直接使用 *X*、*Y*、*Z* 坐标方向键进行控制机床进行定步长移动（与“手动移动”方法一样）。

另外，在加工中心中为了快捷使用手轮，用户可以直接使用机床配置的手持式手摇脉冲发生器（简称手轮），用户可以直接选择移动方向、设置步长，并控制机床进行定步长移动。

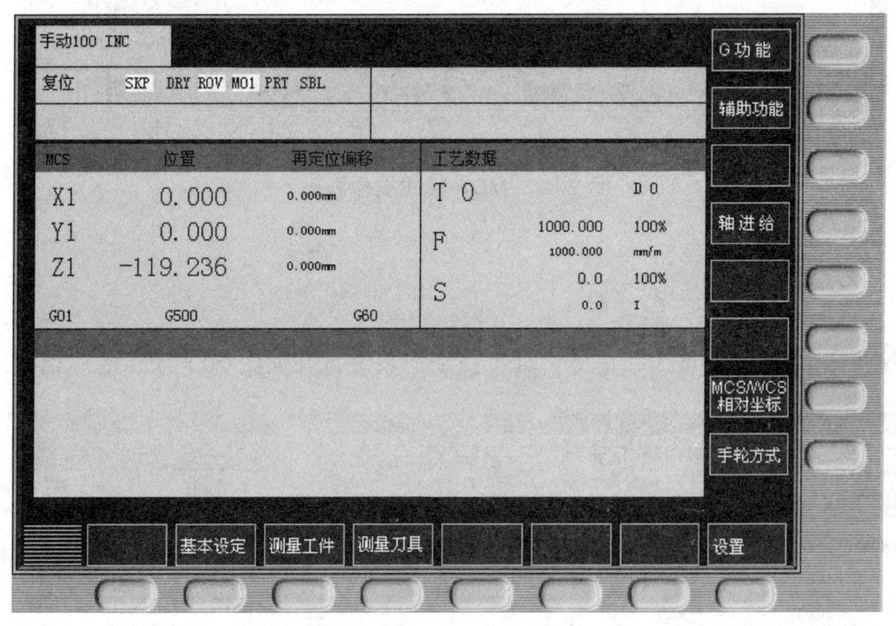

图 20.6　选择手轮操作

2. MDA 运行模式

Siemens 系统的 MDA 操作模式与 Fanuc 系统的 MDI 一样。

（1）按下控制面板上键，机床切换到 MDA 运行方式，则系统显示出如图 20.7 所示，图中左上角显示当前操作模式为“MDA”。

（2）用系统面板输入需要执行指令。

（3）点击操作面板上的“运行开始”按钮，运行程序。程序执行完自动结束，或按“停止”按键中止程序运行。

注意：在程序启动后不可以再对程序进行编辑，只在“停止”和“复位”状态下才能编辑。另外，Siemens 系统的 MDA 执行后，程序并不会像 Fanuc 系统那样被清除，因此用户在下次执行 MDA 时，应注意检查。

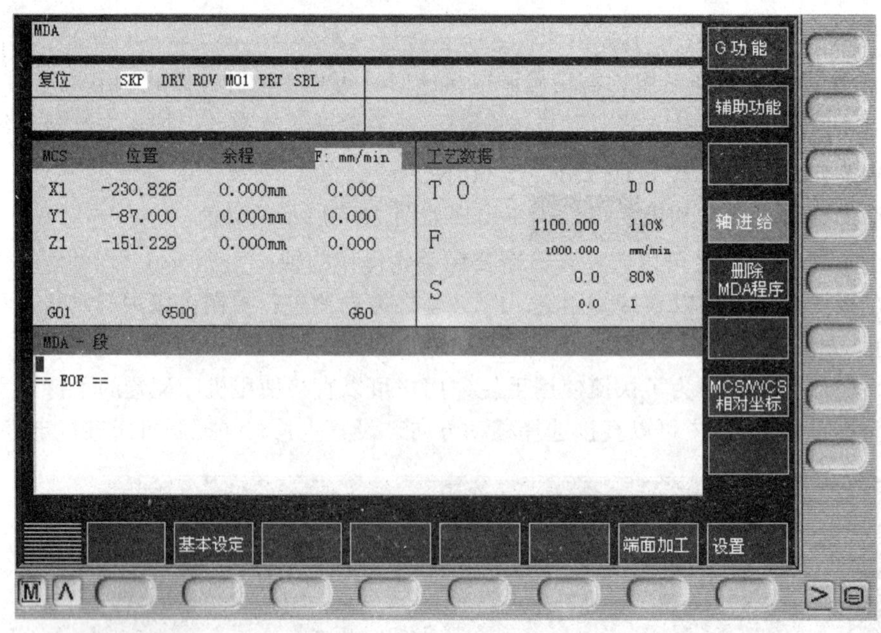

图 20.7　MDA 模式操作界面

五、刀具设置

在“机床”主菜单中点击“选择刀具”选项，系统打开如图 20.8 所示的对话框。

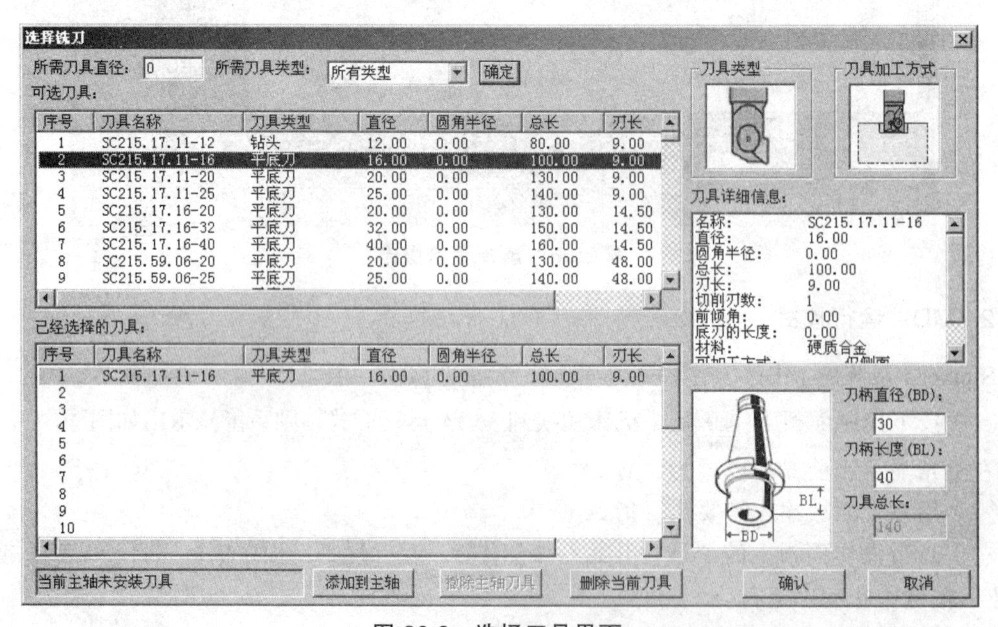

图 20.8　选择刀具界面

1. 安装刀具

加工中心在选择刀具后，刀具被放置在刀库中，因此首先要将所需刀具安装在主轴上，然后才能进行对刀等操作。将刀具安装到主轴上的步骤如下：

（1）点击操作面板上的“MDA 模式”按钮，进入 MDA 模式。

（2）使用系统面板输入 T1D1 M6。

（3）点击运行输入的指令，此时系统自动将 1 号刀安装到主轴上。

该仿真系统为了方便操作，在图 20.8 中增加了“添加到主轴”功能按钮，可以方便用户直接将刀具装到主轴上去。在实际机床中，用户可以通过上面的操作步骤进行装刀，也可以通过机床主轴上配置的“松刀”按钮，手动将刀具装到主轴上。

2. 对　刀

与铣床相同，加工中心一般也采用基准工具进行对刀。在该系统中，基准工具包括“刚性靠棒”和“寻边器”两种。

在“机床”主菜单中选择“基准工具”选项，打开如图 20.9 所示的基准工具对话框，左边的是刚性靠棒，右边的是寻边器。本节以寻边器为例，进行对刀的操作说明。

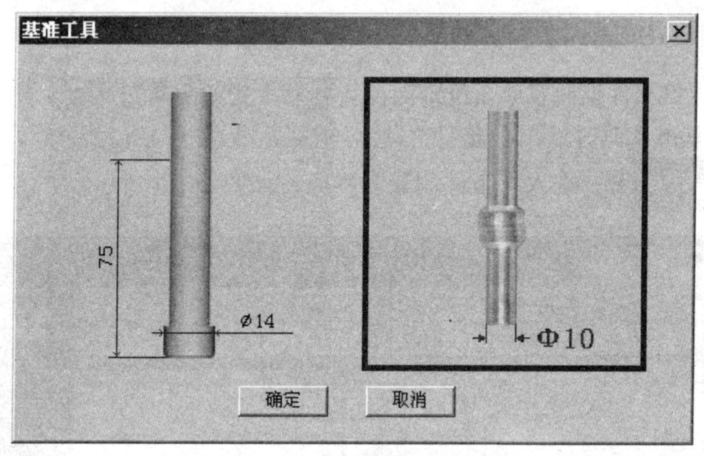

图 20.9　选择基准工具界面

寻边器由固定端和测量端两部分组成。固定端由刀具夹头夹持在机床主轴上，中心线与主轴轴线重合。在测量时，主轴以 400 ~ 600 r/min 旋转。通过手动方式，使寻边器向工件基准面移动靠近，让测量端接触基准面。在测量端未接触工件时，固定端与测量端的中心线不重合，两者呈偏心状态。当测量端与工件接触后，偏心距减小，这时使用点动方式或手轮方式微调进给，寻边器继续向工件移动，偏心距逐渐减小。当测量端和固定端的中心线重合的瞬间，测量端会明显的偏出，出现明显的偏心状态。这时主轴中心位置距离工件基准面的距离等于测量端的半径。

1）*X* 轴方向对刀

（1）点击操作面板中的按钮进入“手动”方式，启动主轴转动。未与工件接触时，寻边器上下两部分处于偏心状态。

（2）移动寻边器靠近测量基准面，可采用手轮方式移动机床寻边器使偏心幅度逐渐减小，直至上下半截几乎处于同一条轴心线上，如图 20.10 所示。若此时再进行增量或手动方式的小幅度进给时，寻边器下半部突然大幅度偏移，如图 20.11 所示，即认为此时寻边器与工件恰好吻合。

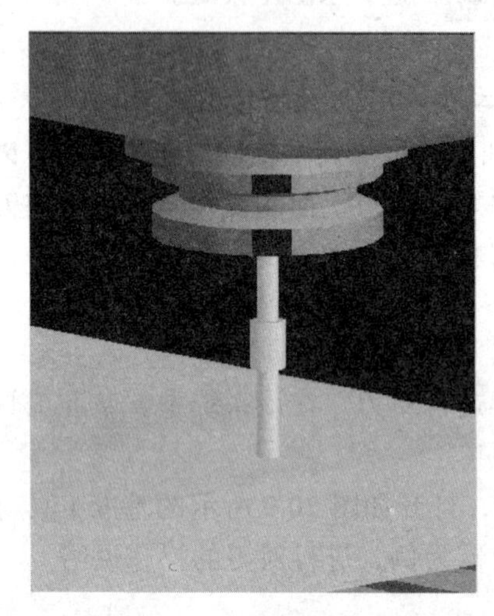

图 20.10　寻边器同心位置

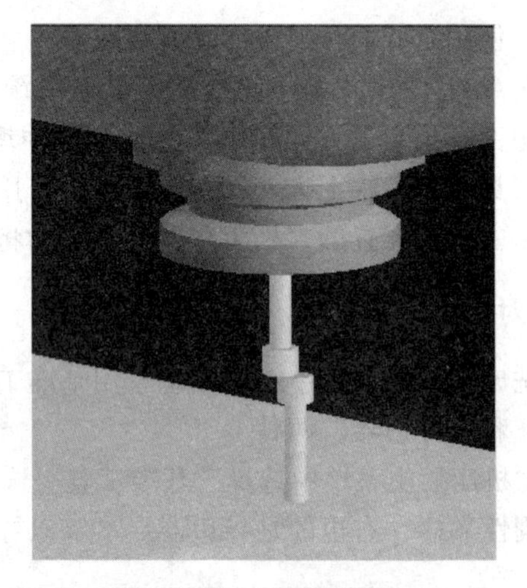

图 20.11　寻边器偏移位置

（3）将需要设定工件坐标系原点位置到 X 方向基准边的距离记为 X_2；将基准工具直径记为 X_4（可在选择基准工具时读出，此寻边器为 10 mm），将 $X_2+X_4/2$ 记为 DX。

（4）点击测量工件键，进入“工件测量”界面，如图 20.12 所示。

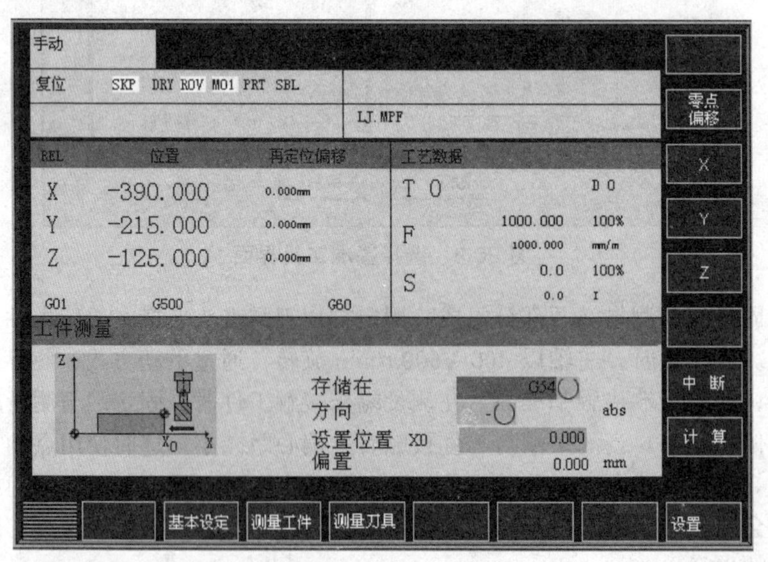

图 20.12　工件测量界面

（5）在该界面中主要操作以下各项：

点击↑或↓使光标停留在“存储在”栏中，在系统面板上点击按钮，选择用来保存工件坐标系原点的位置（此处选择 G54）。

将光标移动到“方向”栏中，并通过点击 按钮，选择方向（此处应该选择“-”）。

将光标移到“设置位置到 X0”栏中，并在“设置位置 X0”文本框中输入 *DX* 的值（前面计算已计算出）。

点击 计 算 键，系统将会计算出工件坐标系原点的 *X* 分量在机床坐标系中的坐标值，并将此数据保存到参数表中。

经过以上操作步骤，即可完成 *X* 方向的对刀。

2）Y 轴对刀

Y 方向对刀方法与 *X* 轴操作方法一样。

3）*Z* 轴对刀

加工中心 *Z* 轴对刀采用的是实际加工时所要使用的刀具。假设需要的刀具已经安装在主轴上了。

（1）进入手动操作方式。

（2）控制刀具接近工件上表面，并采用塞尺进行检查，其操作方法与铣床中完全一致，如图 20.13、20.14 所示。

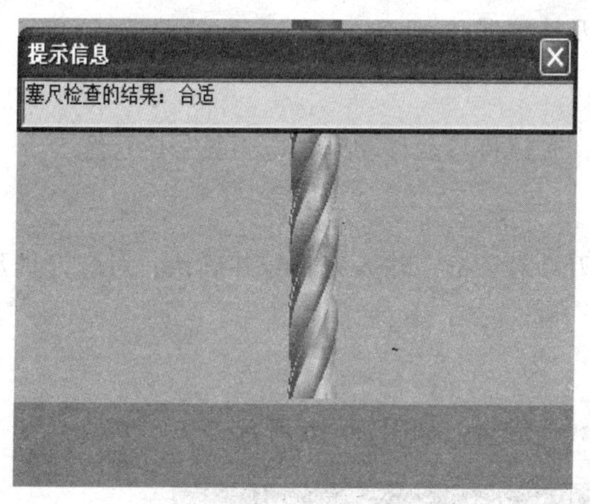

图 20.13　靠近工件

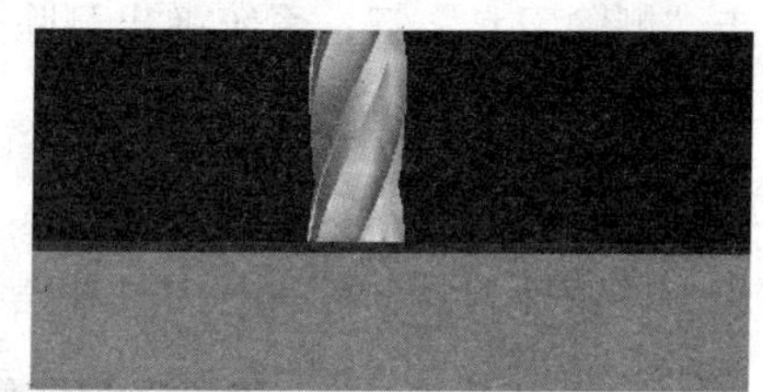

图 20.14　塞尺检查

（3）采用前面 *X* 方向的测量方法，在“设置位置 Z0”文本框中输入塞尺厚度，并将值存储在 G54 中。

（4）点击软键“计算”，就能得到工件坐标系原点的 *Z* 分量在机床坐标系中的坐标，此数据将被自动记录到参数表中。

3. 刀具管理

按系统面板上的“参数操作区域”键—— Off Para ，切换到参数区，系统默认切换到刀具表界面，如图 20.15 所示。

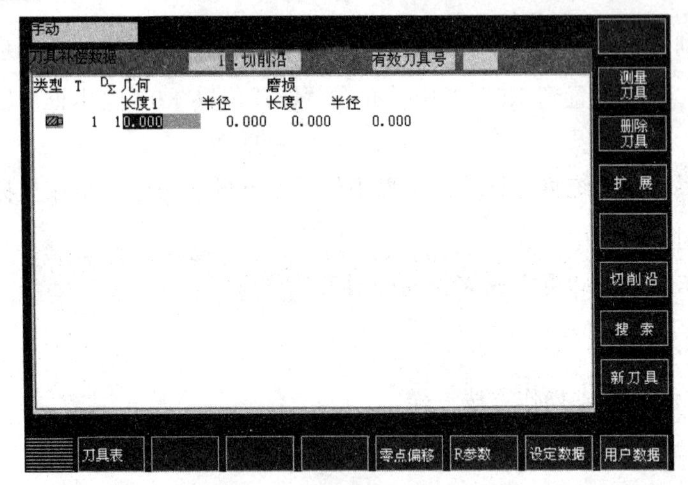

图 20.15　刀具管理界面

在该界面下可以完成刀具管理，主要有以下功能：

1）建立新刀具

点击“新刀具”键，用户选择刀具类型并输入刀具号，即可创建一把新刀具，创建的刀具其所有参数均为 0，需要用户在每个项目下对应的位置手动输入。

注意：在自动运行程序时也可以更改刀具数据。

2）搜索刀具

点击“搜索”键，输入刀具号并确认，光标将自动移动到相应刀具号的位置。

3）删除刀具数据

点击“删除刀具”键，系统弹出删除刀具对话框，输入刀具号并确认，对应刀具及所有刀沿数据将被删除。

4）显示和编辑补偿数据

对于一些特殊刀具，可进行刀具补偿数据编辑，如图 20.16 所示。

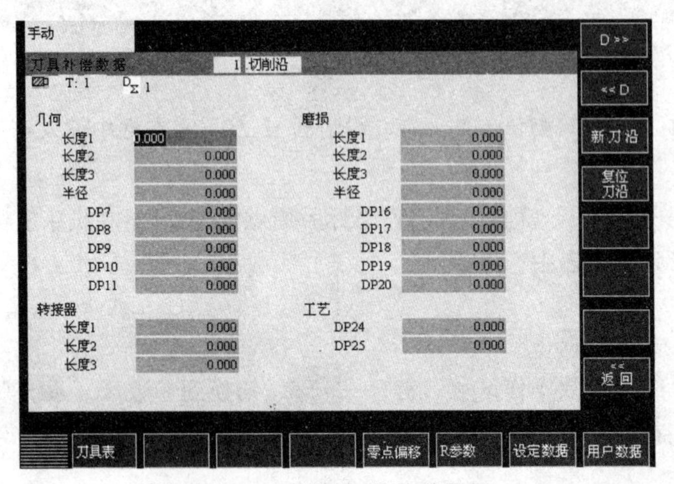

图 20.16　编辑刀具补偿数据

5）创建刀沿

在刀具管理界面中，点击“切削沿”键，切换到如图 20.17 所示的界面。

用“新刀沿”键为当前刀具创建一个新的刀沿数据，且当前刀沿号变为新的刀沿号（刀沿号不得超过 9 个，分别为 D1 ~ D9）。用“复位刀沿”键可以重置所有刀沿数据，用“D≫”和“≪D”键选择下一个或上一个刀沿数据。

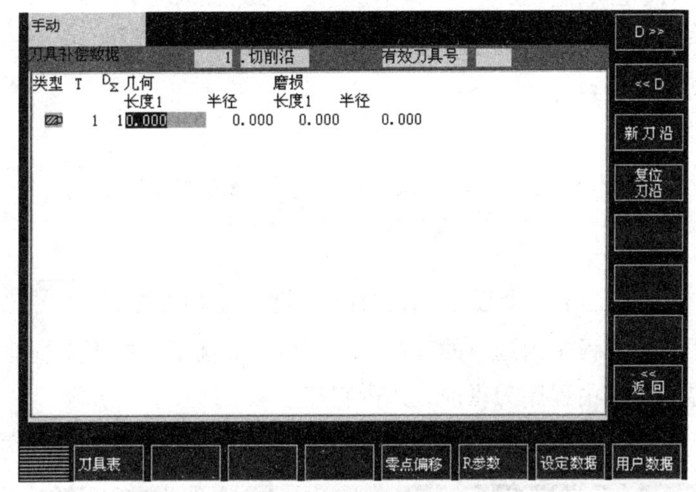

图 20.17　修改刀沿界面

六、程序编辑

数控程序可以通过记事本或写字板等编缉软件输入并保存为文本格式文件，也可直接用 Siemens 802D 系统内部的编辑器直接输入程序。

1. 新建程序

（1）在系统面板上按下 Prog Man，进入程序管理界面，如图 20.18 所示，按下“新程序”键，则弹出其对话框，如图 20.19 所示。

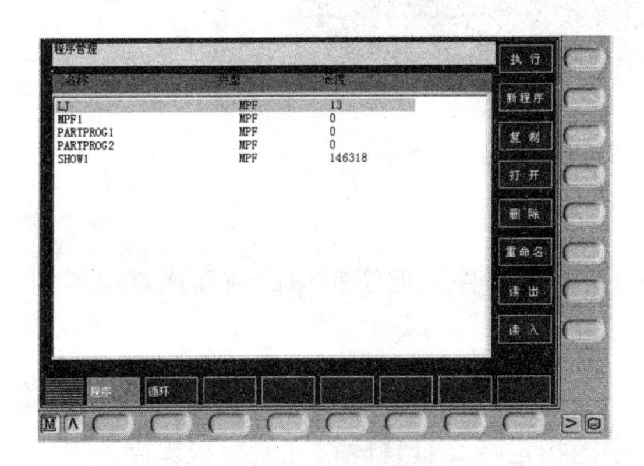

图 20.18　程序管理界面

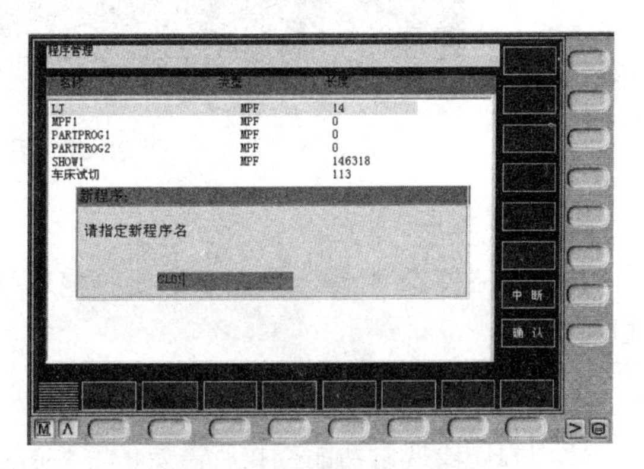

图 20.19　新建程序界面

（2）输入程序名，若没有扩展名，自动添加“.MPF”为扩展名，而子程序扩展名“.SPF”需随文件名一起输入。

（3）按“确认”键，生成新程序文件，并进入到编辑界面。

（4）若按“中断”键，将关闭此对话框并到程序管理主界面。

注意：输入新程序名必须遵循 Siemens 系统的命名原则：

① 开始的两个符号必须是字母；

② 其后的符号可以是字母，数字或下划线；

③ 最多为 16 个字符；

④ 不得使用分隔符。

2. 编辑程序

1）编写程序

在程序管理主界面，选中一个程序，按“打开”键或按“INPUT”，进入到如图 20.20 所示的编辑主界面，编辑程序为选中的程序。在其他主界面下，按下系统面板的键，也可进入到编辑主界面，其中程序为以前载入的程序。

输入完程序，程序立即被存储，选择软键“执行”可以选择当前编辑程序为运行程序。

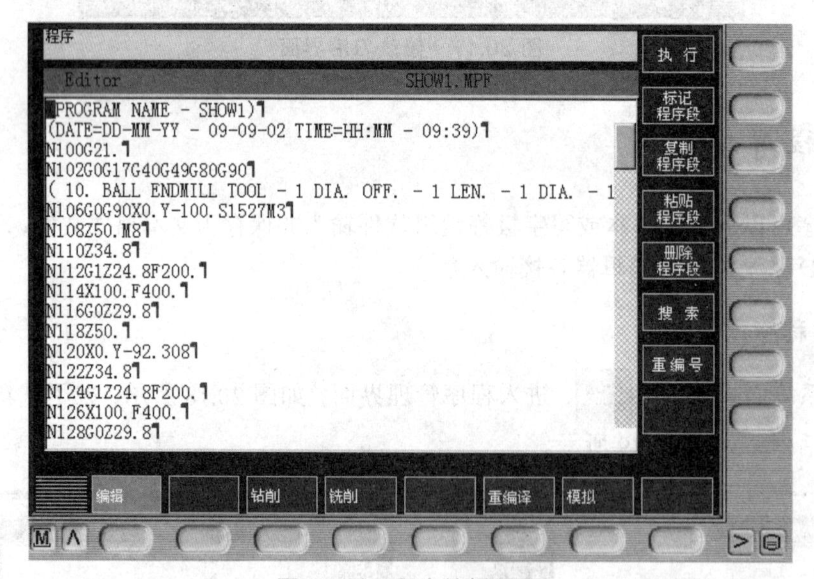

图 20.20　程序编辑界面

2）搜索程序

按软键“搜索”，输入要搜索的字符串或行号，光标将停到此字符串的前面或对应行的行首。

3）程序段搜索

使用程序段搜索功能查找所需要的零件程序中的指定行，且从此行开始执行程序。

（1）按下控制面板上的“自动方式”键切换到如图自动加工主界面。

（2）按软键“程序段搜索”切换到程序段搜索窗口，若不满足前置条件，此键按下无效。

3. 插入固定循环

Siemens 802D 系统提供了丰富的固定循环，并且参数众多，手工直接输入容易出错。为此，系统提供了良好的人机交互式对话框编程，用户只需要在对话框中输入相关参数，系统即可自动生成相应的代码，极大地减少了编程人员的劳动强度，提高编程效率与质量。

在程序界面中可看到**钻削**与**铣削**键，点击**钻削**进入如图 20.21 所示的钻削程序。在此界面中我们可以看到**铰 孔**、**镗 孔**、**钻 削 带停顿**等不同程序类型对应的键。若想调用某类型的程序则点击相应的键，即可进入相应的固定循环程序参数设置界面。输入参数后，点击**确 认**键，即可调用该程序。

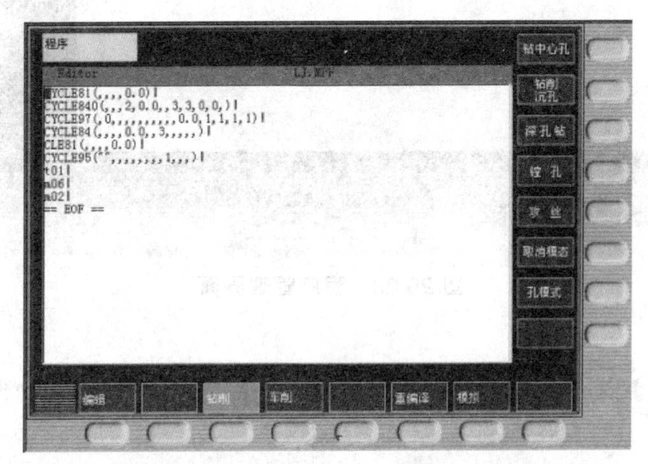

图 20.21　插入“钻削循环”界面

例如：若调用钻中心孔程序，则点击“钻中心孔”键进入如图 20.22 界面。在此界面的左上角，可看到为实现钻中心孔操作，系统自动调用的程序名称：“CYCLE85”。界面右侧为可设定的参数栏，输入各项参数后，点击**确 认**键，即可调用该程序。其他循环功能的使用方法相同。

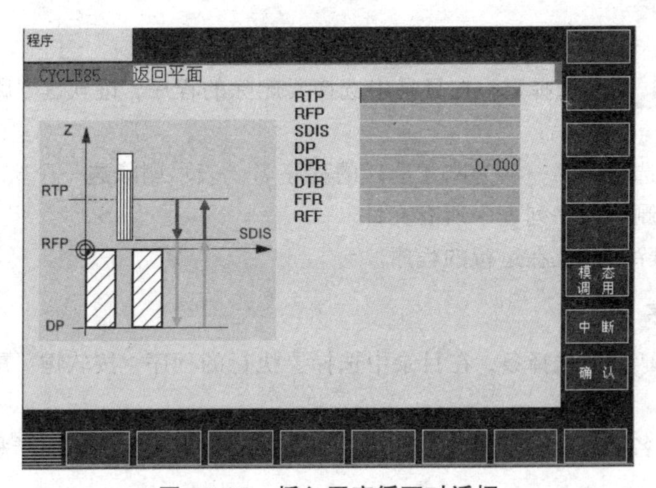

图 20.22　插入固定循环对话框

4. 程序管理

在系统面板上按程序管理器键Prog Man，系统将进入如图 20.23 所示的界面，显示已有程序列表。在该界面中可以对系统中已有程序进行以下一系列操作。

图 20.23 程序管理界面

1）程序选择

用光标键↑ ↓移动选择条，在目录中选择要执行的程序，按软键“执行”，选择的程序将被作为运行程序。

2）程序复制

用光标键↑ ↓移动选择条，在目录中选择要执行的程序，按软键“复制”，选择的程序将被复制。在将选择的程序复制时，需要输入新程序的名字，若没有扩展名，自动添加“.MPF”为扩展名，而子程序扩展名“.SPF”需随文件名一起输入。文件名必须是以 2 个字母开头。

注意：若输入的程序名与源程序名或已存在的程序名相同时，将不能创建程序。

3）删除程序

用光标键↑ ↓移动选择条，在目录中选择要删除的程序，按软键“删除”，选择的程序将被删除。

按光标键选择选项，第一项为刚才选择的程序名，表示删除这一个文件；第二项“删除全部文件”表示要删除程序列表中所有文件。

注意：不能删除当前正在运行的程序。

4）重命名程序

用光标键↑ ↓移动选择条，在目录中选择要执行的程序，按软键“重命名”，选择的程序将被重命名。

输入新的程序名，若没有扩展名，自动添加“.MPF”为扩展名，而子程序扩展名“.SPF”需随文件名一起输入。

注意：若文件名不合法，新名与旧名相同，或与已存在的文件名相同，会弹出警告对话框。

若在机床停止时重命名当前选择的程序，则当前程序变为空程序，显示同删除当前选择程序相同的警告。

可以重命名当前运行的程序，改名后，当前显示的运行程序名也随之改变。

七、加工模拟

1. 自动连续加工

（1）检查机床是否机床回零。若未回零，先将机床回零。

（2）使用程序控制机床运行，编辑并选择好待执行的程序。

（3）按下操作面板上的自动方式键。

（4）按启动键开始执行程序。

（5）程序执行完毕。

在加工运行中，用户可以使用以下辅助键进行加工过程的干预：

① 复位键：中断加工程序，再按启动键则从头开始（回到程序起始行）。

② 循环保持按钮：程序暂停运行，机床保持暂停运行时的状态。再次点击“运行开始”按钮，程序从暂停行开始继续运行。

③ 急停按钮：数控程序中断运行，继续运行时，先将急停按钮松开，再点击“运行开始”按钮，余下的数控程序从中断行开始作为一个独立的程序执行。

2. 自动/单段方式

按照连续加工操作方式，在启动“运行开始”按钮前，点击操作面板上的按钮，使其指示灯变亮，即可进入单段加工模式。在该模式下，数控程序执行完一行就暂停，需要用户重新按一次“运行开始”按钮才可进行下一行的运行。

在 Siemens 系统中，还具有许多管理功能，由于篇幅有限，这里就不再详细叙述。读者可以参考介绍 Siemens 系统的相关手册。

参考文献

[1] 岳秋琴. 数控机床编程与操作[M]. 北京：北京理工大学出版社，2010.
[2] 王志平. 数控编程与操作[M]. 北京：高等教育出版社，2003.
[3] 詹华西. 数控加工与编程[M]. 西安：西安电子科技大学出版社，2004.
[4] 李蓓华. 数控机床操作工（中级）[M]. 北京：中国劳动社会保障出版社，2004.
[5] 刘万菊. 数控加工工艺及编程[M]. 北京：机械工业出版社，2006.
[6] 刘立. 数控车床编程与操作[M]. 北京：北京理工大学出版社，2006.
[7] 杨琳. 数控车床加工工艺与编程[M]. 北京：中国劳动社会保障出版社，2009.
[8] 罗友兰，等. Fanuc 0i 系统数控编程与操作[M]. 北京：化学工业出版社，2004.
[9] 宣振宇. 数控车削加工编程实例[M]. 沈阳：辽宁科学技术出版社，2009.
[10] 闫巧枝，等. 数控机床编程与工艺[M]. 西安：西北工业大学出版社，2009.
[11] 刘战术，等. 数控机床加工技术[M]. 北京：人民邮电出版社，2008.
[12] 周虹. 数控机床操作工职业技能鉴定指导[M]. 北京：人民邮电出版社，2008.
[13] 黄卫. 数控技术与数控编程[M]. 北京：机械工业出版社，2004.
[14] 李家杰. 数控机床编程与操作实用教程[M]. 南京：东南大学出版社，2005.
[15] 韩鸿鸾，等. 数控铣工/加工中心操作工全技师培训教程[M]. 北京：化学工业出版社，2009.
[16] 韩鸿鸾，等. 数控车工全技师培训教程[M]. 北京：化学工业出版社，2009.
[17] 顾力平. 数控机床编程与操作（数车分册）[M]. 北京：中国劳动社会保障出版社，2005.
[18] 沈建峰. 数控机床编程与操作（数铣床加工中心分册）[M]. 北京：中国劳动社会保障出版社，2005.
[19] 袁锋. 全国数控大赛试题精选[M]. 北京：机械工业出版社，2005.
[20] 崔元刚. 数控机床技术应用[M]. 北京：北京理工大学出版社，2006.
[21] 邓弈. 数控加工技术实践[M]. 北京：机械工业出版社，2004.
[22] 谷育红. 数控铣削加工技术[M]. 北京：北京理工大学出版社，2006.
[23] 王卫兵. 数控编程 100 例[M]. 2 版. 北京：机械工业出版社，2005.
[24] 沈建峰，等. 数据铣床和加工中心操作工（Siemens 系统）[M]. 北京：化学工业出版社，2008.
[25] 吴明友. 加工中心（Siemens）考工实训教程[M]. 北京：化学工业出版社，2006.
[26] 劳动和社会保障部教材办公室组织编写. 数控加工工艺编程与操作：Siemens 系统铣床与加工中心分册[M]. 北京：中国劳动社会保障出版社，2008.
[27] 范真. 加工中心[M]. 北京：中国劳动社会保障出版社，2004.